DER UNBEKANNTE GAGARIN

Die letzten Geheimnisse von Juri Gagarin

Das finale Buch zum ersten Kosmonauten der Welt

von Gerhard Kowalski

Machtwortverlag

Bibliografische Information der Deutschen Nationalbibliothek Die Deutsche Nationalbibliothek verzeichnet diese Publikation in der Deutschen Nationalbibliografie; detaillierte bibliografische Daten sind im Internet über http://dnb.d-nb.de abrufbar

Machtwortverlag * Orangeriestraße 31 * 06847 Dessau
Tel.: 0340-511558

Satz, Cover und Layout: Grafikstudio Lückemeyer, Dessau
Cover: Jelisaweta Schwedowa
3. Auflage

***Als ich die Erde mit dem Raumschiff-Sputnik umkreist habe, sah ich, wie wunderschön unser Planet ist.
Menschen, lasst uns diese Schönheit erhalten und mehren und nicht zerstören.***

Juri Gagarin

ISBN: 978-3-86761-137-4

INHALTSVERZEICHNIS

VORWORT

Als ich am 12. April 1961 unter dem Eindruck der Raumfluges von Juri Gagarin spontan beschloss, mich als angehender Journalistik-Student künftig intensiv mit dem sowjetischen Kosmonauten zu befassen, konnte ich nicht ahnen, dass das eine Lebensaufgabe wird. Ich ging damals selbstverständlich davon aus, dass die UdSSR dieses historische Ereignis nutzt, um die Vorzüge ihrer Gesellschaftsordnung umfassend zu propagieren, und dabei auch größte Offenheit walten lassen würde.

Doch weit gefehlt! Schon bald stellte sich heraus, dass zwar propagandistisch alle Register gezogen, dafür aber viele technische und andere Details der Weltraumpremiere verschwiegen beziehungsweise falsch dargestellt wurden.

So gab es lange Zeit keine Fotos von Gagarin im Skaphander, von seinem *Wostok*-Raumschiff und der Trägerrakete sowie vom Startplatz Baikonur. Auch die Namen der Schöpfer der Raumfahrttechnik und sogar des Doubles von Gagarin, German Titow, wurden nicht genannt. Der hieß immer nur Kosmonaut Nr. 2, bis er schließlich im August 1961 selbst als zweiter Mensch ins All flog.

Ich wunderte mich zwar darüber, verkniff mir aber, meine Fragen offen zu stellen. Die Antwort war damals in der DDR vorhersehbar: Man befinde sich schließlich im Kalten Krieg, und da könne man sich vom „Klassenfeind“ nicht in die Karten gucken lassen, hieß es normalerweise, wenn prekäre Fragen kamen. Deshalb machte ich mich selbst daran, die fehlenden Mosaiksteine zu finden. Anfangs half mir dabei das gründliche Studium vor allem der offenen sowjetischen, aber auch der DDR-Quellen, später kamen die westlichen hinzu. Im Zuge der Glasnost- und Perestroika-Politik von Michail Gorbatschow konnte ich dann viele Geheimnisse in den schrittweise geöffneten Archiven lüften, und schließlich halfen mir auch meine persönlichen Kontakte zu russischen Journalisten-Kollegen, Kosmonauten und Konstrukteuren sowie zur Familie Gagarins.

Das Fazit, das ich Ende der 1990er Jahre in meinem ersten Buch ziehen musste, war niederschmetternd: Zugespitzt formuliert, stimmte bei der anfänglichen Darstellung des Fluges von Gagarin eigentlich nur, dass er gestartet war, die Erde umkreist hat und wohlbehalten zurückgekehrt ist. Die Details darum herum wurden entweder aus Geheimhaltungsgründen verschwiegen, falsch dargestellt oder propagandistisch verbrämt. So enthielten schon die Meldungen der offiziellen Nachrichtenagentur TASS über den historischen Flug gleich drei Lügen. Erstens war der Startort nicht korrekt angegeben, zweitens stimmte es nicht, dass der Flug „normal" verlaufen war, und drittens landete Gagarin nicht, wie behauptet, im „vorgesehenen Gebiet" der Sowjetunion.
Die Sowjetunion begründete diese Landelüge gut 20 Jahre später mit dem wenig überzeugenden Argument, die Internationale Astronautische Föderation (IAF) hätte sonst den Raumflug nicht als solchen anerkannt, da ihre Satzung vorschreibe, dass ein Pilot auch in dem Fahrzeug zurückkehren müsse, mit dem er gestartet ist.

Danach habe ich weiter recherchiert und viele vertiefende Gespräche mit Pressekollegen, Kosmonauten, Kosmosveteranen, Konstrukteuren, insbesondere mit dem legendären Boris Tschertok, einem der engsten Mitarbeiter Sergej Koroljows, sowie Offiziellen und auch mit Koroljows Tochter Natalja führen können. Eine große Hilfe war mir Gagarins jüngste Tochter Galina. Der Ökonomie-Professorin aus Moskau bin ich für die geduldige Beantwortung meiner zahlreichen Fragen zu besonderem Dank verpflichtet.

Am Vorabend des 50. Jahrestages des Fluges von Gagarin habe ich diese neuen Rechercheergebnisse in meinem zweiten Buch „Heute 6:07 UT" zusammengefasst. Es schloss hochaktuell mit der Ankopplung des *Sojus*-Raumschiffes „Juri Gagarin" vom 7. April 2011 an der Internationalen Raumstation *ISS*.

Ich war damals der Meinung, nun bis auf einige wenige Ausnahmen die „weißen Flecke“ auf dem Gagarin-Mosaik getilgt zu haben. Doch erneut weit gefehlt, denn nur einen Tag später wurde auf einer Pressekonferenz in Moskau die Veröffentlichung von 200 neuen Geheimdokumenten zum Flug Gagarins angekündigt.
Doch dies geschah leider nicht in Form einer Liste, wie ich gehofft hatte. Die Raumfahrtagentur Roskosmos stellte vielmehr eine ganze Reihe von neuen Büchern vor, in denen diese Geheimnisse quasi „versteckt“ waren und erst in mühevoller Kleinarbeit herausgefiltert werden mussten.
An diese Arbeit habe ich mich gemacht – soweit mir diese Werke überhaupt zur Verfügung standen, denn viele der Neuerscheinungen hatten gerade einmal eine Alibi-Auflage von 500 oder 800 Exemplaren.
Am ergiebigsten für die Geheimnissuche erwiesen sich die Dokumentensammlungen. Dabei handelte es sich im Wesentlichen um Regierungspapiere, technische Zeichnungen, Skizzen und Aufzeichnungen von Gesprächen mit Kosmonauten und Zeitzeugen.

Inzwischen liegt auch der Geheimbericht jener Kommissionen vor, die die Ursachen des Absturzes von Gagarin bei einem Übungsflug am 27. März 1968 untersucht haben. Er ist aber nicht besonders ergiebig, weil er die wahren Ursachen nicht enthält und auch nicht enthalten sollte, denn sonst hätte eine ganze Reihe von Schuldigen, zumeist hohe Militärs, wegen unglaublicher Schlamperei zur Verantwortung gezogen werden müssen.

Bis heute ist nicht zweifelfrei geklärt, warum und wodurch die *MiG-15 UTI* ins Trudeln geriet und in einem Wald zerschellte. Dagegen wurde einiges getan, um den beiden Piloten, die sich ja nicht mehr wehren können, indirekt die Schuld zuzuweisen. Auch eine bislang weitgehend unbekannte 4. Untersuchungskommission des KGB konnte die Ursachen der Gagarin-Katastrophe nicht endgültig klären.

Versuche, eine neue und diesmal internationale Untersuchung durchzuführen, scheiterten bisher am Veto von Wladimir Putin. Derselbe Putin hat 2011, zum 50. Jahrestag des Gagarin-Fluges, dem Kosmosveteranen Alexej Leonow dafür angeblich anvertraut, dass Gagarins Maschine durch ein anderes Flugzeug, das ihr gefährlich nahe gekommen sei, zum Absturz gebracht wurde. Den Namen des schuldigen Piloten dürfe er aber auf Weisung Putins nicht verraten, sagte Leonow.

Inzwischen hat Gagarins Mutter Anna – posthum – einen tiefen Einblick in das Leben der Familie unter der deutschen Besatzung und zur Zeit der Stalinschen Zwangskollektivierung gegeben. In ihrem erst 2011, also 27 Jahre nach ihrem Tod, erschienenen Buch „Geöffnete Seiten", das selbst unter Gorbatschow nicht so durch die Zensur gekommen war, schildert sie erstmals auch, wie die Familie damit umgegangen ist, „in der Okkupation" gelebt zu haben, wie es im Amtsrussisch hieß. Unter Stalin wurden so Millionen Sowjetbürger zu potenziellen Verrätern und Menschen zweiter Klasse gestempelt, eingesperrt, benachteiligt oder mindestens diskriminiert.

Nach rund 55 Jahren Beschäftigung mit dem Thema Gagarin lege ich in diesem Buch nun meine finalen Rechercheergebnisse vor. Für mich besteht die wichtigste Erkenntnis darin, dass der russische Bauernsohn der Kolumbus des 20. Jahrhunderts ist und bleibt. Er hat es nicht verdient, dass so mit seiner Heldentat umgegangen wurde, wie das leider geschehen ist.

Gerhard Kowalski
März 2015

GEHEIMNISKRÄMEREI ALS STAATSRÄSON

Das strenge Geheimhaltungsregime, das in der ehemaligen Sowjetunion herrschte, kann man sich aus heutiger Sicht kaum noch vorstellen. In dem Land war buchstäblich alles geheim. Wenn es zum Beispiel in einer Stadt Rüstungsbetriebe gab, war sie in der Regel nicht nur für Ausländer geschlossen. Über das ganze Land verstreut existierten Dutzende solcher zum Teil unterirdischen Städte oder Industriekomplexe mit Hunderttausenden Arbeitern und Bewohnern.

Selbst heute gibt es noch viele solcher Orte, die als Überbleibsel einer bereits überwunden geglaubten Zeit von geradezu manischer Geheimniskrämerei als Staatsräson zeugen.

Stalins Geheimhaltungsmanie lebt

Die Geheimhaltungsmanie wurde 1936 von Stalin eingeführt. Begründet wurde sie mit der Notwendigkeit der „bolschewistischen Wachsamkeit", um sich als erstes sozialistisches Land der Welt gegen die inneren und äußeren Feinde zu schützen. Stalin instrumentalisierte sie vor allem als gegenseitige Kontrolle unter den Parteimitgliedern, die so den staatlichen Überwachungsorganen in den Jahren des „großen Terrors" bis 1938 und in einem gewissen Sinne auch bis zum Tod des Diktators 1953 einen Teil ihrer schmutzigen Arbeit abnahmen. Das führte zwangsläufig zu einem Klima der Verdächtigungen und Denunziation. In Wahrheit aber ging es um nichts anderes, als um die Ausschaltung der Opposition und die Gängelung und Gleichschaltung der Massenmedien just in dem Moment, da der Diktator mit seinen politischen Säuberungen begann, denen Millionen Menschen, darunter große Teile der sowjetischen Eliten, zum Opfer fielen, die grundlos zu Volksfeinden, Verrätern und Spionen erklärt und hingerichtet wurden oder im GULAG verschwanden. Ein solches Schicksal ereilte auch den späteren Chefkonstrukteur Sergej Koroljow.

Nach dem Zweiten Weltkrieg galt die Geheimhaltung natürlich in besonders rigoroser Weise für die Raketen- und Raumfahrtbranche. Deshalb wurden nicht nur viele Details des Fluges und schließlich tragischen Todes von Gagarin, sondern auch fast alle Fehlstarts und Unfälle für Jahrzehnte streng unter Verschluss gehalten oder geleugnet.
Die einzigen Ausnahmen waren der tödliche Absturz von Wladimir Komarow 1967 und der Tod der dreiköpfigen *Sojus 11*-Besatzung 1971 mit Wladislaw Wolkow, Georgi Dobrowolski und Viktor Pazajew. Hier kam man nicht umhin, die Wahrheit zu sagen, wenn auch nicht immer die ganze.

Auch Kosmonauten müssen lügen

Die Geheimhaltung bedeutete auch für die Kosmonauten selbst eine zusätzliche und nicht unbedeutende Belastung. Sie mussten sich wohl oder übel an die offizielle Sprachregelung halten und durften sich auf keinen Fall verplappern.

Nachdem nun im Wesentlichen alle Geheimarchive geöffnet sind und auch die Beteiligten oder Betroffenen heute darüber mehr oder weniger offen sprechen dürfen, wissen wir, dass sich alle mit eiserner Disziplin daran gehalten haben.
Das erste und beste Beispiel dafür gab Juri Gagarin, als er sich nur drei Tage nach seinem Flug in Moskau auf einer internationalen Pressekonferenz den Fragen der Journalisten stellen musste.
Einige seiner Antworten muten etwas eigentümlich an, wenn man das Protokoll heute noch einmal liest. Doch er durfte nicht immer einfach die Wahrheit sagen, sondern musste sich an die Vorgaben halten. So antwortete Gagarin auf die Frage, wie denn die Landung verlaufen sei, mit folgendem salomonischem Satz: „Die Landetechnik wurde in unserem Land in verschiedenen Varianten ausgearbeitet, darunter in einer Fallschirmvariante.
Aber bei diesem Flug wurde folgendes System angewandt: Der Pilot befand sich in der Kabine, die Landung verlief erfolgreich

und bewies die große Effektivität und ausgezeichnete Arbeit aller Landesysteme.“

Damit hat Gagarin weisungsgemäß die offizielle Landelüge bestätigt. Die Journalisten nahmen die Antwort staunend zur Kenntnis, Nachfragen waren nicht zugelassen.

Außerdem war ja die Materie für alle brandneu, sodass niemand auf die Idee gekommen wäre, dass die Sowjets bei der Landung getrickst haben könnten.

Man staunte vielmehr, wie ein junger Luftwaffen-Offizier, den vor ein paar Tagen noch niemand kannte, sich jetzt vor die Weltpresse hinstellt und offenbar ohne große Hemmungen Fragen beantwortet. Schon damals haben sich der Charme und das angeborene Kommunikationstalent des Kosmonauten gezeigt, die ihn bald zum „Liebling des Planeten“ werden ließen.

GAGARIN UND DIE WELTRAUM-„SPÜRHUNDE" IN WEST UND OST

Am Tag nach dem historischen Flug Gagarins haben die Zeitungsleser auf der ganzen Welt vergeblich nach Bildern gesucht, die den neuen sowjetischen Nationalhelden zünftig in seinem Skaphander zeigen, wie die Russen den Raumanzug nennen. Dafür wurde er ihnen lediglich in einer typischen Fallschirmspringerkluft präsentiert. Das einzig Neue waren bei Gagarins triumphalem Empfang zwei Tage später in Moskau große Porträts von ihm in seiner brandneuen Uniform als frisch gebackener Major – allerdings völlig unmilitärisch ohne Schirmmütze, dafür aber mit schwärmerisch-verklärtem Blick.

Auch Filmaufnahmen und Fotos vom Startplatz und vom Start der Trägerrakete mit dem *Wostok*-Raumschiff an der Spitze oder vom Landeort mit der Kapsel, in der der Kosmonaut angeblich auf die Erde zurückgekehrt ist, gab es nicht. Diese wurden wie viele andere Details des epochalen Ereignisses, mit dem der Kreml eigentlich alle PR-Register für sich hätte ziehen können, erst Monate oder gar Jahre später nachgeliefert – und das nicht selten in miserabler Qualität, denn bei der Landung waren ja beispielsweise weder professionelle Bergungskräfte noch Fotoreporter zugegen. Die einzigen Bilder wurden von einem Soldaten mit einer Amateurkamera geknipst … und umgehend von der Generalität konfisziert.

Dafür konnten Pressezeichner ihrer Fantasie freien Lauf lassen. Und so erfanden sie die wundersamsten Raketengebilde, die zumeist in kühnem Bogen und nicht senkrecht, wie es wirklich war, gen Himmel strebten. Im Überfluss gab es dagegen Propaganda-Artikel, die die vermeintliche Überlegenheit des kommunistischen Systems über den „faulenden Kapitalismus" priesen. Die Geheimhaltung sorgte auch zwangsläufig dafür, dass die absurdesten Gerüchte und Spekulationen wie Pilze aus dem Boden schossen. Erst Ende April 1965 wurde auf der Volkswirtschaftsausstellung WDNCh (umgangssprachlich in Deutschland

als Allunionsausstellung bekannt – der Autor) in Moskau ein naturgetreues Modell des *Wostok*-Raumschiffs gezeigt. Der Andrang war riesengroß. Drei Jahre später erschien dann erstmals in der Enzyklopädie „Kosmonawtika“ eine detaillierte Zeichnung samt Legende des Raumschiffes und der Landekapsel mit dem Schleudersitz für den Kosmonauten sowie auch der *Wostok*-Trägerrakete.
Manchmal verhedderte sich der Kreml auch selbst in seinem eigenen Lügengespinst. So erfuhr im Oktober 1964 die staunende Öffentlichkeit zum Start des neuen dreisitzigen *Woßchod*-Raumschiffs aus den Medien, dass die Besatzung „erstmals die Möglichkeit erhielt, in ihrem Raumschiff zu landen“. Da hatte offenbar jemand vergessen, welche der Lügen noch gültig war. Als Grund für dieses unwürdige und sinnlose Theater wurde immer wieder der Kalte Krieg genannt. Schließlich dürfe man sich vom US-amerikanischen „Klassenfeind“, mit dem man erbittert um die Vorherrschaft im All kämpfte, nicht in die Karten gucken lassen.

Zwei Eiserne Vorhänge zu überwinden

Wer also in den Anfangsjahren wissen wollte, wie es um die Raumfahrt Moskaus wirklich bestellt war, musste gewissermaßen zwei Eiserne Vorhänge überwinden: Einmal den, der beide Systeme trennte, und dann noch einmal den der bereits erwähnten „bolschewistischen Wachsamkeit“.

Während sich die Raumfahrtenthusiasten in den sozialistischen Ländern, so auch ich, entweder in Zurückhaltung oder vorauseilendem Gehorsam übten, legten damals die Profis und Laien im Westen sofort mit ihren mehr oder weniger offenen Recherchen los. Elf solcher Sleuths – zu Deutsch: Spürhunde – aus den USA, Großbritannien, Irland, Frankreich, Schweden, Belgien und den Niederlanden haben in dem Sammelband „Cold War Space Sleuths – The Untold Secrets of the Soviet Space Program“ (zu Deutsch etwa „Die Raumfahrt-Spürhunde des Kalten Krieges – Die nicht erzählten Geheimnisse des sowjetischen

Weltraumprogramms“) beschrieben, wie sie dabei vorgegangen sind.
James Oberg, Phillip Clark, Brian Harvey, Christian Lardier, Asif Siddiqi und andere schildern sehr anschaulich, mit welchen Mitteln und Methoden sie an jene Informationen gekommen sind, die ihnen offiziell vorenthalten wurden. Begonnen haben die Aktivitäten, die sich zumeist um die British Interplanetary Society BIS rankten, mit der Bahnvermessung der ersten *Sputniks*. Dann nutzte man jeden erdenklichen Kontakt mit sowjetischen Wissenschaftlern und Kosmonauten auf internationalen Veranstaltungen, um jedes auch nur so kleine Detail zu erforschen, lernte trotz der Sprachbarrieren, zwischen den Zeilen der meist trockenen offiziellen Verlautbarungen zu lesen, und verschaffte sich schließlich im Zuge von Gorbatschows Glasnost- und Perestroika-Politik Zugang zu vielen Archiven. Auch die Memoiren von Kosmonauten oder Weltraumveteranen wie Boris Tschertok sowie die zahlreichen Werke über Chefkonstrukteur Koroljow und seine Getreuen erwiesen sich als wahre Fundgrube.
Die „Spürhunde“ zeichneten minutiös ihre Erkenntnisse auf – von der Enthüllung technischer Details geheimer Missionen und Programme, so des Wettlaufs um den Mond, den die USA gewannen und damit wieder den Russen die Führung entrissen, bis hin zu Bildmanipulationen und der Veränderung von Grabinschriften. Dadurch sind neben Bulletins und zahllosen Zeitungsbeiträgen auch so fundamentale Werke wie Obergs „Red Star in Orbit“ oder Siddiqis „Challenge to Apollo: The Soviet Union and the Space Race (1945-1974)“ entstanden, deren Detailfülle nicht nur die russischen, sondern auch die NASA-Experten verblüffte.
Allerdings räumten die Autoren auch ein, dass sie dabei im Wesentlichen im eigenen, westlichen Saft schmorten. Dass bisweilen auch Raumfahrtjournalisten aus dem Ostblock „abgeschöpft“ wurden, habe ich am eigenen Leibe erfahren. Nach dem Flug von Sigmund Jähn 1978 hatte ich meinem alten Freund Christian Lardier aus Paris eine Skizze von Baikonur und den Startanlagen gemacht. Wie ich später eher beiläufig

erfuhr, wurde daraus ein Buch über Russlands wichtigsten Weltraumbahnhof. Nach der Wende haben wir dann einmal gemeinsam Baikonur besucht und konnten zu meiner späten Genugtuung feststellen, dass meine Angaben stimmten.
NASA-Chefhistoriker William P. Barry räumte im Vorwort des Sammelbandes neidlos ein, dass seine Behörde nicht in der Lage gewesen wäre, die Ost-Arbeit der „Spürhunde" zu leisten. Deshalb habe er die Männer, von denen auch er erheblich profitiert habe, dabei nach Kräften unterstützt.
Barry ist übrigens auch der Meinung, dass trotz der inzwischen weitgehenden Offenheit in den Beziehungen des Westens zu Russland die Mission der Sleuths noch nicht beendet ist. Deren Kreativität, Ausdauer und Handwerkszeug werde weiter gebraucht, wenn es um „Konflikt-Stories" und den begrenzten Zugang zu Themen gehe, die als höchste Staatsgeheimnisse eingestuft gewesen seien. Als neues Betätigungsfeld wird unter anderem Chinas Raumfahrt angesehen.

Auch in der DDR wurden viele Details aus der sowjetischen Raumfahrt früher publiziert als in der UdSSR selbst oder im Westen. Wie es dazu kam, habe ich den damaligen Nestor der ostdeutschen Raumfahrt-Publizistik, Horst Hoffmann, gefragt. Er sagte mir, ihm hätten für seine „frühen Veröffentlichungen" im Wesentlichen zwei Quellen zur Verfügung gestanden:

- Zeitzeugen wie der deutschstämmige Koroljow-Stellvertreter Boris Rauschenbach, der Raumfahrt-Mediziner Oleg Gasenko oder die Kosmonauten Alexej Leonow und Witali Sewastjanow, sowie
- westliche Publikationen, sowjetische Dokumente auf internationalen Kongressen der IAF, IAU und von COSPAR, die manche Details enthielten, die woanders nie veröffentlicht wurden, sowie „Plaudereien unter Experten bei Wein, Weib und Gesang". Hinzu gekommen sei die Puzzle-Arbeit, um die vielen kleinen Mosaiksteinchen der Wahrheit zu einem Bild zusammenzusetzen.

Dass die Medien der DDR das veröffentlichen durften, „lag an der Unbedarftheit der Chefredakteure und dem Bildungsnotstand der Redakteure“, resümierte Hoffmann.
Ähnliches weiß Peter Stache zu berichten, dem wir eine ganze Reihe Standardwerke zur Raumfahrt verdanken, die bis heute von erstaunlicher Aktualität sind. Selbst „offizielle“ Veröffentlichungen sowjetischer Nachrichtenagenturen sowie Biografien und Dokumentationen „bildeten einen nahezu undurchdringlichen Dschungel von Halbwahrheiten, Legenden und Spielmaterial“, sagte er mir. Sein Glück sei es gewesen, „in Moskau einen guten Freund zu haben, der einen tiefen Einblick in die Luft- und Raumfahrt der Sowjetunion hatte: Mark Gallai, Testpilot und einer der Ausbilder der ersten Kosmonauten“. Er habe verständlicherweise viel zu erzählen gehabt. Dabei habe es eine „stille Übereinkunft“ gegeben: Hintergrundinformationen, die nach damaliger offizieller Ansicht nicht zur Veröffentlichung bestimmt waren, deklarierte Gallai zu „Privatinterviews“. Er habe von diesem Wissen nie in Form einer Veröffentlichung Gebrauch gemacht, betonte Stache. Aber Galleis „Privatinterviews“ hätten ihn vor manchem Fehler bewahrt, „hätte ich den offiziellen Verlautbarungen blind vertraut“. Er sei in seinen Publikationen stets bemüht gewesen, „nur auf Primärquellen zurückzugreifen – und ich bin damit eigentlich gut gefahren“, stellte Stache fest.

Inzwischen unterziehen selbst sowjetrussische Autoren, die bislang glaubten, die übertriebene Geheimniskrämerei ihrer Führung aus patriotischen Gründen oder aus Parteidisziplin verteidigen zu müssen, die Sache einer kritischen Bewertung.
So wird in einem 1998 in Moskau erschienenen Dokumentenband über Walentin Gluschko darauf verwiesen, dass die „Entdeckung“ des berühmten Triebwerkkonstrukteurs „als historische Figur“ Ende der 50er Jahre im Ausland begann. So gebühre Heinz Mielke aus der DDR das Verdienst, 1959 in einem Standardwerk die Namen von Gluschko, Koroljow und Pobedonoszew erstmals in Umlauf gebracht zu haben. Ein Jahr später habe

Mielke auch schon die Namen von Zander, Rynin und Kondratjuk genannt.

Wie auch ich zum „Spürhund“ wurde

Ich selbst bin 1975 zu so einem „Spürhund“ geworden. Der Anlass war im Juli das *Sojus-Apollo-Test-Projekt* (SATP), bei sich erstmals sowjetische und amerikanische Raumfahrer zu einem Shakehands auf der Umlaufbahn trafen. Für dieses historische Ereignis in der Hoch-Zeit der friedlichen Koexistenz im Zuge des Helsinki-Prozesses waren beide Weltmächte über ihren eigenen Schatten gesprungen und hatten gezeigt, dass es auch anders und gemeinsam geht. Aus heutiger Sicht wurde damals der Grundstein für die Internationalen Raumstation *ISS* gelegt, die nun schon über 15 Jahre erfolgreich die Erde umkreist. Doch das konnten wir zu jener Zeit nicht ahnen.
Ich war damals als Korrespondent der Nachrichtenagentur ADN in Moskau tätig und eigentlich gar nicht für die Berichterstattung über diesen Weltraumtermin vorgesehen. Wie immer bei großen und bedeutenden Sachen wurden Kollegen aus der Berliner Zentrale geschickt. In diesem Fall handelte es sich um eine promovierte Wissenschaftsredakteurin.
Doch als die im internationalen Pressezentrum im Hotel „Intourist“ an der damaligen Gorki-Straße (heute Twerski Boulevard) eintraf, fuhr ihr der Schreck in die Glieder: Hunderte Journalisten und Experten aus aller Welt tummelten sich hier. Die geschätzte Kollegin erlitt jedenfalls einen Nervenzusammenbruch, und ich erhielt die einmalige und hochwillkommene Chance, die Berichterstattung zu übernehmen.
Die Kreml-Führung unter Leonid Breshnew zeigte sich als großzügiger Gastgeber und überraschte die Fachwelt mit der ersten Live-Übertragung eines bemannten Starts aus Baikonur – wenn auch nur auf die TV-Bildschirme im Pressezentrum. Die neue „Weltoffenheit“ der Sowjets begeisterte meinen Chefredakteur in Berlin so sehr, dass er mir den Auftrag erteilte, den Start der *Sojus 19*-Rakete mit Alexej Leonow und Waleri Kubassow an Bord auf drei Schreibmaschinenseiten zu schildern.

Die zweite Überraschung war, dass uns die Sowjets auch in ihr Flugleitzentrum (ZUP) im damaligen Kaliningrad (heute Koroljow) vor den Toren Moskaus einluden. Den Weg dahin kannte ich, weil er in Richtung eines bekannten Lokals und des Klosters Sagorsk führte, die zu den beliebtesten Ausflugszielen der Moskauer zählten. Dabei kamen wir auch an einer langen ockerfarbenen Ziegelmauer vorbei, hinter der sich, wie wir allerdings erst viel später erfuhren, das Konstrukteursbüro OKB 1 von Sergej Koroljow verbarg, in dem alle bemannten Raumschiffe gebaut werden. Heute heißt die Firma Raketen- und Raumfahrtkorporation (RKK) „Energija" S. P. Koroljow.
Durch das *Sojus-Apollo-Test-Projekt* habe ich nicht nur viele russische, sondern auch westliche Journalistenkollegen und Experten kennengelernt. Ich wurde auch für Dinge sensibilisiert, die auf russischer Seite offensichtlich weiter unter Verschluss gehalten wurden.
1976 habe ich dann während der Fluges von Waleri Bykowski und Wladimir Axjonow mit *Sojus 22* eine ganze Woche lang im Flugzentrum den Ersteinsatz der Multispektralkamera MKF-6 aus dem VEB Carl Zeiss Jena verfolgt. Nebenbei habe ich ein bisschen „Werkspionage" betrieben und im Großen Saal heimlich jene Wandtafeln fotografiert, auf denen alle Daten von allen Missionen verzeichnet waren, die von hier aus gesteuert wurden. Das war eine gute Grundlage für mein noch sehr lückenhaftes Archiv.
1978 schließlich war ich erstmals in Baikonur beim Start und dann bei der Landung von Sigmund Jähn in Dsheskasgan dabei. Dadurch bin ich offenbar auch für westliche Kollegen, insbesondere für meinen Freund Christian Lardier, interessant geworden. Ich habe mich aber niemals ausgeforscht gefühlt, zumal auch ich von ihnen viel erfahren habe.
Mein ohnehin schon spezielles Interesse für Gagarin wurde indes Anfang der 1990er Jahre noch einmal zusätzlich angeregt, als der ungarische Abenteuerschriftsteller István Nemere in einem Buch behauptete, Gagarin sei gar nicht geflogen. Ich war damals ADN-Korrespondent in Budapest und beschaffte mir aus der Druckerei das Manuskript des Buches, bevor es auf dem

Markt erschien. Was ich da an Unsinn zu lesen bekam, veranlasste mich, 1999 mein erstes Buch über den Kosmonauten zu veröffentlichen.

DIE GAGARINS UND DIE „OKKUPAZIJA“

Die Deutschen haben im Leben Juri Gagarins und seiner Familie eine weitaus größere Rolle gespielt, als bisher bekannt war – und das in gleich zweifach negativer Hinsicht. Zum einen besetzte die Wehrmacht knapp vier Monate nach dem Überfall auf die Sowjetunion vom 22. Juni 1941 ihr Dorf Kluschino im Gebiet Smolensk rund 180 km vor der Hauptstadt. Alexej Gagarin und seine Frau Anna wurden mit ihren Söhnen Walentin, Juri und Boris sowie Tochter Soja aus ihrer bescheidenen Hütte vertrieben. Es begann die schwere Zeit der Besetzung, der „okkupazija“, wie es im Amtsrussisch hieß.

Eineinhalb Jahre lang musste die Familie in einer Erdhöhle kampieren, die sie sich in aller Eile im Garten ausgehoben hat, während es sich die Besatzer in dem typisch russischen Holzhaus bequem machten. Vater Gagarin hatte offenbar Kontakt zu den Partisanen und berichtete über die Aktivitäten der Soldaten, Anna Gagarina arbeitete in einem Schweinestall der Kolchose. Als die geschlagenen deutschen Truppen im Februar 1943 wieder nach Westen zurückfluteten, nahmen sie Walentin und Soja zur Zwangsarbeit mit. Am 6. März verließen die deutschen Soldaten das Dorf, und die Rote Armee marschierte am 9. April als Befreier in Kluschino ein.

Das zweite Mal wurden die Deutschen nach Ende des Krieges für die Gagarins noch einmal zum Fluch, denn zu Zeiten Stalins galten alle sowjetischen Kriegsgefangenen oder Verschleppten, die überlebt hatten, als verdächtig und potenzielle Spione. Wer damals eine Arbeit oder ein Studium aufnehmen wollte, musste zuerst einen Fragebogen ausfüllen. Und eine der Fragen lautete: „Waren Sie oder Ihre nächsten Verwandten in Gefangenschaft oder in den besetzten Gebieten – in der okkupazija?“ War dies der Fall, so hatte der Bewerber in der Regel keine Chance, eine gute Stelle zu bekommen, zu studieren oder in den Staatsdienst und die bewaffneten Organe einzutreten.

Dieser Bann wurde zwar nach dem Tode Stalins 1953 aufgehoben. Die Masse der hunderttausenden Betroffenen wurde aber erst 1957 voll rehabilitiert, darunter übrigens auch Chefkonstrukteur Koroljow, der Ende der 1930er Jahre von Stalins Schergen wegen falscher Anschuldigungen nach Sibirien verbannt worden war und 1957 zuerst den *Sputnik* und vier Jahr später dann Gagarin ins All brachte.

Albert, der Teufel

Der erste Deutsche, der den Gagarins leibhaftig begegnete, war ein Feldwebel namens Albert. Der Bayer reparierte Funkgeräte und lud in der Hütte Autobatterien. „In seiner Freizeit hat er sich gern mal einen Spaß gemacht", schrieb Anna Gagarina in ihrem Buch „Erinnerung des Herzens". „So fütterte er vor den Augen der hungrigen Kinder einen Hund mit Konserven, schoss auf Katzen oder holzte Bäume im Garten ab."

Die Gagarin-Kinder habe er gehasst, so die Mutter weiter. Eines Tages sei Juri mit dem Ruf „Albert hat Klein-Boris aufgehängt!" in die Erdhütte gestürmt. „Ich rannte noch oben. An einem Baum hing, an seinem Schal aufgehängt, mein Jüngster. Fast wäre Boris erstickt, wenn ihn Juri und Walentin nicht an den Beinen hochgehalten hätten. Und daneben bog sich, die Hände in die Seiten gestemmt, der Faschist vor Lachen. Ich flog förmlich zu dem Apfelbaum und ergriff Boris bei den Händen. Wenn mich der verhasste Albert jetzt daran hindert, denke ich, dann erschlage ich ihn mit der Schaufel! Komme danach, was wolle. Ich weiß nicht, wie mein Gesicht aussah, aber Albert blickte mich an, drehte sich um und ging ins Haus – er tat so, als habe ihn jemand gerufen. Und ich verschwand sofort in der Erdhütte."

Seit diesem Vorfall sprachen alle nur noch von „Albert, dem Teufel". Die Kinder versuchten, den Bruder auf ihre Art zu rächen, steckten dem Feldwebel Putzlappen in den Auspuff seines Motorrades, sodass es nicht ansprang, streuten Sand in die Batterien oder verteilten krumme Nägel und Scherben auf der Straße. Aus Angst, Albert könnte daraufhin den Kindern etwas antun, schlief Juri einige Tage bei Nachbarn, und die Mutter wies

ihn an, dem Deutschen aus dem Weg zu gehen. Der quittiert das mit den Worten: „Jura nix guter Junge."
Übrigens hat sich Boris 1977, 41-jährig, erhängt. Ob dabei dieser Vorfall eine Rolle gespielt hat, weiß niemand. Die Mutter sagte, Boris, der an Krebs erkrankt war, habe Selbstmord begangen, weil er die Schmerzen nicht mehr ertragen konnte. Freunde der Familie wollen jedoch wissen, Boris sei nach dem tragischen Tod seines berühmten Bruders Juri 1968 dem Alkohol verfallen und depressiv geworden.
Ich habe jahrelang versucht, mehr zu dem Feldwebel Albert in Erfahrung zu bringen, doch weder die dafür zuständige Deutsche Dienststelle in Berlin noch das Gagarin-Museum in der Stadt Gagarin oder Gagarins Tochter Galina konnten mir helfen. Auf einer Veranstaltung zum Thema „Gagarin als Archivkörper und Erinnerungsfigur" 2011 in Berlin habe ich erfahren, dass der Familienname so ähnlich wie Fohse gelautet haben soll. Doch unter allen möglichen Varianten hat die Deutsche Dienststelle auch keinen Feldwebel Albert gefunden.
Offensichtlich gab es aber unter den deutschen Soldaten im Haus der Gagarins zumindest einen, der sich von Albert unterschied. Da es weder Rundfunk noch Zeitungen in dem Dorf gab, wussten die Gagarins so gut wie nichts vom Geschehen an der Front. Als dann ab Februar 1943 die Transporte verwundeter Wehrmachtssoldaten gen Westen zunahmen, sagte ihnen ein Soldat namens Paul: „Moskau. Russischer Sieg. Ich habe in Deutschland drei Kinder." Dann packte er seine Sachen und verließ zusammen mit Albert und den anderen fluchtartig das Dorf.

Walentin und Soja werden verschleppt

Am 18. Februar stehen plötzlich schwer bewaffnete Soldaten vor der Erdhütte und verschleppen bei klirrendem Frost zuerst den fast 18-jährigen Walentin und fünf Tage später die 15-jährige Soja zur Zwangsarbeit nach Deutschland. Die Mutter läuft noch lange hinter der Kolonne mit ihrer Tochter her und

beschimpft die Soldaten, bis diese sie mit Kolbenhieben davonjagen.
Unter bisher nicht in allen Einzelheiten bekannten Umständen gelingt Soja und Walentin relativ schnell die Flucht. Wie Walentin in seinem Buch „Mein Bruder Juri“ schreibt, konnte er bereits nach drei Wochen in Weißrussland entkommen. Er entwendete seinem schlafenden Bewacher die Pistole und floh in einen Wald. Nach tagelangem Herumirren sei er hungrig und halb erfroren auf eine sowjetische Panzereinheit gestoßen. Der Kommandeur habe ihn mit den Worten empfangen: „Diene so, wie es dein Gewissen … Du hast ja eine Rechnung mit den Hitlerleuten offen …“ Fortan habe er als Turmschütze auf einem der legendären T-34 gedient.
1944 erhielten die Gagarins erstmals eine kurze Nachricht: „Gruß von der Front. Es schreibt Euer Sohn Walentin. Ich bin jetzt Panzersoldat. Meine Adresse: Feldpost-Nr.75417a. Teilt mir mit, wie es Vater, Mama, Soja, Jura und Boris geht. Ich warte auf Post.“
Nach knapp zwei Wochen kam die Antwort. In „ungelenker Schrift und mit vielen Fehlern“, wie Walentin anmerkte, schrieb ihm der Vater: „Guten Tag oder Abend, unser lieber und verehrter Sohn und Kämpfer der Roten Armee Walentin Alexejewitsch!“ Er berichtete seinem Sohn, wie es der Familie ging und dass auch Soja „das Glück“ hatte, aus der Gefangenschaft fliehen zu können.
Dann las Walentin auf der Rückseite des dritten Briefbogens einen Gruß von Juri: „Lieber Bruder Wali! Schreib mir bitte, wann ist der Krieg aus? Ich gehe zur Schule, uns unterrichtet Xenija Gerassimowna. Wir sammeln Schrott für Panzer und Flugzeuge. Es gibt überall viel Schrott. Schlag die Faschisten stärker. Ich sehne mich nach dir, und vergiss nicht zu schreiben, wann der Krieg zu Ende ist. Dein kleiner Bruder Jura“

Zeitgleich mit Walentin hatte sich auch Soja brieflich bei der Familie gemeldet. Sie war aus einem Gefangenenlager für Jugendliche in Polen geflohen und diente gleich hinter der Front in der Veterinärabteilung einer Kavallerie-Einheit. „Ich pflege hier

kranke Pferde wieder gesund.“ Dabei seien ihr ihre „dörflichen Kenntnisse sehr von Nutzen“, schrieb sie.
Obwohl der Krieg schon lange vorbei war, wird Soja erst 1946 – und damit immer noch ein Jahr vor ihrem Bruder – aus der Armee entlassen. Warum die beiden so spät nach Hause durften, ist nicht bekannt. Möglicherweise hing es damit zusammen, dass sie nicht als normale Soldaten, sondern eher als Strafgefangene behandelt und zudem zum Schweigen verpflichtet wurden. Eines Frühlingsabends stand Soja völlig überraschend vor ihren Eltern, die samt ihrem Haus inzwischen von Kluschino nach Gshatsk umgezogen waren. Überglücklich schlossen die Gagarins ihre Tochter nach drei Jahren Trennung wieder in die Arme. 1947 kehrte auch Walentin nach Hause zurück. Die Familie war wieder komplett. Während er sofort eine Stelle als Elektriker bekam, hatte Soja große Probleme, eine adäquate Arbeit zu finden. Da sie sich schon immer für Medizin interessierte, hatte sie sich im städtischen Krankenhaus um eine Stelle als Krankenschwester beworben. Wahrheitsgemäß füllt sie im Fragebogen die Rubriken „Waren Sie in der Okkupation? Waren Sie in Gefangenschaft?“ mit einem „Ja“ aus.
Die Antwort aus der Kaderabteilung war niederschmetternd: „Wir haben weder im Krankenhaus noch in der Poliklinik noch in der Kinderabteilung einen Platz für Sie!“ Und als die junge Frau anbot, jede Arbeit zu übernehmen, wenn sie nur im medizinischen Bereich wäre, wurde ihr mitgeteilt: „Wir danken Ihnen für das Angebot. Alle Stellen sind besetzt.“

DIE GAGARINS UND DAS NKWD

Auch Gagarins Familie ist in der Stalin-Zeit nicht von der Zwangskollektivierung verschont geblieben. So nahm man ihr das Pferd weg, das den Wagen gezogen hatte, mit dem Vater Gagarin seine Frau Anna im März 1934 ins Krankenhaus nach Gshatsk brachte, wo Juri geboren wurde. Auch Kühe und Schweine wurden den Leuten im Dorf abgenommen und in die Kolchos-Ställe getrieben. Damit habe man ihr die Freiheit eigenen Wirtschaftens geraubt, beklagte sich Anna Gagarina.

Doch es sollte noch schlimmer kommen. Alexej Gagarin wäre vom Volkskommissariat für Innere Angelegenheiten (NKWD), dem Vorläufer des KGB, 1938 fast als Volksschädling verhaftet worden. Der Grund war eigentlich nichtig: Er hatte in der Erntezeit Getreide im Speicher der Kolchose abzunehmen. Der Mann, der kaum schreiben, lesen und rechnen konnte, trug dabei 30 Pud Roggen (etwa 490 Kilogramm) auf der Liste versehentlich in die Hafer-Spalte ein. Dadurch fehlten sie bei der Endabrechnung. Schnell war man sich einig, dass man beim Hafer die 30 Pud wieder abziehen konnte. Doch wer lieferte die 30 Pud Roggen nach?

Eine Maria, deren Nachnamen Gagarins Mutter bewusst nicht nennen wollte, unterbreitete daraufhin den Vorschlag, das NKWD einzuschalten. Wie die Sache ausgegangen wäre, wisse man ja, kommentierte das Anna Gagarina trocken. Dazu sei es aber Gott sei Dank nicht gekommen, weil ein Freund vom Kolchos-Vorstand, der die Gagarins als ehrliche Leute kannte, einen Lösungsweg fand: Sie sollten den Schaden ersetzen.

Wohl oder übel bezahlten die Gagarins die Strafe mit der einzigen ihnen verbliebenen Kuh, deren Milch für den zweijährigen Boris und den vierjährigen Juri gerade so wichtig war. Zudem nahm man Vater Gagarin aus der Schusslinie. Nach diesem schweren Schicksalsschlag ging er mit Genehmigung der Kolchose auf „Erkundung", wie er es nannte. Er fuhr zur jüngeren Schwester seiner Frau nach Brjansk und nahm dort jede sich bietende Arbeit an, um das Geld für eine neue Kuh zu verdie-

nen. Dabei kam ihm sein großes Geschick als Handwerker, vor allem als Zimmermann, zugute.
Auch seine Frau, die mit den Kindern allein zurückblieb, sparte jede Kopeke zusammen, sodass sie nach einem Jahr ihrem Aljoscha schreiben konnte: „Komm nach Hause. Es ist alles geregelt!“

Gagarin selbst hat diese Zeit nie erwähnt – weil er wohl erkannt hatte, wie nahe seine Familie am Rande der Tragödie war. Zudem hinderte ihn sein Status als Offizier und dann als Kosmonaut daran.

DIE GEFÄLSCHTE BIOGRAFIE

Juri Gagarin ist allerdings mit einer gefälschten Biografie ins Berufsleben eingetreten. Damit ist er offenbar bewusst ein enormes Risiko eingegangen, denn wenn die falschen und weggelassenen Daten entdeckt worden wären, hätte das das Ende seiner Karriere bedeutet. Möglicherweise wäre er in einem Straflager und nicht im Kosmos gelandet.

Genau lässt es sich natürlich nicht belegen: Aber nach Ansicht von Anna Gagarina hat Sojas Schicksal Juri 1949 bewogen, nicht in Gshatsk zu bleiben, sondern sich in Ljuberzy bei Moskau eine Lehrstelle zu suchen, wo ihn niemand kannte und somit auch nicht denunzieren konnte. Da ihm aber die 7. Klasse zum Mittelschulabschluss fehlte, konnte er nicht seinen Wunschberuf – Dreher – lernen, bekam aber eine Lehrstelle in einer Gießerei.

Nach zwei Jahren beendete Gagarin die Lehre in Ljuberzy mit Bestnoten. An der Abendschule hatte er auch die 7. Klasse nachgeholt und bewarb sich im August 1951 um einen Studienplatz am Industrie-Technikum in Saratow an der Wolga. Eingedenk des willkürlichen Umgangs der Behörden mit seiner Schwester Soja griff er beim Ausfüllen des obligatorischen Fragebogens zu einer Notlüge. In seinem kurzen Lebenslauf machte er seinen Vater, der wegen eines angeborenen Gehfehlers vom Wehrdienst freigestellt war, zu einem „Kriegsinvaliden“ und verschwieg Walentin und Soja, die damals bei den Behörden als „Schandfleck“ in der Familiengeschichte galten.

Die Fälschung hätte sehr wohl spätestens am Ende des Studiums im Sommer 1953 auffliegen können. Viele Absolventen des Technikums wurden nämlich auf Geheimobjekte in der Industrie verteilt. In einem solchen Fall wurden vorher die Personalunterlagen noch einmal genauestens vom KGB überprüft. Möglicherweise hatte Gagarins Jahrgang auch Glück, dass er erst nach dem Tode Stalins das Technikum verließ.

Zensur stoppt Gagarins Mutter

Eigentlich wollte Gagarins Mutter das Schicksal ihrer Familie unter der deutschen Besatzung schon in ihrem Buch „Erinnerung des Herzens“ ausführlich beschreiben, das kurz nach ihrem Tod im Jahre 1984 erschienen ist. Doch das wurde ihr durch die Zensur-Behörde Glawlit (Hauptverwaltung für Literatur und Verlage) verwehrt, die erst 1989 aufgelöst wurde. So gab sie damals ihre Gedanken ihrer Ghostwriterin, der Journalistin Tatjana Kopylowa, mit der ausdrücklichen Erlaubnis zu Protokoll, diese später zu veröffentlichen. Das ist dann erst 2011 unter dem bereits erwähnten Titel „Geöffnete Seiten“ geschehen.

Man muss die Schlussfolgerung der Journalistin nicht unbedingt teilen, dass die „korrigierte Biografie“ Gagarins ein „stummer Protest“ gegen das Stalinistische System war. Aber viele spätere Entscheidungen, bei denen der Kosmonaut Zivilcourage zeigte und sich dabei auch mit den Partei- und Staatsorganen anlegte, erscheinen jetzt doch in einem anderen Licht.

Übrigens hat sich Gagarins Mutter fürchterlich über den Hinweis in der Biografie ihres Sohnes aufgeregt, er stamme aus der Familie eines „armen Bauern“. Soja und Walentin seien damals schon verheiratet und somit außer Haus gewesen, der Vater habe gearbeitet, und sie selbst habe sparsam gewirtschaftet, sagte sie. Zudem sei das Haus fertig gewesen, und man habe einen großen Obstgarten sowie eine Kuh, Ferkel, Hühner, Enten und auch Gänse gehabt. „Wir lebten bescheiden, aber nicht in Armut“, stellte Anna Gagarina klar.

Gretschkos andere Erfahrungen

Ein Beispiel dafür, dass die sowjetischen Behörden nicht immer so rigoros wie bei Soja Gagarina vorgegangen sind und auch Juri Gagarins Befürchtungen vielleicht überzogen waren, liefert sein Kosmonauten-Kollege Georgi Gretschko. Er lebte als Kind unter deutscher Besatzung in der Ukraine. Nach der Befreiung erhielt er von der örtlichen Parteiorganisation eine Bescheinigung, in der stand, dass er zwar „in der Okkupation“ gelebt, aber als Kind nicht mit den Deutschen zusammengearbeitet habe.

Mit diesem Zeugnis wurde Gretschko 1949 in Leningrad zum Studium am Militär-Mechanischen Institut (Wojenmech) zugelassen. Ab 1954 arbeitete er dann als Ingenieur im streng geheimen Konstruktionsbüro OKB-1 von Koroljow im damaligen Kaliningrad bei Moskau. Zwischen 1975 und 1985 hatte er bei drei Raumflügen als einer der ersten zivilen Kosmonauten der UdSSR die Gelegenheit, auch einige technische Entwicklungen, an denen er beteiligt war, in der Praxis zu testen.

DER GLÄUBIGE KOMMUNIST

Dass das russische Volk von jeher tief gläubig ist, ist ein offenes Geheimnis. Daran hat sich auch zu Sowjetzeiten nichts geändert. Wer allerdings beruflich vorankommen oder gar eine Parteikarriere machen wollte, bekannte sich tunlichst nicht offen zu seinem Glauben. Erleichtert wurde das dadurch, dass es anders als in Deutschland keine offizielle Mitgliedschaft in der Kirche gibt und folglich auch keine Kirchensteuer erhoben wird, die eine staatliche Kontrolle ermöglicht hätte.
Wer als Tourist die damalige Sowjetunion bereiste und dabei natürlich auch Kirchen besuchte, traf dort folglich überwiegend alte Frauen beim Gottesdienst an, denen die Staatsmacht nichts anhaben konnte.

Das Gros der Menschen im berufsfähigen Alter führte aus Angst vor Repressalien ein Doppelleben. In der Öffentlichkeit präsentierte man sich als linientreuer Kommunist oder „parteiloser Bolschewik", wie sich viele nannten, ohne vom Glauben zu lassen. Allerdings wurden weiter alle kirchlichen Feiertage begangen, die selbst unter Diktator Stalin zwar nicht abgeschafft, aber doch verändert wurden.
Er ließ beispielsweise den von den Bolschewiki im Zuge des antireligiösen Kampfes vertriebenen Christbaum 1935 wieder einführen – als weltliches Silvestersymbol. Aufgestellt wurde er fortan zum Jahreswechsel und damit eine Woche vor dem orthodoxen Weihnachten, das nach dem Julianischen Kalender erst am 7. Januar gefeiert wird. Der Weihnachtsbaum hieß nun dementsprechend Neujahrstanne. Auch die Geschenke tauscht man seither in Russland nicht mehr am Heiligen Abend, sondern zum Jahreswechsel aus.

Nach dem Zerfall des Sowjetimperiums konnten sich die Russen wieder offen zur Kirche und zum Glauben bekennen. Mehr noch: Das Verhältnis von Staat und russisch-orthodoxer Kirche

ist inzwischen so eng geworden, dass viele das Prinzip der Trennung von Staat und Kirche verletzt sehen.
Die Opposition wirft der Kirche inzwischen vor, sich zur Staatskirche zu erheben und Putins Politik über Gebühr zu stützen. Auch Putin hat sich inzwischen offiziell als gläubig geoutet. Der ehemalige KGB-Offizier teilte der staunenden Öffentlichkeit zudem mit, dass er als Kind heimlich in seiner Heimatstadt Leningrad getauft worden sei.

Gagarin als Taufpate

Ähnliches geschah mit Juri Gagarin. Zum 50. Jahrestag seines Fluges wurden mehrere Dokumente veröffentlicht, die belegen, dass auch er heimlich getauft und ein gläubiger Mensch war. Das wurde auch von seinen Töchtern Jelena und Galina sowie seiner Schwester Soja und ihrer Tochter Tamara bestätigt, deren Patenonkel er 1947 wurde.
Warum sie ihren Bruder Juri, der damals ja noch im Pionieralter war, gebeten habe, Pate zu werden, wurde Soja später immer wieder gefragt. Ihre Antwort: „Ich wollte, dass er die geistige Patenschaft für meine Tochter übernimmt, damit die Verbindung zwischen ihnen unzertrennlich wird … In der Gefangenschaft haben wir oft gebetet: Herr, hilf!“
Und wie sah der 13-Jährige die Sache? Er erfüllte die Bitte seiner Schwester. Gemeinsam mit der Mutter trug er die Kleine in die Kirche. Offenbar hat Gagarin diesen Schritt wohl vor allem seiner Mutter zuliebe getan, weil er instinktiv ahnte, dass sie das für ihren inneren Frieden brauchte. Damit ist er automatisch – bewusst oder nicht – das Risiko eingegangen, aus dem Pionierverband und auch aus der Schule ausgeschlossen zu werden, wie Anna Gagarinas Ghostwriterin anmerkt.
Die Mutter selbst sagte, der Wunsch Sojas sei verständlich. Aber der Eintritt in die Pionierorganisation sei für ihren Sohn keine bloße schulische Formalität gewesen, denn man dürfe nicht vergessen, dass für die jungen Pioniere der Kriegsjahre der Atheismus die Norm gewesen sei. Und nun die Patenschaft …

Die alte Dame wollte die Taufe schon in ihrem Buch „Ein Wort über den Sohn“ erwähnen, doch die Redakteure der Zensurbehörde ließen das nicht zu. Was sollte denn der Leser denken? Juri Gagarin – ein gläubiger Mensch? Der künftige Komsomolze? Der künftige Kommunist? Schließlich habe man sich auf die Formulierung geeinigt, dass der Täufling so an seinem jungen Onkel hing, dass er ihn immer Patenonkel nannte, wie das auf dem Dorf so üblich gewesen sei.
An dem engen Verhältnis zwischen Tamara und Gagarin hat sich auch nach dessen frühem Tod nichts geändert. Das Patenkind war lange Jahre Leiterin des nach ihrem berühmten Onkel benannten Gedenkmuseums.

Putin und die Kirche

Wie Putin die Rolle der Kirche sieht, hat er im Juli 2007 anlässlich der 1025-Jahr-Feier der Christianisierung Russlands durch die Taufe der Kiewer Rus als Vorläufer der heutigen Staaten Russland, Weißrussland und Ukraine deutlich gemacht. Die Christianisierung habe Russland beim Aufstieg zu einer Weltmacht geholfen, sagte der Präsident bei einem Treffen mit Oberhäuptern und hohen Würdenträgern der 15 orthodoxen Ortskirchen in Moskau, an dem auch der Patriarch von Jerusalem und Delegationen aus anderen Ländern teilnahmen. „Der Übertritt zum Christentum wurde zu einem Wendepunkt im Schicksal unseres Vaterlandes. Die Taufe machte den Staat zu einem integralen Bestandteil der christlichen Zivilisation“, fügte er hinzu. „Gerade das Christentum war es, das Russland einen gewaltigen Impuls zur Entwicklung, zum Aufschwung der Kultur, Bildung und Aufklärung verliehen hatte.“ Das Christentum erwecke kolossale schöpferische Kräfte und Bestrebungen, inspiriere zu Heldentaten und sei eine Stütze bei schweren Prüfungen. „Und die Russisch-orthodoxe Kirche war immer mit ihrem Volk dabei“, schloss Putin und würdigte dabei ausdrücklich die „große Rolle“ des Moskauer Patriarchats.
Der russische Politikwissenschaftler Stanislaw Belkowski hat Menschen wie Putin als „Vertreter der klassischen russischen

Religiosität, einer äußerlichen Orthodoxie mit heidnischen Einsprengseln“, beschrieben, die „wie Brillanten und Rubine in die Zarenkrone“ eingelassen seien.
Ähnliches kann man zu Gagarin sagen. Er hatte als junger Leutnant der Luftwaffe seine im April 1959 geborene Tochter Jelena taufen lassen und war eigens dazu nach Kluschino gekommen, damit die Zeremonie in seiner Heimatkirche stattfinden konnte. Zudem hat er sich noch als Kosmonaut sogar öffentlich für die Belange der Kirche eingesetzt. So besuchte er mehrfach Moskauer Kathedralen und Kirchen.
Bei einem Besuch im Kirchenarchäologischen Kabinett der Moskauer Geistlichen Akademie bedauerte er 1964 die Sprengung der Christ-Erlöser-Kathedrale. „Schau mal, Walentin, welche Schönheit sie zerstört haben!“, sagte er zu seinem Freund Walentin Petrow, einem Dozenten der Militärakademie, vor einem Modell des 1931 unter Stalin zerstörten Gotteshauses. Der Besuch kam den Hauptmann dienstlich teuer zu stehen. Er wurde dafür bestraft, Gagarin zur „Religion verleitet“ zu haben. Der rettete seinen Freund aber mit der Feststellung: „Wie? Ein Hauptmann verleitet einen Oberst zur Religion?“ Schließlich habe er, Gagarin, ihn in seinem Wagen mitgenommen – und nicht umgekehrt.

Gagarin schlägt Wiederaufbau der Christ-Erlöser-Kathedrale vor

Kurze Zeit später hat Gagarin auf einem ZK-Plenum zu Erziehungsfragen der Jugend offiziell den Vorschlag unterbreitet, die Kathedrale als „Denkmal des Soldatenruhms“ wieder aufzubauen – und den Moskauer Triumphbogen noch dazu. Schließlich könne man die junge Generation nicht zu mehr Patriotismus erziehen, wenn diese ihre Wurzeln nicht kenne.
Wie Augenzeugen später berichteten, hat das Tagungspräsidium entsetzt auf den Vorschlag reagiert. Selbst Gagarins bester Freund, Komsomol-Chef Sergej Pawlow, habe sich verständnislos gezeigt. Das Plenum aber habe applaudiert.

Aber eben das war auch Gagarin. Mit seinem wachsenden Selbstbewusstsein startete er immer wieder Initiativen, die der Obrigkeit überhaupt nicht gefielen. Dabei war er sich aber auch sicher, dass ihn sein Status als Nationalheld vor allzu ernsten Konsequenzen schützt.

Der liebe Gott sieht Gagarin

Noch heute hält sich hartnäckig das Gerücht, Gagarin habe einmal gesagt, Gott bei seinem Flug nicht gesehen zu haben. Doch das ist eine Legende, die auf einen Spruch von Parteichef Chruschtschow zurückgeht. Der hatte auf einem ZK-Plenum zu Fragen der antireligiösen Propaganda gewettert: „Nun, was klammert ihr euch an Gott. Gagarin ist in den Weltraum geflogen, hat aber Gott nicht gesehen."
Dieser Ausspruch wurde schon bald nicht mehr Chruschtschow, sondern dem Kosmonauten zugeschrieben, weil er aus seinem Munde ein viel größeres Gewicht hatte. Es dauerte dann auch nicht lange, bis die ersten Witze zu diesem Thema aufkamen. Im gängigsten fragt Chruschtschow Gagarin: „Du hast doch Gott gesehen. Sag, ist er mir ähnlich?"
Der Schriftsteller Mark Luzkij widmete der Angelegenheit sogar einen kleinen, aber feinen Vers, und der geht so:

Du hast Gott nicht gesehen?

Gagarin war ein Atheist
Und erklärte dem Heimatplaneten:
Als ich in den fernen Höhen schwamm,
Habe ich Gott nicht bemerkt!
Damit hat er seine Rede beendet,
So ging das auch in die Literatur ein.
Aber Gott hat in einem himmlischen Interview
Gesagt, dass ER Gagarin gesehen hat!

MIT GOTES SEGEN AUF DIE UMLAUFBAHN

Was zu Gagarins Zeiten unmöglich war, ist heute kosmischer Alltag. Jede Mannschaft, die in den Weltraum startet, erhält offiziell den Segen Gottes. Mehr noch: Inzwischen werden auch die Trägerraketen auf der Startrampe gesegnet. Die Kirche geht dabei von einem Wort des Patriarchen von Moskau und ganz Russland, Alexij II., aus, der einmal sagte: „Keines der sichtbaren Dinge regt so zum Nachdenken über Gott an, wie der Sternenhimmel und die Weiten des Alls, das mit seiner Grenzenlosigkeit und Unermesslichkeit von der Größe und Kraft des Schöpfers zeugt."

Einer kasachischen Tradition folgend, empfingen die ersten Kosmonauten den Segen öffentlich und hoch zu Ross: der Russe Alexander Wolkow, der Kasache Toktar Aubakirow und der Österreicher Franz Viehböck, die am 2. Oktober 1991 zur Raumstation *MIR* aufbrachen. Wem das nicht behagte, konnte sich mit dem Popen oder auch einem Imam hinter verschlossenen Türen treffen.

Die Ausländer werden übrigens gar nicht gefragt, ob sie gläubig sind und diese Zeremonie wünschen. Wie der russische Kosmonaut Juri Baturin dazu anmerkt, sind sie offenbar so sehr von dem Wunsch beseelt, in den Weltraum zu fliegen, dass bisher keiner von ihnen dagegen protestiert hat. Der einzige Kommentar, den ich selbst von einem der fünf deutschen Astronauten bekommen habe, die nach der Wende mit den Russen flogen, lautete: Der Geistliche von der Kirche, die nach St. Georg dem Siegreichen benannt ist, hat mich mit arg viel Weihwasser bespritzt. Trotzdem soll es bisher zwei Verweigerungen gegeben haben. Wer das war – Russe und/oder Ausländer – wurde freilich nicht mitgeteilt.

Inzwischen wird der geistliche Segen öffentlich auf der Treppe vor dem Hotel „Kosmonaut" gespendet und ist ein gängiges Ritual in Baikonur. Die Frage, ob er nutzt, kann zumindest für die Russen positiv beantwortet werden. Ihre bemannten Flüge sind bisher reibungslos verlaufen. Ihre letzten Opfer hatten sie

1971, also noch zu Sowjetzeiten, zu beklagen, als drei Kosmonauten von *Sojus 11* wegen eines Ventilschadens tot zur Erde zurückkehrten. Die Amerikaner, bei denen religiöse Bekenntnisse der Astronauten keine Rolle spielen, verloren 2003 die *Columbia* mit sieben Besatzungsmitgliedern, als die Raumfähre aufgrund eines Schadens am Hitzeschild im Landeanflug auseinanderbrach.

Dass es die Behörden und die Kosmonauten mit dem Glauben ernst meinen, zeigt sich auch an den Kirchen, die inzwischen in Baikonur und auch im „Sternenstädtchen“ bei Moskau errichtet und mit großem Pomp eingeweiht wurden.
Nach der *ISS*-Vereinbarung sind politische und religiöse Aktivitäten in der Internationalen Raumstation eigentlich nicht erlaubt, dennoch hängen dort im russischen Segment private und vom Patriarchen persönlich geweihte Ikonen friedlich neben den Porträts von Gagarin und Politikern. Auch den Tag des Sieges über den Hitler-Faschismus feiern die Russen jedes Jahr an Bord mit „patriotischen Aktionen“. Bibel und Koran gehören zur Bordbibliothek
Die Amerikaner servieren dagegen zum Thanksgiving Day, ihrem Erntedankfest, bestenfalls mal eine große Portion saftigen Truthahns aus der Dose.

Wie tief der Glaube bei den russischen Kosmonauten verankert ist, konnte ich in den vergangenen Jahren immer wieder persönlich erleben, wenn ich für sie als Dolmetscher tätig war. Bei jedem Berlin-Besuch fuhren wir auch zum sowjetischen Ehrenmal in Treptow, um dort Blumen niederzulegen. Dabei haben sich ausnahmslos alle Kosmonauten, ob jung oder alt, stets bekreuzigt. Einige, die in Freizeitkleidung unterwegs waren, legten vorher noch kurz den Helden-Stern an, den sie in der Jackentasche bei sich trugen.

In ihrem 2013 erschienenen „Tagebuch einer Kosmonautenfrau“ hat Julija Nowizkaja beschrieben, wie sie in der Kirche des „Sternenstädtchens“ einen Kettenanhänger, den sie von ihrem

Mann Oleg vor seinem Start zur *ISS* im Oktober 2012 geschenkt bekommen hatte, von einem Popen segnen ließ. „In der Seele wurde es sofort ruhiger“, stellte sie dazu fest. Als sie dann noch von dem Geistlichen gehört habe, dass er in Baikonur schon einmal mit dem Lift an die Spitze der Rakete gefahren sei, mit der auch ihr Mann starten würde, sei es ihr vorgekommen, als habe er dem Kosmonauten gewissermaßen den Weg geebnet. „Jetzt war ich vollkommen beruhigt“, schreibt die Journalistin erleichtert.

GAGARIN ALS BRUCHPILOT

Doch zurück zur Chronologie. Nach dem Abschluss der Gießerlehre in Ljuberzy studiert Gagarin ab August 1951 vier Jahre lang am Industrietechnikum in Saratow an der Wolga. Im Oktober 1954 tritt er dem dortigen Fliegerklub bei. Nach rund neunmonatiger Ausbildung darf er das erste Mal selbstständig eine *Jak-18*, ein einmotoriges Propeller-Schulflugzeug, steuern. Bei 196 Starts kommt er in der Folgezeit auf insgesamt 42:23 Flugstunden.

Ein Jahr später wird Gagarin zur Sowjetarmee eingezogen und besucht die „Woroschilow"-Fliegerschule in Orenburg (Ural). Hier allerdings zeigt er unerwartet Schwächen, denn er hat 1957 seine Flugprüfung als Düsenjägerpilot nur mit Ach und Krach bestanden.

Dass seine militärische Karriere nicht schon zu Ende war, noch bevor sie richtig begonnen hatte, verdankt er seinem damaligen Geschwaderkommandeur Oberst Iwan Polschkow. Der hatte dem Feldwebel eine zweite Chance eingeräumt, weil ihm dessen unbändiger Wille imponierte, unbedingt Militärflieger zu werden.

Bei dem entscheidenden Kontrollflug hatte Gagarins zweisitzige *MiG-15* im Landeanflug derart mit der Nase „gewackelt", dass der Fluglehrer eingreifen musste, um eine Bruchlandung zu verhindern. Nach den strengen Regeln der Fliegerei galt damit die Prüfung als nicht bestanden, und Gagarin hätte eigentlich die Fliegerschule verlassen müssen. Doch ihm kam der Zufall zu Hilfe. Oberst Polschkow hatte sich bei einem Besuch zum Lehrgangsabschluss auch die Papiere des Entlassungskandidaten Gagarin zeigen lassen. Dabei wurde ihm berichtet, dass der sehr unter seiner Fehlleistung leide. Gagarin beteuere immer wieder, sich ein Leben ohne das Fliegen nicht vorstellen zu können. Sogar von Tränen war die Rede.

Als erfahrener Pilot wusste der Oberst, dass bei der Landung zwei Faktoren von Bedeutung sind: Das Gefühl des Flugzeugführers für die Höhe der Maschine, das kein Gerät ersetzen kann, und die richtige Sitzposition, die den Blickwinkel bestimmt. Beim Appell war Polschkow zuvor aufgefallen, dass Gagarin erheblich kleiner als seine Kameraden war. Daraus schloss der Geschwaderchef, dass der Flugschüler möglicherweise Probleme mit der Sitzposition haben könnte. Somit durfte Gagarin den Kontrollflug wiederholen. Dazu erhöhte man seine Sitzposition durch eine Auflage, und diesmal klappte es. Die Landung sei zwar „hart, aber noch im Bereich des Zulässigen" gewesen, urteilte Polschkow später einmal bei einer Gedenkfeier.

Gagarin wird zusammengeschlagen

Derselbe inzwischen pensionierte Oberst hat sich 1984 noch einmal kurz vor deren Tod an Gagarins Mutter gewandt, um ihr ein lange gehütetes militärisches Geheimnis anzuvertrauen. Wie er in einem Brief schrieb, sei Gagarin in der Nacht zum 30. Januar 1957 von drei Kameraden brutal zusammengeschlagen worden, sodass er mehrere Tage im Lazarett behandelt werden musste. Der Grund: den Männern gefielen die hohen Anforderungen nicht, die Gagarin im Dienst an sich selbst und ohne Ausnahme auch an alle anderen stellte, denn er war der Meinung, dass der Dienst in der Armee, insbesondere aber in den Luftstreitkräften, unbedingte Disziplin erfordere.
Das Trio war da ganz anderer Meinung und hat das Gagarin auch mehrfach unmissverständlich gesagt. Mehr noch, es drohte ihm, doch Gagarin gab nicht nach.
In besagter Nacht fielen die drei Kursanten nach dem Zapfenstreich über Gagarin her. Um nicht erkannt zu werden, hatten sie sich Handtücher um den Kopf gewickelt.
Der Überfall hatte ein juristisches Nachspiel vor dem Militärtribunal des Wehrbezirks Süd-Ural. Zwei der Männer wurden zu je drei Jahren Besserungs- und Straflager, einer zu zwei Jahren Strafbataillon verurteilt.
Das Urteil, das auch öffentlich verkündet wurde, sei dabei noch relativ milde ausgefallen, da die Täter geständig und noch jung waren, betonte Polschkow. Es habe sich insofern positiv auf die

ganze Fliegerschule ausgewirkt, als damit allen klar geworden sei, dass Disziplinlosigkeit nicht geduldet werde.

Gagarin hat den Vorfall in seinem ganzen Leben nicht ein einziges Mal erwähnt. Und in dem Moment, wo er Kosmonaut wurde, sei er auch aus den Akten entfernt worden, sagte der Oberst a. D.
Vielleicht war das konsequente Verhalten Gagarins ja auch der Grund, weshalb ihm Polschkow damals angeboten hat, als Instrukteur an der Fliegerschule zu bleiben. Doch der entschied sich für den Dienst als Marineflieger bei der Nordmeerflotte (SF) im Gebiet Murmansk an der norwegischen Grenze. Ihn hätten die Geschwindigkeit und die Technik mehr interessiert als die pädagogische Arbeit, sagte er einmal.

TANGO MIT WALJA

In den letzten Jahren hat es immer wieder Versuche gegeben, einen Spielfilm über Gagarin zu drehen. Ausnahmslos alle sind aber am Widerstand der Familie gescheitert, weil die sich gerichtlich vorbehalten hat, über das Drehbuch mitzuentscheiden. Das Urteil speziell über die geplanten Hollywood-Streifen fiel dabei durchweg vernichtend aus.

2013 ist nun zum ersten Mal ein dokumentarischer Spielfilm weltweit im Fernsehen gezeigt worden, der die ausdrückliche Billigung der Familie gefunden hat. Der Streifen mit dem wenig einfallsreichen Titel „Gagarin. Der Erste im Weltraum“ (In Deutschland erschienen unter dem Titel „Gagarin – Wettlauf ins All“), der mit einiger Verspätung auch im russischen Fernsehen und dann wochenlang sogar in den Kinos gelaufen ist, ist wohl die bisher realistischste und ehrlichste Darstellung Gagarins auf Bildschirm und Leinwand.

Zudem offenbart er in wunderschönen Bildern, wie er seine künftige Frau Walentina kennengelernt hat: aus dem Grammophon schallt laut ein Tango in den Saal des Kulturhauses. Kursanten der Fliegerschule bevölkern mit ihren Mädchen das Parkett. Die Kamera zeigt Gagarin und Walja in Großaufnahme. Sanft versucht sie, ihm die Tanzschritte beizubringen. So langsam bewegen sich seine blankpolierten Stiefel im Takt von „La Paloma“, gesungen von der berühmten Klawdija Schulshenko. Die beiden frisch Verliebten schweben im siebten Himmel. Am 27. Oktober 1957, zwei Tage nach dem etwas glücklichen erfolgreichen Abschluss der Fliegerschule, heiratet Gagarin seine Walja, und wiederum eine Woche später wird er Leutnant. Der Film hebt sich mit seinem knapp dosierten russischen Pathos und seiner weitgehenden Faktentreue wohltuend von den Heldenschinken ab, die bisher über ihn gedreht wurden. Seine Schöpfer um Regisseur Pawel Parchomenko und Produzent Oleg Kapanez haben offenbar ihre Hausaufgaben gemacht. Gagarins Tochter Galina zeigte sich als Familiensprecherin denn auch zufrieden mit dem Ergebnis. „Mir gefällt der Film“, schrieb sie auf meine diesbezügliche Frage. „Ich habe intensiv am Drehbuch des Filmes mitgearbeitet.“ Ihre ältere Schwester Jelena, die Chefin der Kreml-Museen, freute sich im Trailer, dass es sich um einen russischen Film mit russischen Schauspielern und nicht um eine westliche Produktion handelt. Die Episoden, an denen das kurze Leben Gagarins in diesem Spielfilm mit vielen bisher unveröffentlichten Dokumentarfilm-Einblendungen nachgezeichnet wird, halten sich an die jüngsten Ergebnisse der Gagarin-Forschung und brechen auch manches Tabu. So zieht sich die Frage des Glaubens wie ein roter Streifen durch das Werk.

Auch in einigen anderen Details korrigiert der Film die bisher offiziell weichgespülten oder falschen Versionen der Flugvorbereitung und des -verlaufs. So wird der Konflikt deutlich, der unter den ersten Kosmonauten-Kandidaten ausbrach, die natürlich alle die Ambition hatten, Erster zu sein.

Leider endet der Streifen etwas unvermittelt mit der triumphalen Begrüßung Gagarins nach seinem Raumflug am 14. April 1961 auf dem Roten Platz in Moskau. Auf den frühen und tragischen Tod des Nationalhelden sieben Jahre später sind die Filmschöpfer nicht eingegangen.

VOM HOHEN NORDEN INS ALL

Normalerweise braucht ein Kosmonautenanwärter heute bis zu zehn Jahren, um ins All fliegen zu dürfen. Bei Gagarin reichten damals knapp eineinhalb Jahre. Anfang Januar 1958 beginnt sein Truppendienst im Hohen Norden beim 169. Geschwader der 122. Jagdfliegerdivison der Nordmeerflotte nahe der Ortschaft Luostary-Nowoje. Bis Oktober 1959 bringt er es hier unter zumeist schwierigen Witterungsbedingungen mit der *MiG-15* bis auf insgesamt 265 Flugstunden. Diese an sich bescheidene Zahl wird später noch eine Rolle spielen, wenn es darum geht, welche Fliegerqualitäten der Kosmonaut hatte, als er 1968 mit einer ähnlichen Maschine und in Begleitung eines Fluglehrers abstürzte. Die Zahl widerlegt auch das Gerücht, das sich bis heute hartnäckig hält, Gagarin sei gar „Testpilot" gewesen. Ende 1959 werden über 3.000 Jagdflieger aus dem europäischen Teil der Sowjetunion sowie in Polen und der DDR stationierte Piloten, darunter auch Alexej Leonow, unter dem Vorwand, man suche geeignete Kandidaten für „neue Technik", zu einer gründlichen medizinischen Kontrolle eingeladen. Dass es dabei um Raumschiffe ging, verschwieg man wohlweislich erst einmal. Wie wir heute wissen, haben drei von zehn Kandidaten das Angebot abgelehnt, weil sie sich in ihren Einheiten wohlfühlen und keinen Grund sehen, sich auf etwas Ungewisses einzulassen. Gagarin, der im April das erste Mal Vater geworden war, nahm es an – wie auch sein Staffelkamerad Georgi Schonin sowie German Titow, Andrijan Nikolajew, Waleri Bykowski, Pawel Popowitsch und Alexej Leonow im fernen Altenburg (Sachsen). Als jene, die abgelehnt hatten, später hörten, worum es in Wahrheit ging, werden sie sich ganz bestimmt sehr geärgert haben. Anfang 1960 erfolgte eine weitere Untersuchung durch eine spezielle Ärztekommission, die Gagarin schließlich für weltraumtauglich erklärte. Am 3. März wurde er daraufhin auf Befehl des Oberkommandierenden der Luftstreitkräfte der UdSSR, Marschall Konstantin Werschinin, als Kandidat in das Kosmo-

nautenkorps aufgenommen, das vier Tage später aus der Taufe gehoben wurde.
Schon am 11. März siedelte die junge Familie nach Moskau über. Ihr erstes Quartier war ein kleines Zimmer im ersten Stock eines Hauses auf dem Gelände des Zentralen „Frunse“-Flughafens. Außer zwei Soldatenpritschen gab es kaum Möbel in dem Raum. Später erhielten die Gagarins und die anderen künftigen Kosmonauten eine kleine eigene Wohnung im Zentrum Moskaus und dann in der Garnisonsstadt Tschkalowski nördlich der Hauptstadt, in unmittelbarer Nähe des Kosmonautenausbildungszentrums, das dann unter dem Namen „Sternenstädtchen“ weltberühmt wurde. Die Wohnstadt des Zentrums wurde übrigens erst 1965 fertig. Bis dahin blieben die Kosmonauten in Tschkalowski.

GAGARINS GARDE

Am 25. März 1960 beginnt das reguläre Training für den Raumflug. Die erste Gruppe der Kosmonautenanwärter bestand aus 20 jungen Fliegern, die alle nicht älter als 30 Jahre, maximal 1,70 Meter groß und 70 Kilogramm schwer sein durften – und lächeln können mussten, wie Koroljow offenbar in einer Art Vorahnung hinzufügte.

Vom professionellen Ausbildungsstand her waren sie alle gleich gut. Sie kannten „ihr" Schiff bald in- und auswendig. Auch in gesundheitlicher Hinsicht gab es kaum Unterschiede. Die Truppe war physisch und psychisch gestählt. Deshalb mussten bei der Ermittlung des Besten noch andere Faktoren herangezogen werden. Einigkeit herrschte darüber, dass der erste Kosmonaut irgendwie die „Epoche" verkörpern musste. Darunter verstand man zu jener Zeit den, wie Moskau fest glaubte, weltweit unaufhaltsamen Übergang vom Kapitalismus zum Sozialismus. Er sollte somit Symbol seiner Zeit und auch seiner Heimat sein. Als Maßstäbe dafür hatte der oberste Kosmonautenchef, General Nikolai Kamanin, folgende Eigenschaften formuliert:

- grenzenloser Patriotismus;
- unbeirrbarer Glaube an den Erfolg des Fluges;
- ausgezeichnete Gesundheit;
- unversiegbarer Optimismus;
- geistige Beweglichkeit und Wissbegierde;
- Kühnheit und Entschlossenheit;
- Akkuratesse;
- Liebe zur Arbeit;
- Ausdauer;
- Einfachheit;
- Bescheidenheit;
- große menschliche Wärme und Aufmerksamkeit für die Mitmenschen.

Es gab sicher nicht nur einen Kandidaten, auf den diese Kriterien mehr oder weniger passten. In die engere Wahl kamen schließlich Juri Gagarin, German Titow und Grigori Neljubow. Für Karpow war Gagarin schlechthin die Verkörperung dieses Ideals. Kamanin tendierte zwar mehr zu Titow, entschied sich aber dennoch für Gagarin. Er brauchte Titow, den er für weniger charismatisch, dafür aber körperlich für etwas stärker hielt, für den zweiten Flug, der immerhin schon 25 Stunden dauern sollte. Dem Stellvertreter von Chefkonstrukteur Koroljow, Boris Rauschenbach, einem Russland-Deutschen, gefiel dagegen Neljubow besonders. Der Sonnyboy im Kosmonautenkorps stand gern im Mittelpunkt und meldete auch unverhohlen seinen Führungsanspruch an, was ihm letztendlich zum Verhängnis wurde. Nur zwölf Mitgliedern der „Gagarinsche Garde", wie sie später genannt wurde, war es vergönnt, in den Weltraum zu starten. Die anderen schieden aus gesundheitlichen, disziplinarischen und anderen Gründen aus. Walentin Bondarenko starb kurz vor Gagarins Start bei einem Feuerunfall während des Trainings in der Barokammer.
Im 54. Jahr des Fluges von Gagarin leben nur noch vier der Kosmosveteranen: Waleri Bykowski, Boris Wolynow, Wiktor Gorbatko und Alexej Leonow. Bykowski ist zudem der letzte noch Lebende unter den sechs Anwärtern, die schließlich in die Endauswahl für den ersten Flug gekommen sind. Die anderen fünf – Juri Gagarin, German Titow, Pawel Popowitsch, Andrijan Nikolajew und Grigori Neljubow – weilen schon nicht mehr unter uns.
Bykowski ist 1963 als 5. sowjetischer Kosmonaut das erste Mal mit einer *Wostok*-Kapsel ins All gestartet. Später war er noch zweimal mit einem *Sojus*-Raumschiff quasi im DDR-Auftrag unterwegs: 1976 mit der Multispektralkamera MKF 6 aus Jena und 1978 mit Sigmund Jähn als erstem von inzwischen elf Deutschen. Heute genießt er den wohlverdienten Ruhestand, ist aber wie die anderen „Gardisten" noch gesellschaftlich aktiv.
In alter Verbundenheit zu Sigmund Jähn ist Bykowski besonders häufiger und gern gesehener Gast in dessen vogtländischer Heimat Morgenröthe-Rautenkranz.

Unter denjenigen, deren Traum vom Flug ins All nicht in Erfüllung ging, hat Neljubow ein besonders tragisches Schicksal ereilt. Er schaffte es sogar unter die letzten drei und wurde hinter Titow als 2. Double nominiert, was einmalig in der russischen Raumfahrt ist. Ganz offenbar hat es der kluge, lebensfrohe und allseits beliebte Mann nicht verwunden, nicht der Erste geworden zu sein. 1964 wurde er infolge eines hier später genauer beschriebenen Vorfalls wegen „Verletzung der Disziplin und der Regeln für Kosmonauten" zusammen mit zwei anderen Anwärtern aus der Kosmonautenabteilung ausgeschlossen. Bewarben sich zu Zeiten Gagarins noch Tausende darum, Kosmonaut zu werden, so ist heute das Interesse an diesem immer noch elitären Beruf fast auf den Nullpunkt gesunken. Es sei „sehr schwer", dafür „gebildete und qualifizierte Spezialisten mit zudem guter Gesundheit" zu gewinnen, klagte der Chefstratege für die bemannte Raumfahrt, Sergej Krikaljow, der mit 803 Tagen bei sechs Missionen unangefochten den Langzeitflugweltrekord hält. So haben sich auf die erste offene Ausschreibung für Kosmonautenbewerber vom Oktober 2012 nur 304 Frauen und Männer gemeldet, von denen acht angenommen wurden.

Seit dem 1. Januar 2011 hat Russland ein einheitliches Kosmonautenkorps mit derzeit 39 aktiven Mitgliedern, darunter nur zwei Frauen – Jelena Serowa und Anna Kikina. Bis dato gab es drei Korps – im „Sternenstädtchen", im Raumfahrtkonzern RKK „Energija" in Koroljow bei Moskau und im Moskauer Institut für Medizinisch-Biologische Probleme (IMBP) der Russischen Wissenschaftsakademie (RAN).

Dem ersten Kosmonautenkorps gehörten ausschließlich Militärs an. Von 1964 bis 1968 war Gagarin Kommandeur der „Gruppe Nr. 1 der Luftstreitkräfte (WWS)", wie das Korps damals offiziell hieß. 1964 kamen das „Energija"- und 1967 das IMBP-Korps hinzu. Damit wurden auch zivile Fachleute, so Ingenieure und Ärzte, rekrutiert.

Seit 2008 gibt es die ersten „Sternendynastien". Mit Sergej Wolkow und Roman Romanenko sind die Söhne zweier Kosmosveteranen in die Fußstapfen ihrer Väter getreten.

In den vergangenen 55 Jahren sind im „Sternenstädtchen“ nicht nur alle 119 sowjetischen und russischen Kosmonauten, sondern auch die Kosmonauten aus den „Bruderländern“ der UdSSR und Astronauten aus vielen anderen Staaten der Welt für ihre Flüge mit *Sojus*-Raumschiffen zum Raumlabor *MIR* und zur Internationalen Raumstation *ISS* ausgebildet worden, darunter auch sechs Deutsche.

WER FLIEGT ALS ERSTER?

Am 3. Apri 1961 verabschiedet die Parteiführung den Beschluss über den bemannten Start. Einen Tag später unterzeichnet der Oberkommandierende der Luftstreitkräfte, Marschall Konstantin Werschinin, das Kosmonauten-Zertifikat von Gagarin, Titow und Neljubow.

Diese drei Offiziere hatten durch besondere Führungsqualitäten auf sich aufmerksam gemacht. Der Chef der Kosmonautengruppe, Jewgeni Karpow, hatte höchstpersönlich allerdings nur die Fotos von Gagarin und Titow ins Zentralkomitee gebracht, um sie, wie damals üblich, den Mitgliedern des Politbüros zur Betätigung vorlegen zu lassen. Die telefonisch übermittelte Antwort lautete: „Beide Jungs sind ausgezeichnet. Treffen Sie die Wahl selbst."

Damit waren die Würfel gefallen. Nun ging es nur noch darum, wer starten würde und wer als Double zurückbleiben musste. Neljubow erhielt als Trostpflaster einen Titel, den es offiziell gar nicht gab: „Zweites Double". Er begleitete eine gute Woche später auch Gagarin im Bus zum Startplatz, allerdings nicht im Skaphander wie Titow.

ALLES SPRICHT FÜR GAGARIN

Koroljow hatte sich ebenfalls schon früh für Gagarin entschieden. „Mir gefällt dieser Junge", hatte er väterlich nach der ersten Bekanntschaft gesagt und dann Gagarins Weg sehr aufmerksam verfolgt.

Eines Tages hatte er die erste Kosmonautengruppe in sein Konstruktionsbüro nach Kaliningrad, dem heutigen Koroljow, bei Moskau geladen. Er zeigte ihnen das noch im Bau befindliche *Wostok*-Schiff. „Wie verzaubert haben wir auf diesen Flugapparat geschaut, den wir bis dahin noch nie gesehen hatten", verriet Gagarin später seine Stimmung. „Koroljow sagte uns auch etwas, was wir noch nicht wussten, nämlich dass das Programm des ersten Fluges eines Menschen eine Erdumrundung vorsieht."

„Na, wer will schon mal im Raumschiff Platz nehmen", fragte Koroljow in die Runde. „Erlauben Sie, ich", kam die prompte Antwort von Gagarin. Er zog auch schnell die Schuhe aus, bevor er in die Kapsel kletterte – eine Geste, die der Chefkonstrukteur mit sichtlichem Wohlwollen zur Kenntnis nahm. Staunend saß Gagarin in dem Wunderwerk der Technik mit seinen vielen Hebeln und Knöpfen.

Später hat Koroljow einmal sein Urteil über Gagarin auf die Formel gebracht: „In Juri verbinden sich angeborener Mut, analytischer Verstand und außergewöhnlicher Fleiß. Ich glaube, dass wir seinen Namen einmal unter den Namen unserer bedeutendsten Wissenschaftler finden werden, wenn er eine solide Bildung erhält." Diese Prophezeiung sollte der Kosmonaut tatsächlich wahr machen.

Auch den anderen Kosmonauten-Anwärtern war schon frühzeitig klar geworden, dass die Wahl wohl auf Gagarin fallen würde. Seine Ausnahmeerscheinung kam weniger darin zum Ausdruck, dass er in einzelnen Fächern besonders glänzte. Er war vielmehr ein „kosmischer Mehrkämpfer" mit gleichbleibend guten Leistungen in allen Disziplinen.

Waleri Bykowski, der insgesamt dreimal im All war – 1963, 1976 und 1978 – und es nach seiner aktiven Laufbahn bis zum

Direktor des Hauses der sowjetischen Wissenschaft und Kultur in Ost-Berlin brachte, beantwortete die Frage, wodurch sich Gagarin ausgezeichnet habe, wie folgt: „Wir waren alles junge Flieger, für uns war der Regimentskommandeur Zar und Gott gleichermaßen. Ich habe gleich in Juri eine irgendwie geartete Freiheit und Kühnheit im Umgang mit der Führung erkannt. Nein, darin war auch nicht der Anflug irgendeiner Familiarität oder eines vorlauten Wesens! Sondern er sprach sowohl mit Karpow als auch mit Kamanin und sogar mit Marschall Werschinin mit so einer fröhlichen Note in der Stimme."
Und Titow charakterisierte den ersten Kosmonauten mit den Worten: „Es gibt etwas Symbolisches beim Lebensweg und in der Biografie Gagarins. Das ist zum Teil die Biografie unseres Landes. Sohn eines Bauern, der die schrecklichen Tage der faschistischen Okkupation überlebt hat. Schüler einer Handwerksschule. Arbeiter. Student. Kursant in einem Fliegerklub. Flieger. Diesen Weg sind Tausende und abertausende Altersgenossen Juris gegangen. Das ist der Weg unserer Generation."
Während Titow sich in sein Schicksal als Nummer Zwei fügte – ihm war nach der noch heute gültigen Praxis als Double der nächste Flug sicher –, versagten bei Neljubow die Nerven. Nach der erfolgreichen 25-Stunden-Mission von Titow im August 1961 legte er sich in Moskau, erheblich alkoholisiert, mit einer Militärstreife an. Die Leitung des „Sternenstädtchens" versuchte zwar, die fällige Meldung zu verhindern. Doch das misslang, weil Neljubow nicht bereit war, sich für sein Fehlverhalten zu entschuldigen.
Der Bericht ging also nach „oben", und der Delinquent wurde zusammen mit zwei weiteren Kandidaten, Iwan Anikejew und Walentin Filatjew, aus dem Kosmonauten-Korps ausgeschlossen. Er landete schließlich bei einer Fliegereinheit im Fernen Osten, verfiel in eine tiefe seelische Krise und wurde im Februar 1966 in betrunkenem Zustand von einem Zug überrollt.
Gagarin spürte natürlich, dass er Anwärter Nummer Eins war. Die diesbezüglichen Anspielungen seiner Kollegen wehrte er jedoch immer bescheiden mit der Bemerkung ab: „Warum gerade ich?" Im Stillen aber bereitete ihm die grandiose Aussicht, als

erster von Milliarden Menschen die Erde zu verlassen und sie von außen in Augenschein zu nehmen, tiefe Genugtuung. Auch zu Hause schwieg er sich aus. Immer wenn seine Frau Walentina die Sprache auf den bevorstehenden Flug brachte, lenkte er auf ein unverfängliches Thema über. Selbst im Familienkreis war ihm kein Geheimnis zu entlocken. Das hatte er schon als Flieger so gehalten, und das galt jetzt erst recht.

Ende März war Gagarin auf eine „Dienstreise" gegangen. Wohin, hatte er auch diesmal nicht verraten. Nach ein paar Tagen kehrte er „völlig aufgewühlt" und in „gehobener Stimmung" zurück, erinnerte sich seine Frau Walja in einem ihrer Bücher, die Ghostwriter für sie verfasst haben. Warum, das habe er nicht gesagt, so sehr sie auch „bohrte".

Erst etwa ein halbes Jahr nach dem Flug vertraute Gagarin seiner Frau den Grund dafür an und auch seine geheimsten Gedanken aus jener Zeit. „Den ganzen Tag habe ich unter dem Eindruck dessen gestanden, was ich dort sah", beschrieb Gagarin den Start von *Wostok* mit der Hündin „Swjosdotschka" an Bord, den er am 25. März miterlebt hatte. „Dieses Raumschiff hat es schon geschafft, die Erde zu umkreisen und im vorgegebenen Gebiet zu landen. Die Spezialisten – Biologen und Mediziner – applaudierten ‚Swjosdotschka', die den Flug großartig überstanden hatte. Und ich musste immer wieder an das denken, was vor meinen Augen geschah, und bald, jetzt schon sehr bald, auch mit mir geschehen sollte."

Er habe immer noch den Startlärm im Ohr und sehe die hohen „Flammenwolken" vor sich, als die Rakete in den Himmel stieg, fuhr Gagarin fort. „Doch das hat mich nicht erschreckt, sondern eher begeistert."

Am Morgen des 6. April nahm Gagarin Abschied von seiner Familie. Walentina Gagarina hat diese Minuten in aller Ausführlichkeit beschrieben. Nach einer fast schlaflosen Nacht, in der die Eheleute stundenlang miteinander gesprochen hatten, sei er ins Kinderzimmer gegangen, um noch einen Blick auf seine Töchter zu werfen. Zärtlich habe er Galja geküsst, die knapp

einen Monat alt war und plötzlich zu weinen anfing. Lena, die vier Tage später ihren zweiten Geburtstag ohne ihren Vater feiern musste, habe fest und tief geschlafen.
Bevor er die Wohnung verließ, um zum Flughafen zu fahren, habe Gagarin noch ein Foto von sich aus seinen Fliegertagen im Hohen Norden aus dem Familienalbum genommen und auf den Tisch gelegt. „Möge dich dieses Bild in Tagen der Trennung öfter an mich erinnern und mich ersetzen“, hatte Juri einst als Widmung darauf geschrieben. „Möge es dir wenigsten ein bisschen in schweren Minuten helfen.“
Dann umarmte der Kosmonaut seine Frau, die tapfer mit den Tränen kämpfte. Auf ihre ängstliche Frage „Wer?“ und „Wann?“ habe er geantwortet: „Vielleicht ich, vielleicht aber auch irgendein anderer.“ Und nach kurzem Zögern fügte er hinzu: „Am 14.“ Offenbar griff er zu dieser Notlüge, um seiner Frau noch mehr Aufregung zu ersparen.

Gagarin war sich anscheinend seiner Sache doch nicht ganz so sicher, wie es von der offiziellen Propaganda immer dargestellt wurde. Davon zeugt zum Beispiel ein Brief, den Walja nach seiner Rückkehr in seinem Koffer fand. Das Schreiben, das persönlich an sie und die Töchter Lena und Galja gerichtet ist und erst 1987 bekannt wurde, klingt wie ein Testament oder Vermächtnis.

Gagarin hatte es am 10. April unmittelbar nach seiner offiziellen Nominierung abgefasst. Er deutet darin zwar an, dass er Vertrauen in die sowjetische Weltraumtechnik habe. Zugleich aber äußerte er Bedenken. Es könne durchaus vorkommen, „dass ein Mensch auch auf ebenem Weg hinfällt“, schrieb er vieldeutig. Für den Fall, dass ihm etwas passiere, bat er seine Frau, die Töchter zu „wahren Menschen“ zu erziehen, die „harte Arbeit nicht scheuen“ und auch nicht an Mutters Rockzipfeln hängen. „Bitte behüte unsere Töchter, liebe sie so, wie ich sie geliebt habe, und erziehe sie zu Menschen, die des Kommunismus würdig sind“, schrieb Gagarin und fügte hinzu: „Vergiss auch die Eltern nicht.“

Offenbar erschrak Gagarin selbst ob dieser alles andere als heroisch klingenden Zeilen. Denn er bezeichnete im Weiteren den Brief als „seltsam“. Ihm sei diese „Schwächeminute ein bisschen peinlich“, gestand er ein, bevor er mit den Worten schloss: „Ich grüße, umarme und küsse euch.

Euer Papa und Jura.“

DIE ENTSCHEIDUNG

Am 8. April 1961 tagte die Staatliche Kommission unter ihrem Vorsitzenden Konstantin Rudnew. Dabei wurde die Flugaufgabe erörtert und schließlich per Unterschrift von Kamanin und Koroljow bestätigt.

Der Auftrag lautet:

- eine Erdumkreisung in einer Höhe zwischen 180 und 230 Kilometern;
- Flugdauer: 1 Stunde und 30 Minuten;
- Ziel des Fluges: Überprüfung der Möglichkeit des Aufenthaltes eines Menschen im All in einem speziell ausgestatteten Raumschiff;
- Überprüfung der Ausrüstung des Raumschiffes und der Funkverbindung im Flug sowie die Überprüfung der Zuverlässigkeit der Mittel für die Landung des Raumschiffes und des Kosmonauten.

Wer sich gerade die letzte Aufgabe genau ansieht, wird feststellen, dass bei der Landung von getrennten Mitteln die Rede war, das heißt nicht mehr und nicht weniger, als dass der Kosmonaut am Fallschirm zur Erde kommen würde, was dann jahrelang verschwiegen beziehungsweise geleugnet wurde.
Im Anschluss daran nahm die Kommission noch einen Bericht über den Bergungskomplex entgegen, um sich schließlich zu einer geschlossenen Sitzung zurückzuziehen, bei der es um vier entscheidende Punkte ging:

1. Wer fliegt?
2. Soll der Flug als Weltrekord registriert werden und können bei Start und Landung Sportkommissare dabei sein?
3. Wie soll dem Kosmonauten die Chiffre für das sogenannte „Logische Schloss“ ausgehändigt werden, um in Notfall von automatischer auf Handsteuerung überzugehen?

4. Wie sollte im Havariefall beim Start das Katapultieren des Kosmonauten erfolgen?

Die erste Frage war schnell geklärt. Kamanin schlug im Auftrag der Luftstreitkräfte Gagarin als ersten Kandidaten und Titow als Ersatzmann vor. Die Kommission schloss sich dem Vorschlag einstimmig an.
Komplizierter wurde es schon beim zweiten Punkt, denn Marschall Kirill Moskalenko und auch der „Cheftheoretiker" der sowjetischen Raumfahrt, Mstislaw Keldysch, waren strikt dagegen. Koroljow und Kamanins waren dafür, und sie wurden in ihrer Ansicht von Rudnew unterstützt. Daraufhin wurde festgelegt, den Flug zwar als Weltrekord registrieren zu lassen, bei der Abfassung der Dokumente jedoch keine geheimen Daten über den Standort und die Trägerrakete preiszugeben. Damit hatten sich die Sowjets selbst ein Bein gestellt, über das sie das eine und das andere Mal stolpern sollten.
Zu Punkt drei wurde beschlossen, dem Kosmonauten ein versiegeltes Kuvert mit der Chiffre mitzugeben, zuvor das Logische Schloss aber noch einmal gründlich auf seine Funktionstüchtigkeit zu prüfen. Diese Aufgabe wurde einer sechsköpfigen Kommission übertragen, der unter anderen Kamanin, der leitende *Wostok*-Konstrukteur Oleg Iwanowski und Kosmonauten-Ausbilder Mark Gallai angehören.
Das Sextett, das als „Hohe Kommission" in die Raumfahrtgeschichte der Sowjets einging, begab sich auf Weisung Koroljows wenige Stunden vor dem Start an die Raketenspitze. Gallai kroch mit dem Oberkörper in das Raumschiff und überprüfte an einem speziellen Pult, ob sich das Logische Schloss beim Eingeben der streng geheimen dreistelligen Zahlenkombination – 125 – öffnete und die Handsteuerung gelöst wurde. Danach unterschrieben die Männer ein Protokoll und meldeten Koroljow Vollzug.

Die Prozedur wurde erst fast ein Vierteljahrhundert später publik, und zwar durch Gallais Buch „Mit einem Menschen an Bord", das 1985 erschien. Ihm ist es auch zu entnehmen, dass sich die „Hohe Kommission“ nicht ganz an die Weisungen gehalten hatte. Man befestigte nämlich den versiegelten Umschlag mit der Chiffre in Griffweite des Kosmonauten mit einem Klebestreifen an der Kabinenwand, anstatt sie ihm, wie beschlossen, in die Hand zu drücken.

Gallai befürchtete nämlich aus seiner Erfahrung als Testpilot, dass sich der Umschlag in der Schwerelosigkeit selbstständig machen und, für Gagarin unerreichbar, entschweben könnte. Zuvor hatte man übrigens schon den Vorschlag verworfen, im Notfall die Chiffre per Funk zu übermitteln. Als Hauptargument führten Experten dafür an, dass gerade in einer solchen Situation die Verbindung zum Raumschiff zusammenbrechen könnte. Außerdem sei ja nicht auszuschließen, dass der Raumfahrer etwa das Bewusstsein verloren haben könnte und somit gar nicht in der Lage sein würde, den Funkspruch aufzunehmen.

Dass Gagarin den Geheimcode nicht nur von Gallai, sondern auch noch von Iwanowski unter dem Siegel strengster Verschwiegenheit ins Ohr geflüstert bekam, sei nur am Rande erwähnt.

Das ganze „Geheimnis“ des Logischen Schlosses wurde übrigens erst von Iwanowski persönlich im Jahre 1986 enthüllt. In einem Beitrag für den Sammelband „Der Tag Gagarins“ verweist er darauf, dass der gesamte Flug von *Wostok* ohne die „aktive Teilnahme des Kosmonauten an der Steuerung“ vonstatten gehen sollte. Für den Fall aber, dass die Automatik versagen sollte, war auch eine Landevariante per Handsteuerung vorgesehen.

Die Umschaltung von der automatischen auf die Handsteuerung wäre durch Drücken eines Roten Knopfes erfolgt. Um jedoch zu verhindern, dass der Kosmonaut aus einer Panik- oder einen anderen unkontrollierten Situation heraus den Knopf betätigt, sei das Logische Schloss vorgeschaltet worden. Dieses bestand aus einem Tableau mit zehn Knöpfen – der Zahlenfolge 1 bis 9 und einer Null. Auf ihm hätte der Kosmonaut die im Kuvert verzeichnete Zahlenkombination exakt eingeben müssen.

Dazu muss man nach heutigen Erkenntnissen anfügen, dass diese ganze Prozedur möglicherweise nur ein Placebo war. Es gibt inzwischen ernstzunehmende Informationen, dass auch die Handsteuerung blockiert war. Koroljow war nämlich ein fanatischer Anhänger der Automatik. Diese Philosophie prägt auch heute noch die russische Raumfahrt.

Zu Punkt vier schließlich wird festgelegt, dass Koroljow oder Kamanin bis zur 40. Flugsekunde das Kommando für das Katapultieren Gagarins aus dem Raumschiff geben, falls dies erforderlich sein sollte. Danach würde die Automatik in Aktion treten. Außerdem beschließt die Staatliche Kommission, ihre Nominierungsentscheidung Gagarin und Titow am 10. April im Rahmen einer Festsitzung offiziell mitzuteilen.
Zum Katapultieren im Havariefall muss gesagt werden, dass das in der Aufstiegsphase kein allzu großes Problem gewesen wäre. Da wäre, wenn auch vorzeitig, im Wesentlichen jene Automatik in Aktion getreten, die für die normale Landung vorgesehen war: Absprengen des Einstiegslukendeckels und Herauskatapultieren des Kosmonauten aus der Kapsel auf seinem Schleudersitz. Dazu gab es in der Nutzlastverkleidung eine spezielle Öffnung. Danach hätte sich der Fallschirm geöffnet, und Gagarin wäre zur Erde geschwebt.
Bei einer Havarie noch auf der Startrampe wäre die Evakuierung des Kosmonauten allerdings wesentlich heikler gewesen. Für diesen Fall war vorgesehen, Gagarin ebenfalls aus der Kapsel heraus zu katapultieren. Da ihm dabei aber wegen der geringen Höhe kein Fallschirm genützt hätte, sollte er in einem Stahlnetz landen, das man an der Einstiegsseite in die Rakete über den stadiongroßen Abgaskanal gespannt hatte.
Glücklicherweise verliefen alle sechs bemannten *Wostok*-Starts reibungslos, sodass diese Notvariante Theorie blieb. Inzwischen werden die *Sojus*-Schiffe bei einer Havarie auf der Rampe durch ein Feststoffraketen-Rettungssystem (SAS) automatisch aus der Gefahrenzone befördert und landen weich in der Steppe.

Der 9. April war für Gagarin und Titow dienstfrei. Sie spielten Schach, sahen sich einen Film an und trieben etwas Sport, um sich vor dem großen Ereignis ein bisschen abzulenken.

Koroljow verbringt den Sonntag auf seine Art: Er startet eine „Dewjatka“, eine „Neuner“, wie die Interkontinentale Ballistische Rakete *R-9* kurz genannt wurde. Der Start verläuft normal, und Marschall Moskalenko spricht im Überschwang der Gefühle sogar von der „Geburt“ einer neuen Interkontinentalrakete. Beflügelt dazu haben mag ihn die Tatsache, dass einige Tage vorher bereits eine *R-16* aus dem Konstruktionsbüro Jangels erfolgreich aufgelassen worden war. Die hatte ihr Ziel auf der fernöstlichen Halbinsel Kamtschatka mit großer Genauigkeit erreicht: Sie schlug lediglich 400 Meter vor dem vorausberechneten Punkt ein, und die Seitenabweichung betrug nur 50 Meter.

Am Abend ruft Kamanin Gagarin und Titow zu sich und teilt ihnen offiziell mit, dass die Nominierung am nächsten Tag stattfinden werde. Unter dem Siegel der Verschwiegenheit fügt Kamanin hinzu, die Staatliche Kommission habe sich auf seinen Vorschlag hin entschieden, dass Gagarin als Erster fliegen solle. Als Starttag wird der 14. oder 15. April genannt.
Obwohl es sowohl für Gagarin als auch für Titow schon seit ihrem Abschlussexamen im Januar kein Geheimnis mehr war, dass die Reihenfolge so aussehen würde, machen beide aus ihren Gefühlen keinen Hehl: Gagarin freut sich, während Titow „leicht enttäuscht“ reagiert, wie Kamanin schrieb.
Die offizielle Nominierung am folgenden Tag ist damit nur noch eine Formsache. Rudnew, Moskalenko, Kamanin und Koroljow treffen sich um 11:00 Uhr im Pavillon der sogenannten „Generalsvilla“ hoch über dem Ufer des Flusses Syr-Darja in relativ lockerer Atmosphäre mit Gagarin, Titow, Neljubow, Popowitsch, Nikolajew und Bykowski. Koroljow hält eine kurze Rede mit folgender Quintessenz: „Es sind nicht einmal vier Jahre seit dem Start des ersten Erdsatelliten vergangen, da sind wir schon zum Flug des ersten Menschen in den Kosmos bereit. Hier sind sechs Kosmonauten anwesend, und jeder davon ist bereit, den ersten Flug durchzuführen. Es wurde beschlossen, dass Gagarin als Erster fliegt, nach ihm fliegen die anderen – noch in diesem Jahr werden etwa zehn *Wostok*-Raumschiffe vorbereitet … Wir sind überzeugt, dass der Flug umfassend und

sorgfältig vorbereitet wurde und erfolgreich verläuft. Wir wünschen Ihnen Erfolg, Juri Alexejewitsch."

Nach diesen menschlichen Worten kommt der ideologische Pflichtteil. Kommissionschef Rudnew behauptet: „Partei, Regierung und Nikita Sergejewitsch Chruschtschow persönlich haben unsere ganze Arbeit zur Vorbereitung des Fluges des ersten Menschen ins All geleitet." Moskalenko gratuliert Gagarin im Auftrag von Verteidigungsminister Malinowski zum „hohen und verantwortungsvollen Auftrag der Heimat". Er schließt mit dem pathetischen Satz: „Fliegen Sie, teurer Juri Alexejewitsch, und kehren Sie auf unsere sowjetische Erde in die Umarmung unseres ganzen Volkes zurück."

Gagarin, Titow und Neljubow danken in kurzen und sehr persönlichen Worten für das Vertrauen, das man ihnen entgegenbrachte. Auch sie zeigen sich vom Erfolg des Fluges überzeugt und verweisen auf die künftigen, noch komplizierteren Weltraummissionen.

Eigentlich wollte Gagarin eine sorgfältig vorbereitete Rede halten. Den Text, der auf ein Blatt Millimeterpapier geschrieben ist, bewahrt seine Frau Walja noch heute auf. Doch dann entschloss er sich unter dem Eindruck des Augenblicks, das Papier in der Tasche zu lassen und frei zu sprechen.

Am Abend fand dann in einer riesigen Montagehalle nahe der Startrampe die mit Spannung erwartete quasi-öffentliche festliche Sitzung der Staatlichen Kommission statt, bei der mehr als 70 Wissenschaftler, Techniker und Kameraleute anwesend waren. Wie Augenzeugen später berichteten, bestand die „Festlichkeit" insbesondere darin, dass anstelle von Aktenordnern diesmal Mineralwasser und Schalen mit Obst auf dem lang gezogenen Tisch standen. Gagarin und Titow saßen neben Kamanin. Gegenüber hatte Koroljow mit seinen Stellvertretern und Karpow Platz genommen. An Rudnew gewandt, sagte Koroljow zum Erstaunen aller nur zwei Sätze: „Das Raumschiff ist bereit, alle Apparaturen und Ausrüstungen wurden überprüft und arbeiten ausgezeichnet. Ich bitte die Kommission, den weltweit ersten Flug eines Raumschiffes mit einem Kosmonauten-Piloten an

Bord zu gestatten." Daraufhin entschied die Kommission einstimmig, den Vorschlag Koroljows anzunehmen und den ersten bemannten Flug des Raumschiffs *Wostok* für den 12. April anzuberaumen.

Kamanin stellte der Kommission die bereits genannten sechs Kosmonauten-Anwärter vor. Auf Befehl des Oberkommandierenden der Luftstreitkräfte (WWS), Fliegermarschall Konstantin Werschinin, verlieh er Gagarin, Titow, Neljubow, Popowitsch, Nikolajew und Bykowski den neu gestifteten Titel eines „Piloten-Kosmonauten" der WWS. Dann wiederholte er noch einmal vor laufenden Kameras das, was er zwei Tagen zuvor bereits gesagt hat: Nach Meinung der Luftstreitkräfte solle Gagarin als Erster fliegen und Titow sein Double sein. Die Kommission billigte den Vorschlag erneut einstimmig.

Dann hatte Gagarin das Wort. Er versprach „unserer sowjetischen Regierung, unserer Kommunistischen Partei und dem ganzen sowjetischen Volk", die ihm übertragene Aufgabe ehrenvoll zu erfüllen und „den ersten Weg in den Kosmos" zu bahnen. Titow, tief enttäuscht, saß mit gesenktem Haupt da. Natürlich gratulierte er seinem Freund. Doch in seinem Inneren rumorte es. Viel später einmal darauf angesprochen, sagte er nur: „Wer Amerika entdeckt hat, weiß jeder. Aber wer weiß schon, wie der Zweite heißt."

Titow hat diese Enttäuschung auch nach seinem Flug im August 1961 nicht verwunden. Sie hat ihn sein ganzes Leben lang begleitet. Deshalb hatte er es auch abgelehnt, der streng geheimen Kosmonautengruppe beizutreten, die sich auf einen bemannten Mondflug vorbereiten sollte. Auf die Frage, ob er wenigstens hier der Erste sein werde, erhielt er eine ausweichende Antwort. Daraufhin verzichtete er und widmete sich weiter militärischen Raumfahrtthemen.

Der Film über diese denkwürdige Sitzung war übrigens zehn Jahre lang tabu. Auch die Namen der wichtigsten Hauptakteure, vor allem der Koroljows, wurden viele Jahre geheim gehalten. Das hatte zur Folge, dass die Zensur damals nur solche Filmsequenzen und Fotos freigab, die Gagarin allein zeigen oder auf denen keiner der Geheimnisträger zu sehen oder zu erkennen war. Wo sich das nicht vermeiden ließ, wurde retuschiert, geschwärzt oder auch nachgedreht, sodass das Foto- und Filmmaterial über die Geschehnisse um den Flug nur unter einem gewissen Vorbehalt authentisch zu nennen ist. Doch darüber wird noch ausführlich zu sprechen sein.

2009 ist mir übrigens ein Dokument in die Hände gefallen, das belegt, dass offenbar schon viel früher feststand, Gagarin als Ersten ins All zu schicken. In einem Antrag an den Vorsitzenden der Flugsportkommission des Zentralen Luftfahrtklubs der UdSSR, das auf den 10. März 1961 datiert ist, beantragt Kamanin die Anerkennung eines Raumflugversuchs Gagarins als „fliegerischen Allunionsrekord". Gagarin wolle dabei „im März/April" versuchen, mit einer „Maximallast" auf über 100 Kilometer Höhe aufzusteigen.
Es ist mir bisher leider nicht gelungen herauszubekommen, was es mit diesem mysteriösen Antrag auf sich hat.

WOSTOK HEISST OSTEN

Die Entstehungsgeschichte des Raumschiffes, mit dem Gagarin Weltgeschichte schreiben sollte, geht auf das Jahr 1958 zurück. Anfang Juni landen auf dem Schreibtisch von Chefkonstrukteur Koroljow erste Vorschläge für ein „kosmisches Objekt", das sich für den Flug eines Menschen ins All eignen sollte. Absender war der sogenannte „Kindergarten", wie Koroljow die Projektabteilung seines Konstruktionsbüros wegen ihrer vielen jungen und bisweilen ungestümen Mitarbeiter scherzhaft nannte. In der Abteilung, die von Michail Tichonrawow geleitet wurde, der die erste sowjetische Flüssigkeitsrakete gebaut hatte, wurden Ideen, die der Chefkonstrukteur vorgab, in erste Entwürfe umgesetzt.

Die Zeichnungen, die Koroljow ein gutes halbes Jahr nach *Sputnik 1* vorgelegt wurden, stammten aus der Sektion von Konstantin Feoktistow, der später, im Oktober 1964, mit *Woßchod 1* selbst ins All flog. Feoktistow, damals Anfang 30, war im Dezember 1957 in das Konstruktionsbüro gekommen, und Tichonrawow hatte ihm zwei Themen zur Auswahl gestellt: Die Entwicklung von automatischen Planetensonden oder von „*Sputniks* für den Flug eines Menschen", wie man damals noch die bemannten Raumschiffe nannte. Feoktistow entschied sich für das letztere Thema.

Nun lag also sein erster Entwurf vor, in dem die Grundzüge des künftigen Raumschiffes schon ziemlich deutlich zu erkennen waren. Bevor der Chefkonstrukteur sein Plazet gab, präzisierte er noch einmal die Aufgabe: Entwicklung eines bemannten *Sputniks*, der auf eine Erdumlaufbahn gebracht werden kann, auf dieser einen Flug von einer Erdumkreisung bis zu mehreren Tagen absolviert und dann zur Erde zurückkehrt. An Bord sollte sich ein Mensch befinden, um sein Befinden und seine Arbeitsfähigkeit unter den Bedingungen des Raumfluges zu erforschen sowie einige wissenschaftliche Beobachtungen und Experimente durchzuführen.

Natürlich gehöre auch eine sehr zuverlässige Trägerrakete dazu, sagte Koroljow. Dann mahnte er seine „Kinder", alle Details sorgfältig zu durchdenken: „Der Mensch ist kein Spielzeug – und mit dem Kosmos ist nicht zu spaßen."

Mit Feuereifer machten sich Feoktistow und seine jungen Ingenieure, 15 an der Zahl, an die Arbeit. Die Komposition war von Anfang an relativ klar: Gebraucht wurden ein Rückkehrteil, das heißt, ein Landeapparat, sowie eine Sektion für die wichtigsten Ausrüstungen und das Bremstriebwerk.

Die Anwesenheit eines Menschen an Bord machte ein Lebenserhaltungs- und ein Wärmeregulierungssystem erforderlich. Schließlich sollte der Kosmonaut weder frieren noch schwitzen und auch keinen allzu großen Überbelastungen ausgesetzt werden.

Die komplizierteste und verantwortungsvollste Aufgabe war zweifellos die Gewährleistung der sicheren Rückkehr des Kosmonauten auf die Erde. Hier dachte man zuerst daran, das Raumschiff mit Tragflächen zu versehen, auch ein rotierendes Flügelsystem wie bei Hubschraubern wurde kurzzeitig erwogen. Doch dann entschied man sich für die einfachste aller Lösungen: Den ballistischen Abstieg mit einer Fallschirmlandung. Gewicht und Ausmaße des Raumschiffes wurden im Wesentlichen von der Trägerrakete bestimmt. Es sollte um die 4,5 Tonnen wiegen und unter die Nutzlastverkleidung der Trägerrakete passen. Das bedeutete zugleich, dass die Nutzlast der Rakete, die zu diesem Zeitpunkt schon *Sputnik 1, Sputnik 2* mit der Hündin Laika und *Sputnik 3* auf die Umlaufbahn gebracht hatte, von 1,3 Tonnen auf eben diese 4,5 Tonnen erhöht werden musste. Das geschah mit Hilfe einer dritten Raketenstufe, mit deren Bau das Koroljowsche Konstruktionsbüro in Zusammenarbeit mit dem von Semjon Kosberg noch 1958 begann.

Über die Form der beiden Sektionen des Raumschiffes, das noch keinen Namen hatte, entbrannte ein heftiger Streit. Nahezu alle Varianten wurden ins Spiel gebracht: Konus, Zylinder und Halbkugel. Schließlich entschied man sich beim Landeapparat für die Form einer Kugel, da sie bei jeder Geschwindigkeit stabil bliebe, aerodynamisch günstig sei, ein optimales Platzangebot

und zudem eine minimale Oberfläche habe, was bedeutet, dass die Masse der Wärmeisolierung niedrig gehalten werden könne. Feoktistow hat seinen Leuten höchstpersönlich die Stabilität der Kugel im Fluge demonstriert, indem er aus dem oberen Stockwerk des Konstruktionsbüros einen Tennisball in das Treppenhaus fallen ließ, den er mit einem Stück Knete „zentriert" hatte. Der Ball lag völlig ruhig in der Luft.
Bei der Gerätesektion, die ja nicht zur Erde zurückgeführt werden sollte, war es eigentlich egal, welche Form man ihr gab. Man einigte sich schließlich auf einen Doppelkegel. Raumkapsel und Gerätezelle, die durch vier Spannbänder zusammengehalten wurden, hatten ohne die Raketenendstufe zusammen eine Masse von 4,73 Tonnen. Mit Endstufe hatte das Raumschiff eine Masse von 6,17 Tonnen und eine Länge von 7,35 Metern. Die Raumkapsel selbst wog 2,4 Tonnen und hatte einen Durchmesser von 2,3 Metern.

Im November 1958 wurde das Projekt vom Rat der Chefkonstrukteure als dem obersten Entscheidungsgremium bestätigt. Die Projektanten und Konstrukteure konnten sich unter der strengen Kontrolle Koroljows an die Ausführung machen. Der Bau des Raumschiffes für bemannte Flüge stellte natürlich völlig neue Anforderungen an die Sicherheit und Zuverlässigkeit eines jeden Konstruktionsteils. Deshalb wurde ein spezielles Qualitätssiegel eingeführt. Im Mai 1959 war die erste Serie Raumschiffe fertig. Die Wunderwerke vereinten auf engstem Raum 56 Elektromotoren, über 6.000 Halbleiter sowie 800 Relais und Schaltungen, die durch 15 Kilometer Kabel zu einem sinnvollen Ganzen verbunden wurden.
Die ersten Muster dienten der unbemannten Erprobung. Erst 1960, nach mehreren Tests, unter anderem mit Hunden und anderen Lebewesen an Bord, erhielt das Raumschiff schließlich den letzten Schliff für den bemannten Flug. Erst jetzt fiel übrigens auch Feoktistow und seinen Mitarbeitern auf, dass ihr Kind noch gar keinen Namen hatte. Wer ihn letztendlich „erfand", ist nicht bekannt. Feoktistow selbst erinnert sich nur, dass auf einer

Arbeitsberatung der Vorschlag kam, das Raumschiff auf den Namen *Wostok* (Osten) zu taufen.
„*Wostok*? – Hervorragende Idee“, stimmte der Sektionschef zu. „Kommt, wir gehen zu Koroljow …“

WOSTOK LERNT FLIEGEN

Trotz mancher Probleme hatte Koroljow allen Grund, mit dem *Wostok*-Schiff zufrieden zu sein, in das er sein ganzes Herzblut gesteckt hatte. Absolut zuverlässig sollte es sein und seinem Insassen für den Vorstoß in die fremde, lebensfeindliche und unbekannte Welt des Alls ein Maximum an Sicherheit und Komfort bieten.

Wostok hat in Etappen fliegen gelernt. Obwohl die Zeit drängte, überhastete Koroljow nichts. Die Nummer 1 wurde am 15. Mai 1960 gestartet. Das 4,54 Tonnen schwere Raumschiff war quasi „nackt". Es hatte weder eine Wärmeisolierung für den Wiedereintritt in die Atmosphäre noch einen Landefallschirm noch eine Katapulteinrichtung für den Kosmonauten, denn die Rückführung zur Erde war nicht vorgesehen. Vielmehr sollten an ihm vor allem die Zuverlässigkeit der Systeme überprüft werden, die den Flug des Raumschiffes erst ermöglichten. Dazu gehörten insbesondere das System für die Orientierung im Raum, das unter Leitung von Rauschenbach entwickelt worden war, die Bremstriebwerkseinrichtung aus dem Konstruktionsbüro von Alexej Issajew und die Automatik für die Abtrennung der einzelnen Sektionen.

In der rund 2,5 Tonnen wiegenden hermetischen Kabine des Raumschiffes war eine Nutzlast untergebracht, deren Gewicht in etwa dem eines Menschen entsprach – der Vorläufer des „Iwan Iwanowitsch".

Am 18. Mai, also einen Tag vor Abschluss des Tests, signalisierte Rauschenbach Koroljow, dass sich ein Problem mit dem Hauptorientierungssystem anbahne. Er machte ihn darauf aufmerksam, dass es ausfallen könne – und schlug als Ausweichvariante die Orientierung auf die Sonne vor. Doch Koroljow liebte es nicht besonders, wenn er von einer festen Planung abweichen musste. Es kam, wie es kommen musste: Ein Infrarotsensor versagte den Dienst. Das Raumschiff drehte sich daraufhin, sodass das Bremstriebwerk nicht mehr vorn, sondern hinten war.

Anstatt die Geschwindigkeit des Raumflugkörpers zu verringern, beschleunigte es ihn. *Wostok* geriet dadurch von seiner fast kreisförmigen auf eine elliptische Bahn mit einem erheblich größeren Apogäum und verglühte am 17. Juli. Die Gerätesektion hatte sich zwar noch, wie vorgesehen, von der Landekapsel getrennt, doch von einem vollen Erfolg konnte nicht die Rede sein. „Eine negative Antwort ist auch eine Antwort", lautete der lakonische Kommentar Koroljows. Er hatte in seinem Forscherleben schon schlimmere Niederlagen hinnehmen müssen, die sich aber nie wiederholten, da er stets die richtigen Schlüsse aus ihnen zog.
Auch diesmal hatte Koroljow eine verblüffende positive Variante parat: Dank dieser „Laune" der Automatik sei zum ersten Mal in der Geschichte der Raumfahrt gewissermaßen auf Befehl von der Erde ein Raumflugkörper von einer Bahn auf eine andere umgelenkt worden, argumentierte er. Damit sei der Beweis erbracht, dass es möglich sei, auf der Flugbahn zu manövrieren.

Der nächste Test wurde für den 28. Juli festgesetzt. Doch *Wostok* mit den Hündinnen Lissitschka und Tschaika (auch Bars genannt) an Bord erreichte seine Umlaufbahn nicht, da die Trägerrakete versagte. Nach 23,6 Sekunden Flug wurde die erste Brennkammer des Haupttriebwerks des Blocks G zerstört, und in der 38. Sekunde explodierte das ganze Paket.
Die Rettungskapsel des Raumschiffes zerschellte unweit des Startplatzes, weil das Fallschirmsystem erst nach der 40. Flugsekunde voll wirksam wird. Die Hündinnen wurden dabei getötet. Der Vorfall, der von den Sowjets wie viele andere auch jahrelang verschwiegen wurde, unterstrich noch einmal die unbedingte Notwendigkeit eines effektiven Rettungssystems für das Raumschiff, an dem man zwar bereits arbeitete, das aber nicht rechtzeitig fertig wurde.

Das am 19. August gestartete *Wostok*-Raumschiff hatte die Hündinnen Belka und Strelka sowie Ratten, Mäuse, Fliegen und andere biologische Muster an Bord. Nach 27 Stunden Flug landete es wohlbehalten. Die Kabine mit den Hunden war in etwa

acht Kilometern Höhe aus der Landekapsel herauskatapultiert worden und ging weich am Fallschirm nieder.
Die Tiere hatten die über 700.000 Kilometer lange kosmische Reise gut überstanden, die Lebenssicherungssysteme also ihre Zuverlässigkeit bewiesen. Übrigens war auch erstmals eine Fernsehkamera an Bord, mit deren Hilfe das Verhalten der Hunde während des ganzen Fluges beobachtet wurde. Die Kabine mit den Hunden, die im Gebiet Orsk auf einer Wiese landete, wurde von Bauern gefunden, die auf einem nahen Feld arbeiteten.
Sie begutachteten den ungewöhnlichen Apparat, der da vom Himmel gefallen war, und klopften sogar mal zaghaft an die Wand, ob sich vielleicht eine menschliche Stimme meldete. Doch schon bald waren drei Spezialisten der Bergungsmannschaft zur Stelle, die per Fallschirm abgesetzt worden waren. Sie öffneten die Luke, und zum Erstaunen der Bauern sprangen zwei ganz gewöhnliche Hunde aus der Kabine …
Bei allen Beteiligten herrschte zu Recht große Freude über den Erfolg. Immerhin war man dem Flug eines Menschen ins All einen großen Schritt näher gekommen. Nur Wladimir Jasdowski, der Verantwortliche für das biologische Programm, war indes nicht ganz zufrieden. Die Hündin Belka hatte sich nämlich während der vierten Erdumkreisung erbrochen. Ihr bekam offenbar die Schwerelosigkeit nicht. Jasdowski meldete das pflichtgemäß der Staatlichen Kommission. Aufgrund des Vorfalls empfahl er, es beim Erstflug eines Menschen vorsichtshalber bei einer Erdumkreisung zu belassen.

Die bis dato erzielten positiven Ergebnisse sollten am 1. Dezember mit dem Start eines weiteren *Wostok*-Raumschiffes, unter anderem mit den Hunden Ptscholka und Muschka sowie Insekten und Pflanzen an Bord, bestätigt werden. Doch das gelang nur teilweise. Der Landeapparat hatte sich am zweiten Tag nicht von der Gerätesektion abgetrennt, obwohl das Bremstriebwerk funktionierte. Die Kapsel geriet auf eine unkontrollierte Abstiegsbahn und verglühte in der Atmosphäre. Mithilfe der telemetrischen Angaben und der Fernsehbilder konnten jedoch bis

zu diesem Zeitpunkt weitere wichtige Informationen über das Verhalten lebender Organismen in der Schwerelosigkeit gewonnen werden.
Ein Hund ist eben auch im Kosmos ein Hund, lautete der Kommentar der Kosmonauten zu dem Missgeschick. Und Gagarin meinte, mit einem Menschen an Bord wäre das nicht passiert. „Versagen die Automaten, übernehmen wir die Handsteuerung."

Drei Wochen später, am 22. Dezember, wurde um 10:45 Uhr Moskauer Zeit ein weiteres Versuchsraumschiff mit den Hündinnen Shemtschushna und Shulka auf die Reise geschickt. Die Rückkehr sollte um 12:15 Uhr erfolgen. Kamanin hatte sich höchstpersönlich in das vorgesehene Landegebiet bei Kuibyschew (heute Samara) begeben. Doch kurz nach dem Start brach der Funkverkehr mit der Rakete ab. Wie sich später herausstellte, hatte der neue Motor *RO-7* versagt, den man in die dritte Stufe eingebaut hatte. Höchstwahrscheinlich konnte er wegen Verstopfung einer Treibstoffleitung nicht die erforderliche Leistung entwickeln, sodass das Raumschiff nicht auf seine vorausberechnete Umlaufbahn gelangte.
Bislang war man mit dem *RO-5* geflogen. Kamanin hatte übrigens Koroljow noch im Montagekomplex darauf aufmerksam gemacht, dass der neue Motor versagen könnte. Doch Koroljow hatte sich von dessen Zuverlässigkeit absolut überzeugt gezeigt. Die letzten Signale der Kapsel waren in Jakutien im Raum Tura, am Fluss Nishnaja Tunguska, aufgefangen worden. Zwei Tage lang wurde die gesamte Gegend mit je zwei *Il-14, Li-2* und *An-2* abgesucht. Am 24. Dezember gegen 10:00 Uhr schließlich entdeckte ein Pilot den Havaristen rund 60 Kilometer südlich von Tura. Zwei Stunden später war ein Hubschrauber zur Stelle. Die beiden Hunde lebten. Ihre Kabine befand sich noch im Raumschiff, war also nicht herauskatapultiert worden, obgleich die Luke abgesprengt war. Sie wurde später 50 Kilometer entfernt gefunden. Die Hunde wurden am 26. Dezember zur Untersuchung nach Moskau gebracht und von Kamanin zur „glücklichen Heimkehr" begrüßt.

Koroljow wertete die Tatsache, dass die Tiere lebend geborgen werden konnten, als Erfolg. Er regte deshalb auch an, eine Pressemeldung über Start und Landung dieses an sich vierten *Wostok*-Raumschiffes zu veröffentlichen, doch die KP-Führung sah das anders. Der Start wurde verschwiegen und ging in keine Chronik ein. Das kam, wie Kamanin bitter anmerkte, dem Eingeständnis eines Fehlschlags gleich.

Die lange Zeit erfolglose Suche nach der Kapsel mit den Hunden hatte deutliche Organisationsmängel zutage treten lassen, die man sich bei der Bergung eines Kosmonauten auf gar keinem Fall leisten konnte, die dann aber leider prompt eingetreten sind, wie sich bald zeigte. Kamanin ordnete daher die Bildung eines zentralen Suchstabes an, dem alle technischen Mittel der Forschungsinstitute, der Luft- und Seestreitkräfte, des KGB und anderer Einrichtungen unterstellt werden sollten.
Beauftragt mit dieser Aufgabe wurde der Chef des Wissenschaftlichen Forschungsinstituts Nr. 4 (NII-4), Generalleutnant Sokolow. Damit war der Bergungsdienst geboren.

9. März 1961. Zur selben Stunde, da Gagarin in Tschkalowski – die Wohnstadt des „Sternenstädtchens“ wurde erst 1965 fertig – im Familien- und Freundeskreis seinen 27. Geburtstag beging, stieg in Baikonur eine weitere *Wostok* auf, nach offizieller Zählung die vierte, mit der Hündin Tschernuschka und dem Dummy „Iwan Iwanowitsch“ an Bord.
Einer der führenden sowjetischen Raumfahrtjournalisten, Jaroslaw Golowanow, nannte das 25 Jahre später das „Zarengeschenk“ Koroljows an den ersten Kosmonauten der Welt.

Die kosmische Arche Noah

„Iwan Iwanowitsch“, eine dem Menschen täuschend ähnlich nachgemachte Puppe, war vollgestopft mit biologischen Mustern: In Brust, Bauch und Beinen waren kleine Käfige mit Ratten, Meerschweinchen, Fröschen und Mäusen sowie Präparate von Zellkulturen und Mikroorganismen untergebracht. Der Flug verlief reibungslos. Nach 115 Minuten, also nach einer Erdumkreisung, kam die kosmische Arche Noah, wie amerikanische Zeitungen das Bio-Raumschiff nannten, planmäßig und wohlbehalten auf die Erde zurück. Damit war erneut bestätigt worden, dass der lebende Organismus eine solche Reise unbeschadet überstehen kann, wenn ihn eine technisch perfekte Kapsel schützt.

Der Landeort bei der Ortschaft Nowy Tokmak, 12 Kilometer nördlich der Stadt Sainsk (heute Gebiet Samara), konnte günstiger nicht sein: Ein freies Feld ohne einen einzigen Baum. Nur einige Heustadel hoben sich von der tiefverschneiten, flachen Landschaft ab. „Iwan Iwanowitsch“ lag in seinem Katapultsessel und „blickte“ in den Himmel. Damit kein Zweifel aufkam, dass es sich nur um eine Puppe handelte, hatte man unter dem Visier des Helms ein Schild angebracht, auf dem in Großbuchstaben die Aufschrift „Mannekin“ (Puppe) prangte.

Der rote Skaphander mit den schwarzen Stiefeln hob sich deutlich vom weißen Untergrund ab. Daneben lagen der rote Fallschirm, ein rotes Schlauchboot und ein mobiles Notfunkgerät, das bei einer Havarielandung den Standort übermitteln sollte. Das Gerät, dessen Antenne aufrecht stand, war intakt geblieben. Auch „Iwan Iwanowitsch“ und sein „Innenleben“ hatten nicht gelitten – ein Zeichen dafür, dass die Katapultierautomatik des Sessels, der Fallschirm und der Skaphander normal funktioniert hatten.

Selbst das Tonbandgerät, das man dem Dummy mitgegeben hatte und das während des Fluges Lieder des berühmten Pjatnizki-Chores gespielt hatte, um die Funkverbindung zu testen, hatte die Strapazen überlebt. Man hatte übrigens bewusst einen Chor ausgewählt. Damit sollte verhindert werden, dass westliche Abhördienste bei einer Solostimme etwa auf den Gedanken kamen, dass ein bemannter Raumflugtest vorgenommen worden sei.

Sorgen bereitete der Bergungsmannschaft indes die Landekapsel mit den weiteren Tieren, die in einiger Entfernung im Schnee lag und von mehreren Männern bewacht wurde, die mit dem Fallschirm abgesprungen waren. Als Kamanin nach einer abenteuerlichen Reise per Flugzeug, Auto, Pferd und schließlich zu Fuß eintraf, wurde er vor eine nicht alltägliche Entscheidung gestellt. Das System, das die Kapsel im Havariefall sprengen sollte, war noch scharf. Es konnte aber nur von einem Spezialisten der Herstellerfirma, also des Konstruktionsbüros Koroljows, entschärft werden. Doch der zuständige Mann war nicht zur Stelle, weil sein Hubschrauber durch einen Schneesturm am Start gehindert worden war.

Da aber bis zum Einbruch der Dunkelheit nur noch eine Stunde blieb und die Tiere zu erfrieren drohten, entschloss sich Kamanin gemeinsam mit Oberleutnant Kalmykow, einem erfahrenen Techniker, die Kapsel persönlich in Augenschein zu nehmen. Sie stellten dabei fest, dass die beiden Luken geöffnet waren und der Schalter des Havarie-Systems auf Rückstellung stand. Nach kurzer Konsultation mit Jasdowski holte Kalmykow Tschernuschka sowie die Container mit den Ratten, Mäusen und Meerschweinchen aus der Kapsel. Alle hatten die Landung gut überstanden.

Ungeachtet dieses neuerlichen Erfolges gab sich Koroljow jedoch noch nicht zufrieden. Er wollte sich mit einer Generalprobe absolute Gewissheit verschaffen, dass das Raumschiff wirklich so zuverlässig funktionierte, dass man ihm selbst einen Menschen anvertrauen konnte.

Zum Start, der für den 25. März angesetzt war, hatte er auch die ersten sechs Kosmonauten-Anwärter mit Gagarin und Titow eingeladen. Sie trafen am Vorabend ein und sahen zum ersten Mal die riesigen Montagehallen, die meterlangen Segmente der Raketen, die hier zusammengesetzt wurden, den 50 Meter hohen Starttisch mit dem gewaltigen Abgaskanal darunter, den Startbunker, den Kontrollpunkt und die anderen technischen Wunderwerke.

Die Männer waren sichtlich beeindruckt. Solche fantastisch anmutenden Bauten hatten sie noch nie zu Gesicht bekommen. Und allen wurde auf einmal klar, dass es nicht mehr lange dauern würde, bis einer von ihnen von hier aus die Reise ins All antreten würde. Gagarin gestand später, er habe die „gigantischen Anlagen“ mit einer Mischung aus „Ehrfurcht und Begeisterung“ wahrgenommen.

GENERALPROBE MIT GAGARIN UND TITOW

Für Gagarin und Titow hatte sich Koroljow bereits am 24. März etwas ganz Besonderes einfallen lassen. Überraschend setzte er für sie eine Generalprobe an. Beide mussten am Abend um 18:00 Uhr ihre Skaphander anlegen. Dann wurden sie mit einem Spezialbus zur Startrampe gebracht. Im käfigartigen Aufzug fuhren sie zur Raketenspitze und gingen dann bis zur Einstiegsluke des Raumschiffs. Doch diesmal war alles noch Training, die historische Stunde war noch nicht angebrochen. Es hatte sich aber gezeigt, dass der Zeitplan für diese Zeremonie realistisch war. Genau das wollte Koroljow wissen.

Zuvor war die fünfte und letzte *Wostok*-Probe vor dem bemannten Flug erfolgreich abgeschlossen worden, obwohl es noch einmal bange Minuten gegeben hatte. Etwa eine Stunde vor dem Start stellte sich heraus, dass ein Kontakt in der dritten Raketenstufe nicht funktionierte. Koroljow rief sofort den zuständigen Chefkonstrukteur Kosberg zu sich. Gemeinsam wurde nach kurzer Beratung entschieden, den Sensor einfach abzuschalten. Zwei Techniker fuhren also zur dritten Stufe hoch und klemmten vier Drähte ab.

„Iwan Iwanowitsch“ und die hellbraune Mischlingshündin „Swjosdotschka“ („Sternchen“), die eigentlich „Udatschka“ („Erfolg“) hieß, vor dem Start aber von Gagarin kurzerhand umgetauft worden war, landeten zwei Tage später gesund und munter im Gebiet Ishewsk, 45 Kilometer südöstlich der Stadt Wotkinsk.

Damit hatten bereits vier Hunde einen Raumflug unbeschadet überstanden. Die Vorbereitungen für den Start eines Menschen waren also im Wesentlichen abgeschlossen.

Die amtliche Nachrichtenagentur TASS veröffentlichte darüber eine sachliche Meldung, die eigentlich alle hätte aufhorchen lassen müssen. Darin heißt es, Ziel des Fluges sei es gewesen, die „Konstruktionen“ des Raumschiffes und der für den Flug eines Menschen erforderlichen Lebenssicherungssysteme zu vervollständigen. Zudem erschien im ZK-Organ „Prawda“ in den folgenden Tagen (26./27. März) ein zweiteiliger, propagandistisch angelegter Hintergrundartikel mit dem Titel „Mensch und Kosmos“.

Akademiemitglied Sisakjan betonte darin, die sowjetische Wissenschaft und Technik versetze die Menschheit „ein ums andere Mal“ mit immer neuen „glänzenden Erfolgen bei der Erforschung des Weltraums“ in Erstaunen. Die erfolgreichen Starts der Raumschiffe hätten aller Welt ihre „außergewöhnlichen Möglichkeiten“ demonstriert. Es sei ein „gewaltiges experimentelles Material“ gewonnen worden, das von der „vollen Möglichkeit des Raumfluges eines Menschen bereits zum gegenwärtigen Zeitpunkt“ zeuge. Der „große Humanismus der sowjetischen Wissenschaft und das Bewusstsein der überragenden Verantwortung für das Schicksal eines jeden Menschen“ machte es (jedoch) erforderlich, eine weitere Serie experimenteller Starts durchzuführen, um völlig von einem „sicheren Flug und einer glücklichen Rückkehr des ersten Kosmonauten auf die Erde“ überzeugt zu sein.

Doch da irrte Sisakjan. Für Koroljow waren die Vorbereitungen abgeschlossen. *Wostok* hatte seine Bewährungsprobe bestanden. Von den sieben gestarteten Raumschiffen – zwei in der Version *Wostok 1* und fünf in der Version *Wostok 3A* – hatten fünf die Umlaufbahn erreicht. Drei davon kehrten problemlos zur Erde zurück. Ein Raumschiff landete wohlbehalten, obwohl die dritte Stufe der Trägerrakete versagte und die Tiere in der Kapsel beim ballistischen Niedergang einer Belastung von 20 g, das heißt, ihres zwanzigfachen Körpergewichts, ausgesetzt waren. Nur ein Schiff ging gleich beim Start verloren.

Dem Normalbürger wurde damals freilich eine makellose Erfolgsbilanz präsentiert. Zeitungen, Rundfunk und Fernsehen berichteten nur über den Start von fünf Raumschiffen, die zudem unter der Bezeichnung *Korabl (Schiff)* firmierten. Der Name *Wostok* tauchte erstmals im Zusammenhang mit Gagarin auf. Schon bald wurde aber auch er im Westen ebenso zum Begriff wie knapp vier Jahre zuvor das Wort *Sputnik*.

Am 28. März wurden die Versuchshunde „Swjosdotschka“ und „Tschernuschka“ sowie weitere Tiere, die im Weltraum waren, erstmals der Presse vorgestellt. Im Konferenzraum des Präsidiums der Akademie der Wissenschaften der UdSSR in Moskau drängten sich sowjetische und ausländische Journalisten. Akademie-Vizepräsident Alexander Toptschijew erläuterte ausführlich die Ergebnisse der ersten Untersuchungen der Tiere nach ihrer Rückkehr. Doch das interessierte nur die wenigsten. Absolute Stars des Tages waren die beiden Hündinnen, die das Blitzlichtgewitter der Fotografen mit großer Gelassenheit ertrugen. Völlig unbeachtet blieb dagegen eine Gruppe junger Offiziere, die in der ersten Reihe saß. Wer damals den richtigen Riecher gehabt hätte, hätte schon zu diesem Zeitpunkt ein Foto von Gagarin, Titow und anderen künftigen Kosmoshelden machen können.

KOROLJOW MELDET STARTBEREITSCHAFT

Am 30. März 1961 kann Koroljow dem ZK der KPdSU berichten, dass sein Raumschiff startbereit ist. Dem waren noch intensive und umfangreiche Nacharbeiten vorangegangen. So wurden an der Konstruktion, an den Triebwerken und am Steuerungssystem der *Wostok*-Trägerrakete noch sechs grundlegende Verbesserungen vorgenommen und eine Reihe anderer Fehler behoben. Beim Raumschiff mussten 72 Defekte und Beanstandungen beseitigt werden. Zudem mussten einige Ausrüstungen wieder demontiert werden, da die Kapsel rund 16 Kilogramm zu schwer war. Dazu gehörten zwei Versorgungsblöcke, Kabel, ein Gasanalysator und ein Gerät zum Erwärmen von Speisen.

In dem Schreiben an das ZK heißt es: „Wir melden ..., dass in großem Umfang wissenschaftliche Forschungs- sowie Versuchs-, Test-, Konstruktions- und Erprobungsarbeiten unter Boden- wie Flugbedingungen vorgenommen wurden ... Es wurden insgesamt sieben Starts von Raumschiff-Sputniks *Wostok*, fünf Starts von Objekten *Wostok 1* und zwei Starts von Objekten *Wostok 3A*, durchgeführt ... Die Ergebnisse der Arbeiten, die zur Vervollkommnung der Konstruktion des Raumschiff-Sputniks, der Mittel zur Landung auf der Erde und zur Vorbereitung der Kosmonauten durchgeführt wurden, erlauben es gegenwärtig, den ersten Flug eines Menschen in den kosmischen Raum zu verwirklichen.

Für den Flug wurden sechs Kosmonauten vorbereitet. Bei der Umlaufbahn, die ausgewählt wurde, wird im Falle des Versagens des Landesystems die Landung des Raumschiffes auf der Erde durch ein natürliches Abbremsen in der Atmosphäre im Verlauf von zwei bis sieben Tagen gewährleistet ...

Für den Fall einer Notlandung auf fremdem Territorium oder der Rettung des Kosmonauten durch ein ausländisches Schiff verfügt der Kosmonaut über entsprechende Instruktionen ..."

Das Schreiben trägt neben der von Koroljow noch die Unterschriften von Ustinow, Rudnew, Keldysch, Moskalenko (als Nachfolger von Nedelin), Werschinin, Kamanin und Iwaschutin,

dem Ersten Stellvertreter des Vorsitzenden des Komitees für Staatssicherheit – KGB.
Bei dieser Aufzählung erhebt sich natürlich die Frage, was der KGB-Mann Iwaschutin in diesem illustren Kreis zu suchen hatte. Die Antwort darauf gibt das Schreiben selbst. Denn in einem speziellen Abschnitt wird betont: „Wir halten es unter folgenden Gesichtspunkten für angebracht, die erste TASS-Meldung unmittelbar nach dem Einschwenken des Raumschiff-Sputniks in die Umlaufbahn zu veröffentlichen:

a) falls es sich als notwendig erweisen sollte, wird das eine schnelle Organisierung der Rettung erleichtern;
b) schließt das aus, dass irgendein ausländischer Staat den Kosmonauten zum Aufklärer mit militärischen Zielen erklärt …“

Damit war klar, dass die Berichterstattung über den Flug Gagarins nicht von dem Wunsch diktiert war, die eigene und die Weltöffentlichkeit umfassend zu informieren, sondern dass sie vielmehr Geheimhaltungskriterien untergeordnet wurde. Das führte zwangsläufig zu einer rigorosen Zensur sowie zu einem Gestrüpp von bewussten Falschinformationen, Halbwahrheiten und Lügen, in dem sich die Sowjetpropaganda schließlich selber verfing.
Der Grundstock für die wildesten Spekulationen, die bis zum heutigen Tag nicht aufgehört haben, war gelegt.

GRÜNES LICHT VOM ZK

Bereits am 3. April fasst das Präsidium des ZK der KPdSU den Beschluss „Über den Start eines kosmischen *Sputnik*-Raumschiffes“. In der rechten oberen Ecke des Papiers standen, auf zwei Zeilen verteilt, die Worte: „Streng geheim. Besondere Akte“. Darunter folgte der Text in zwei Punkten.

Lange war davon nur Punkt 1 bekannt geworden. Er lautet:

„1. Der Vorschlag der Genossen Ustinow, Rudnew, Kalmykow, Dementjew, Butoma, Moskalenko, Werschinin, Keldysch, Iwaschutin und Koroljow, das *Sputnik*-Raumschiff *Wostok 3A* mit einem Kosmonauten an Bord zu starten, wird gebilligt.“

Seit 2008 kennen wir auch den 2. Punkt:

„Die Entwürfe der Meldung von TASS über den Start des Raumschiffes mit einem Kosmonauten an Bord als Erdsatellit werden gebilligt. Die Startkommission erhält das Recht, erforderlichenfalls nach den Ergebnissen des Starts Präzisierungen vorzunehmen, und die Kommission des Präsidiums des Ministerrates der UdSSR für militärisch-industrielle Fragen veröffentlicht die Meldung.“

Auf der Präsidiumssitzung stellte Chruschtschow die bange Frage: „Wer weiß darüber Bescheid, wie sich der Kosmonaut schon in den ersten Minuten des Fluges verhält? Wird ihm nicht sehr schlecht? Kann er seine Arbeitsfähigkeit, seine Leistungskraft und sein psychologisches Gleichgewicht bewahren?“
Keiner der anwesenden Politiker wusste darauf eine Antwort. Dann meldete sich Koroljow, der als Fachmann an den Beratungen teilnahm, zu Wort: „Die Kosmonauten sind ausgezeichnet vorbereitet, sie kennen das Raumschiff und die Flugbedingungen besser als ich und sind von ihrer Kraft überzeugt.“ Eine solche Überzeugung sei gut und bei einer so großen und verantwor-

tungsvollen Aufgabe wie dem ersten Flug eines Menschen ins All sogar unerlässlich.
Auch er glaube an den Erfolg, sagte Koroljow weiter. Seine Zuversicht gründe sich auf der Kenntnis der Technik, der Menschen, die fliegen werden, und einer „gewissen Kenntnis“ der Flugbedingungen. Es gebe allerdings niemals eine „hundertprozentige“ Garantie für den Erfolg eines Raumfluges, insbesondere des ersten, schränkte der Chefkonstrukteur ein. Klar sei jedoch eines, nämlich dass sich mit jedem neuen Flug ins All die Fluggeräte, die Organisation des Fluges und die Vorbereitung der Kosmonauten verbessern.
Während der Präsidiumssitzung hielten sich Kamanin sowie Gagarin, Titow und Neljubow auf Befehl des Oberkommandierenden der Luftstreitkräfte im Stabsgebäude zur Verfügung, um gegebenenfalls Chruschtschow Rede und Antwort zu stehen. Die drei Kosmonauten nutzten die Wartezeit, um ihre Reden auf Tonband aufzuzeichnen, die sie eigentlich vor dem Start halten sollten. Gagarin hat dann aber live eine kleine Rede gehalten, die viel kürzer und persönlicher ausfiel, als jene, die ihm Kamanin geschrieben hatte. Berichtet wurde aber nur über die Konserve.
Um 16:00 Uhr rief Koroljow General Kamanin an und teilte ihm mit, dass das ZK-Präsidium dem Flug zugestimmt habe.
Nachdem nunmehr grünes Licht gegeben war, überschlugen sich die Ereignisse förmlich. Bereits am 4. April berichtete Koroljow der Staatlichen Kommission auf einer Sitzung in Baikonur, dass alles für die Durchführung des ersten bemannten Weltraumfluges bereit sei. Einen Tag später trafen die Kosmonautengruppe, Kamanin, Karpow, mehrere Ärzte sowie Kamerateams mit drei *Il-14* auf dem Kosmodrom ein. Aus Sicherheitsgründen flogen Gagarin und Titow getrennt.
Koroljow, der persönlich zu ihrer Begrüßung auf dem Flughafen erschienen war, kündigte an, dass es geplant sei, die Rakete am 8. April auf die Rampe zu fahren. Der Start selbst werde zwischen dem 10. und 12. April stattfinden. „Wie ihr seht, habt ihr also noch Zeit“, wandte sich Koroljow lächelnd an die Kosmonauten. Karpow als Chef der Kosmonautengruppe erhielt den

Auftrag, für die bis zum Start verbleibende Zeit einen auf die Minute aufgeschlüsselten Plan für die letzten Vorbereitungen der Männer vorzulegen.
Am 6. April tagte ab 11:30 Uhr Ortszeit unter Koroljow der Rat der Chefkonstrukteure. An der Sitzung nahmen auch Rudnew, der gerade aus Moskau angekommen war, Keldysch, Semjonow und Mrykin teil. Anfänglich ging es um rein technische Probleme wie die Vorbereitung des Starts der Trägerrakete und des Raumschiffes selbst.
Tagesordnungspunkt Nummer eins war ein Bericht des für die Lebenssicherungssysteme verantwortlichen Chefkonstrukteurs Woronin vom OKB 124. Danach referierte Chefkonstrukteur Alexejew über Skaphander, Pilotensitz, Fallschirmsysteme, Notverpflegung und das automatische Landesystem. Es wurde bestätigt, dass die Tests und letzten Erprobungen dieser Systeme mit Hilfe von lebensgroßen Puppen oder, wie die Russen auch sagen, „Iwan Iwanowitschs", zufriedenstellend verlaufen waren.
Anschließend wurden die Aufgaben für den Flug des ersten Kosmonauten besprochen. Es wurde festgelegt, dass er die Erde einmal umkreisen sollte. Damit waren alle anderslautenden Vorschläge, so der eines ballistischen „Hüpfers", wie er am 5. Mai 1961 vom US-Astronauten Alan Shepard mit einer *Mercury*-Kapsel vollführt wurde, vom Tisch.
Zudem wurde verbindlich festgelegt, wie sich der Kosmonaut im Normalfall und bei Ausnahmesituationen während des Fluges verhalten sollte. Das Programm wurde von Koroljow, Keldysch und Kamanin per Unterschrift bestätigt und noch am selben Tag von der Staatlichen Kommission abgesegnet. Nach der Sitzung erhielten Kamanin und der KGB-Vertreter Makarow von Rudnew den Auftrag, eine Instruktion für das Verhalten des Kosmonauten bei einer eventuellen Landung auf ausländischem Territorium zu erarbeiten.

DIE *WOSTOK*-RAKETE ROLLT ZUR STARTRAMPE

Drei Tage später als geplant wird am 11. April, pünktlich um 05:00 Uhr, damit begonnen, die *Wostok*-Trägerrakete zum Startplatz zu fahren, wo sie dann aufgerichtet und betankt wurde. Koroljow überwacht persönlich den Transport des gut 38 Meter langen und rund 30 Tonnen schweren Kolosses.
Der gedrungene Raketenkörper mit dem aufgesetzten Raumschiff lag, die Triebwerke noch vorn, auf einem Spezialeisenbahnwaggon. Der Konvoi rollte im Schritttempo zur Rampe. Koroljow fuhr mit dem Wagen nebenher. Von Zeit zu Zeit überholte er den Transport. Nachdenklich stand er dann an den Gleisen und beobachtete, wie das technische Wunderwerk nahezu lautlos an ihm vorbeiglitt.
Viele Jahre hielt sich das Gerücht, Koroljow sei vor Gagarins Rakete hergelaufen und habe mit einem Taschentuch jedes Staubkörnchen von den Schienen gewedelt. Doch das gehört ins Reich der Legende.
Tatsache aber ist, dass viele der Arbeiter, Techniker und Ingenieure Münzen auf die Schienen gelegt haben, um sie von der Rakete plattrollen zu lassen. Das sollte Glück bringen. Der Brauch wird bis heute gepflegt. Auch ich habe 1978 beim Flug von Sigmund Jähn so einen DDR-Alu-Groschen plattwalzen lassen.

Am Vormittag um 10:00 Uhr ging Konstantin Feoktistow mit Gagarin und Titow noch einmal die einzelnen Phasen des Fluges durch. Zur selben Zeit inspizierten Rudnew und Kamanin das Raumschiff an der Spitze der inzwischen aufgerichteten Rakete. Kamanin selbst sah sich noch einmal die Katapulteinrichtung für den Havariefall an. Die Überprüfung des Trägers ging reibungslos vonstatten, es traten keinerlei Störungen auf.
Gegen Mittag fuhren auch Gagarin und Titow im Kabinenlift an die Raketenspitze, um noch einmal kurz im Raumschiff Platz zu nehmen und sich letzte Instruktionen zu holen.

Ein Augenzeuge, Prof. Boris Wiktorow, beschrieb später Gagarins Verhalten dabei so: „Man konnte spüren, wie freudig gestimmt er war, wie angenehm es ihm war, dass er als Erster fliegt. Doch das hat Gagarin nicht daran gehindert, ernsthaft, ruhig und konzentriert zu sein."

Um 13:00 Uhr traf Gagarin am Fuße der Rakete mit den Startmannschaften zusammen – eine Zeremonie, die zur Tradition werden sollte. Kamanin stellte ihn den Militärs und Vertretern der Zulieferindustrie vor. Gagarin bedankte sich kurz, aber herzlich für die großartige Arbeit bei der Vorbereitung des Raumschiffes. Dann erhielten er und Titow einen symbolischen Startschlüssel.

Die Zeremonie heißt noch heute offiziell „Übergabe der Rakete an den Kosmonauten". Dann fuhren Gagarin und Titow zu jenem Holzhaus nur wenige Kilometer vom Startplatz entfernt, in dem sie gemeinsam unter ärztlicher Kontrolle die letzten Stunden vor dem Flug verbringen sollten.

Zum Mittagessen, das die Kosmonauten gemeinsam mit Kamanin einnahmen, gab es Sauerampferpüree mit Fleisch, Fleischpastete sowie Schokoladensoße – allerdings alles aus Tuben zu je 160 Gramm.

Gagarin zeigte sich nicht besonders begeistert und meinte, er ziehe die ihm vertraute irdische Küche vor.

Bereits vor dem kosmischen Mahl, das sehr kalorienhaltig gewesen sein soll, hatten Dr. Karpow, Kosmonautenchef und
-arzt in Personalunion, sowie sein Kollege Dr. Nikitin an Gagarins Körper sieben Elektroden befestigt, um die physiologischen Funktionen seines Organismus aufzuzeichnen.

Die Prozedur nahm eine Stunde und 20 Minuten in Anspruch. Zur Entspannung wurden per Tonband Volkslieder eingespielt, die Gagarin besonders mochte.

Die Ärzte waren mit ihrem Schützling zufrieden. Gagarin zeigte keinerlei Nervosität oder Unruhe. Seine Werte lagen durchweg im Bereich des Normalen: Blutdruck 115/60, Puls 64, Körpertemperatur 36,7 Grad.

Wie Karpow viele Jahre später enthüllte, hatte er heimlich auch in Gagarins Bett Sensoren eingebaut, um zu überprüfen, wie sich der Kosmonaut vor einem so aufregenden Ereignis im Schlaf verhalten würde, ob er sich zum Beispiel besonders häufig drehte. Doch das war nicht der Fall gewesen, wie sich herausstellte. Gagarin hatte zu seiner eigenen Verwunderung ruhig und tief geschlafen. Deshalb meinte er auch zu Kamanin: „Wissen Sie, Nikolai Petrowitsch, ich bin sicherlich nicht ganz normal.“ Auf dessen Frage „Wieso?“ antwortete er: „Ganz einfach. Morgen – der Flug! Und was für einer! Ich bin überhaupt nicht aufgeregt. Nicht im Geringsten. Das geht doch gar nicht?!“

Feoktistow und Wiktorow kümmerten sich dann noch einmal speziell um Gagarin. Im Auftrag von Koroljow führten sie mit ihm ein sogenanntes Instruktionsgespräch. Dabei handelte es sich um ein eineinhalbstündiges Frage-und-Antwort-Spiel zum Thema Raketen und Raumfahrt, um Gagarin „intellektuell zu entminen“, das heißt, seine Gedanken voll auf die bevorstehende Mission zu lenken.

Indes berieten Koroljow, Kamanin und die Ärzte, wie sie Gagarin am kommenden Tag die Wartezeit verkürzen könnten, denn obwohl der Flug nur eineinhalb Stunden dauerte, musste der Kosmonaut schon ebenso lange vorher in seinem engen Schalensitz Platz nehmen.

Die Männer rechneten hin und her. Doch so sehr sie sich auch bemühten, sie fanden keine Zeitreserven. Denn allein das Verschließen der Einstiegsluke und das Zurückfahren der Bedienungsplattformen nahmen mehr als eine Stunde in Anspruch. Noch einmal mindestens 20 Minuten dauerte die Überprüfung des Skaphanders, der Funkverbindungen und der Ausrüstung des Raumschiffes. Schließlich wurde Kamanin beauftragt, Gagarin regelmäßig per Funk den Fortgang der Arbeiten zu schildern und ihn damit ein wenig abzulenken.

Um 21:30 Uhr kam Koroljow noch einmal bei den Kosmonauten vorbei, um ihnen eine gute Nacht zu wünschen.

EIN SUPER-GAU VERHINDERT FRÜHEREN START

Kurze Rückblende. Wie aus einer Akte hervorgeht, die in den Archiven der Allgemeinen Abteilung des ZK gefunden und erst 1992 freigegeben wurde, sollte Gagarin eigentlich schon vier Monate früher, im Dezember 1960, ins All starten. Der entsprechende Beschluss des ZK der KPdSU und des Ministerrates der UdSSR stammt vom 19. Oktober 1960 und trägt den Vermerk „Sow.(erschenno) sekretno. Ossoboj washnosti“ (zu Deutsch: „Abs.(olut) geheim. Von besonderer Wichtigkeit“).

In dem Papier wird das Vorhaben als „Aufgabe von besonderer Bedeutung“ bezeichnet, das Raumschiff erhielt den Code-Namen „*Objekt Wostok 3A*“.

Die Anregung, bereits zu diesem früheren Zeitpunkt einen Menschen ins All zu schicken, hatte die Kreml-Führung erst kurz zuvor erhalten. Das entsprechende Schreiben ging am 19. Oktober in der Allgemeinen Abteilung des ZK ein. Es trägt unter anderem die Unterschriften von Dimitri Ustinow, ZK-Mitglied und für die Raumfahrt zuständiger Stellvertreter der Vorsitzenden des Ministerrates, von Rodion Malinowski, Minister für Verteidigung, Mitrofan Nedelin, Oberkommandierender der Strategischen Raketentruppen, Mstislaw Keldysch, Vizepräsident der Akademie der Wissenschaften der UdSSR, sowie von einer Reihe weiterer Minister und einer Gruppe Chefkonstrukteure, allen voran Sergej Koroljow, Walentin Gluschko und Wladimir Barmin.

Der Beschluss bedeutet nicht mehr und nicht weniger, als dass die Sowjets die Ära des bemannten Raumfluges schon zu einem erheblich früheren Zeitpunkt einläuten wollten. Ihr Vorsprung im Wettlauf mit den Amerikanern wäre dann noch größer gewesen, doch aus dem Dezember-Termin wurde nichts, er platzte im wahrsten Sinne des Wortes. Der Grund: Auf der Startrampe Nr. 41 in Baikonur explodierte am 24. Oktober 1960 die neue Rakete *R-16* (Nato-Code: *SS-7*) von Chefkonstrukteur Michail Jan-

gel. Es war dies die erste wirklich interkontinentale ballistische Rakete der Sowjets, die amerikanisches Territorium erreichen konnte.
Parteichef Nikita Chruschtschow war begeistert, als ihm der Prototyp der Rakete im September vorgestellt wurde. Sie passte genau in sein Konzept, denn er wollte am 12. Oktober vor der 15. UNO-Vollversammlung verkünden, dass die UdSSR in einer „beispiellosen Geste“ ihre Truppenstärke um 1,2 Millionen Mann reduzieren werde. Den dadurch entstehenden Kampfkraftverlust wollte er freilich durch Interkontinentalraketen ausgleichen, doch das sagte er in der UNO nicht. Im Bewusstsein der Welt ist von jenem Tag ohnehin vor allem haften geblieben, dass der Sowjetführer zum Entsetzen der Anwesenden den Schuh auszog und damit auf den Tisch hämmerte.
Doch der Coup mit der Rakete war natürlich erst dann perfekt, wenn diese auch wirklich erprobt und einsatzbereit war. Chruschtschow trieb deshalb zur Eile, einer Eile, die Kamanin in seinen Memoiren später als „verbrecherisch“ bezeichnete, zumal sie noch von „Unorganisiertheit“ begleitet gewesen sei. Die „Natschalstwo“, die Führung also, habe auf „alle und alles Druck“ ausgeübt und damit „grandiose“ Reinfälle „durchgedrückt“.
Die Staatliche Kommission unter Marschall Mitrofan Nedelin, der im Dezember des Vorjahres zum Chef der Strategischen Raketentruppen ernannt worden war, gab auf ihrer Sitzung am 3. Oktober grünes Licht für den Erststart am 22. Oktober. Dieser musste jedoch zweimal verschoben werden, weil Lecks im Treibstoffsystem entdeckt worden waren. Nachdem der Schaden behoben war, wurde der Start für den kommenden Tag neu angesetzt. Doch wieder musste der Countdown unterbrochen werden. Diesmal war ein Ventil der Treibstoffversorgung in der ersten Raketenstufe nicht in Ordnung.
Um nicht noch mehr Zeit zu verlieren, gab Nedelin den Befehl, den Schaden zu beheben, ohne zuvor den Treibstoff abzupumpen. Zugleich setzte der Marschall den 24. Oktober als neuen und – hoffentlich – endgültigen Starttermin fest. Eine fatale Entscheidung!

Um 19:15 Uhr sollte es losgehen. Noch um 18:30 Uhr legten Techniker letzte Hand an der Rakete an. Nedelin, von den vielen Verzögerungen sichtlich genervt, hält sich – allen Sicherheitsbestimmungen zum Trotz – ebenfalls auf der Rampe auf. Er hat auf einem Stuhl Platz genommen und verfolgt die Arbeiten. Zahleiche hochrangige Militärs warten in der Nähe ihres Chefs, obwohl auch sie sehr wohl um die Gefahren wissen, die hier lauern.
Um 18:45 Uhr, eine halbe Stunde vor dem Starttermin, zündet plötzlich der Raketenmotor der zweiten Stufe, weil sich ein Ventil vorzeitig öffnet. Die heißen Abgase ergießen sich auf die vollgetankte erste Stufe. Im Nu steht der Treibstoff der ganzen Rakete in Flammen. Ein riesiger Feuersturm fegt mit ungeheurer Gewalt über die Rakete und Startrampe hinweg und verwandelt zahlreiche Menschen in lebende Fackeln. Wer nicht in den Flammen umkommt, die sich konzentrisch ausbreiten, erstickt an den toxischen Treibstoffgasen. Andere springen in panischer Angst von den haushohen Bedienungsplattformen in den Tod. Nur wenigen gelingt es, dem Flammeninferno zu entrinnen. Sie erleiden zumeist schwerste Verbrennungen und Vergiftungen. Unter den Toten sind neben Nedelin auch namhafte Wissenschaftler wie Jangels Stellvertreter Berlin und Konzewoj, der Stellvertreter von Chefkonstrukteur Walentin Gluschko, Firsow, Chefkonstrukteur Konopljow, der stellvertretende Vorsitzende des Staatlichen Komitees der UdSSR für Verteidigungstechnik, Lew Grischin, und der stellvertretende Kommandant des Startplatzes, Nossow.
Die Angaben über die genaue Zahl der Todesopfer dieses Super-GAUs in der Geschichte der sowjetrussischen Raketentechnik driften noch heute weit auseinander. In ersten Zeitungsberichten war Anfang der 90er Jahre von 165 Toten, darunter 57 hohe Militärs, die Rede. Der Kommandant des Kosmodroms Baikonur, Generalleutnant Alexej Schumilin, nannte mir im Februar 1997 anlässlich der deutsch-russischen Weltraummission *MIR '97* die Zahl 154. Er berief sich dabei auf den Geheimbericht über die Katastrophe.

Die Witwe Jangels, Strashewa, wiederum sprach in ihrem 1995 veröffentlichten Buch „Baikonur – das Wunder des XX. Jahrhunderts“ von insgesamt 92 Todesopfern – 76 Menschen seien unmittelbar auf der Rampe gestorben, 16 im Krankenhaus an den Folgen ihrer Verbrennungen oder an Vergiftungen. Nach Angaben des Verwaltungschefs von Baikonur, Gennadi Dmitrijenko, vom Februar 1997 wurden nach dem Unglück gar „über 200 Särge“ in Flugzeuge verladen.

Andere Quellen sprechen von 97 Todesopfern. In dem 1998 veröffentlichten Sammelband „Unvergessliches Baikonur“ ist von 92 Toten die Rede, darunter 14 Zivilpersonen. Hinzu kommen 33 Verletzte. Diese Angaben scheinen insofern am objektivsten zu sein, da sie sich auf die Liste mit den Namen der Opfer und die Höhe der Entschädigung für die Hinterbliebenen beziehungsweise Verletzten stützen. Inzwischen geht man offiziell von 74 Toten aus, davon 57 Militärs, wie Roskosmos am 34. Jahrestag des Desasters, am 24. Oktober 2014, mitteilte. Jangel selbst, der auch Technischer Leiter der *R-16*-Erprobung war, überlebt nur durch Zufall. Er hatte die Rampe kurz vor der Katastrophe zusammen mit dem stellvertretenden Vorsitzenden der Staatlichen Kommission, Alexander Mrykin, verlassen, um eine Zigarette zu rauchen. Sie befanden sich rund 100 Meter von der Rakete entfernt. Der Chef des Kosmodroms, General Konstantin Gertschik, der den oben erwähnten Sammelband herausgab, überlebt ebenfalls, allerdings schwer verletzt. Jangel war es auch, der per Regierungstelefon Chruschtschow über das Desaster in Kenntnis setzt.

Wutentbrannt fragt ihn der Kreml-Chef, warum gerade er zu den Überlebenden gehöre. Der Chefkonstrukteur berichtet wahrheitsgemäß, dass er sich im Kommandoraum aufgehalten habe, um zu rauchen. Der maßlos enttäuschte Chruschtschow legt den Hörer kommentarlos auf.

Mit zweitägiger Verspätung berichten die „Prawda“ und die Armeezeitung „Krasnaja Swesda“ („Roter Stern“), Marschall Nedelin und eine Gruppe seiner Mitarbeiter seien bei einem Flugzeugunglück umgekommen. Den Amerikanern war freilich das Desaster auf der Rampe 41 nicht verborgen geblieben. Sie

brachten deshalb die Nachricht vom Tod Nedelins sofort damit in Zusammenhang.
Es wird eine Regierungskommission unter Leitung von Staatsoberhaupt Leonid Breshnew gebildet, um die Ursachen der Katastrophe zu ermitteln. Die Kommission trifft bereits am 25. Oktober um 9:00 Uhr am Unglücksort ein. Breshnew erklärt zur Verwunderung aller, dass niemand bestraft werde, „weil die Schuldigen bereits bestraft sind".
Außer Jangel und Mrykin gab es allerdings tatsächlich niemanden mehr, den man hätte belangen können, da alle Verantwortlichen ums Leben gekommen waren. Von Moskau erging lediglich der allgemeine Appell an alle Beteiligten der Raketentests, ihre Anstrengungen auf die Beseitigung aufgetretener Unzulänglichkeiten zu konzentrieren und ansonsten die Arbeit „in Übereinstimmung mit dem Programm" fortzusetzen.
Die Suche nach den Gründen für die Katastrophe gestaltete sich sehr kompliziert. Im Abschlussbericht wird schließlich ein technischer Fehler dafür verantwortlich gemacht. Sabotage, wie anfangs befürchtet, kam nicht infrage. Ein Ingenieur im Herstellerwerk in Charkow hatte angeblich eigenmächtig drei Vorrichtungen, die das zufällige Öffnen des Treibstoffventils verhindern sollten, bei der Montage weggelassen.
Die Untersuchungskommission legte schließlich eine Reihe „dringender" Maßnahmen fest, um die Sicherheit bei den weiteren Arbeiten an der Rakete zu erhöhen.
Auf den Tag genau drei Jahre nach dem Super-GAU, am 24. Oktober 1963, kam es übrigens auf dem Kosmodrom zu einem weiteren schweren Unglück. Bei einem Brand in einem *R-9*-Raketen-Silo starben acht Personen. Ihnen wurde wie auch den Militärs um Marschall Nedelin im damaligen Leninsk (heute Baikonur), der Wohnstadt des Kosmodroms, ein Denkmal gesetzt. Die Zivilpersonen waren dagegen heimlich in ihren Heimatorten beerdigt worden. Seit dieser Zeit ist der 24. Oktober in Baikonur Gedenktag. Es wird nicht gearbeitet, und es steigt auch keine Rakete auf.
Bis heute steht nicht genau fest, ob die Absage des Dezember-Termins für den Flug Gagarins wirklich auf diesen GAU zu-

rückzuführen ist. Immerhin liegen der *R-16*-Startplatz und die Gagarin-Rampe viele Kilometer auseinander, zudem hatte die militärische Rakete ja nicht unmittelbar mit dem Weltraumstart zu tun.

Möglicherweise lag es auch daran, dass das Raumschiff einfach nicht startbereit war, weil viele Fachleute wegen anderer Aufgaben abgezogen wurden, wie Sigmund Jähn vermutet. Und dann war ja noch der gewaltige Schock, den das Desaster auslöste. Der Start des Objekts *Wostok 3A* wurde jedenfalls auf das kommende Jahr verschoben. In der Nacht vom 21. zum 22. Februar 1961 hob schließlich die *R-16* im zweiten Anlauf ab.

Am Tag darauf kündigte Chruschtschow in seiner Rede zum Tag der Sowjetarmee ohne direkten Bezug auf diesen zweifellosen Erfolg vielsagend an, von nun an sei „alles möglich". In der Tat: Bereits Ende 1961 wurde die Serienproduktion der *R-16* aufgenommen, obwohl noch nicht alle Tests abgeschlossen waren. Die Sowjets konnten mit der langersehnten Errichtung ihres „Raketenschirms" beginnen.

DIE WAHRHEIT KAM ERST NACH 30 JAHREN ANS LICHT

Die sowjetische Öffentlichkeit allerdings musste genau 30 Jahre warten, bis sie endlich die Wahrheit über den Super-GAU erfuhr. Am 24. Oktober 1990 veröffentlichte die Armeezeitung „Krasnaja Swesda“ („Roter Stern“) einen Beitrag unter der Überschrift „Es geschah in Baikonur“.

Bei der internen Suche nach dem oder den Schuldigen für die Tragödie fiel natürlich zuerst der Name Nedelins. Ihm wurde insbesondere vorgeworfen, dem politischen Drängen Chruschtschows nachgegeben zu haben, als er befahl, die Startvorbereitungen der defekten Rakete fortzusetzen.

In der Tat standen Nedelin und auch die Staatliche Kommission unter großem politischem Druck. Schließlich war da die strategische Vorgabe des Partei- und Regierungschefs, den Amerikanern die „Raketen-Faust“ zu zeigen. Außerdem nahte der 43. Jahrestag der Oktoberrevolution, und die Moskauer Führung liebte es bekanntlich, Jubiläen zu spektakulären Auftritten zu nutzen. Selbst auf der Startrampe wurde Nedelin zweimal ans Kreml-Telefon geholt.

Nedelin hat übrigens um die Gefährlichkeit der Reparaturarbeiten an der vollgetankten Rakete gewusst, denn er ließ kurz vor der Katastrophe noch einmal den Startplatz „durchkämmen“ und all jene vom Bedienungspersonal wegschicken, die nicht mehr gebraucht wurden. Das rettete rund 100 Leuten das Leben. Auch General Gertschik schickte noch einige in die Unterstände. Nedelin selbst aber blieb am Startplatz. Er war seit den Tagen des Weltkriegs daran gewöhnt, der Gefahr ins Auge zu schauen. Außerdem musste er als Vorsitzender der Staatlichen Kommission stets verfügbar sein.

So mancher wollte Jangel die Schuld anlasten. Schließlich war er es, der die Rakete entwickelt hatte. Er musste wissen, dass man eine solche Reparatur nicht bei vollen Tanks durchführen durfte. Allerdings gab es damals auch noch keine Instruktionen zum Ablassen des Treibstoffs aus einer startbereiten Rakete.

Und schließlich stand auch er unter starkem Druck aus Moskau. Letztendlich wurde auch intern eine Lösung für die Schuldfrage gefunden, die alle Seiten zufriedenstellen konnte. „Der Hauptschuldige sind der ‚Kalte Krieg', das Wettrüsten und die Psychologie der Abschreckung", heißt es in Gertschiks Baikonur-Buch. „In einer solchen Atmosphäre haben wir gearbeitet, und jeder hat gedacht, dass es in nicht geringem Maße von seiner persönlichen Arbeit, seinem Diensteifer, seiner Initiative und seinem Wissen abhängt, ob der Dritte Weltkrieg abgewendet werden kann, der der Welt mit einer Apokalypse drohte."

SAFETY FIRST

Der Vorstoß Gagarins in eine völlig neue, unbekannte und lebensfeindliche Welt barg natürlich eine Fülle unvorhersehbarer Risiken. Dessen waren sich alle Verantwortlichen bewusst. Die wenigsten Sorgen machten sich eigentlich die Kosmonauten selbst, was allgemein ihrer jugendlichen Unbekümmertheit zugeschrieben wurde. Zudem eröffnete sich ihnen die einmalige Chance, über Nacht Berühmtheit zu erlangen und sich den Heldenstern an die Brust heften zu lassen. Wo bot sich sonst noch die Gelegenheit, wenn nicht als Kosmonaut?

Kamanin, der sich 1934 bei der spektakulären Rettungsaktion für die im Polareis eingeschlossenen Besatzung des Forschungsschiffes „Tscheljuskin“ als zweiter Bürger seines Landes den Goldenen Stern eines „Helden der Sowjetunion“ verdient hatte, wusste wie kaum ein anderer um die Gefährlichkeit des Unternehmens. Doch der General, der im Zweiten Weltkrieg eine Kampffliegereinheit befehligt hatte, hatte ein Credo. Es lautete: Ohne Risiko ist der Weltraum nicht zu erschließen! Das Risiko und mögliche Opfer zu scheuen, hieße, die Flüge ins All einzustellen. Und das kam für den eingefleischten Militär nicht infrage.

Am schwersten belastete die Frage des Risikos Chefkonstrukteur Koroljow. Er kannte die Schwachstellen des Systems am besten. Zudem hätte er im Falle einer Havarie oder gar einer Katastrophe die Last der technischen und moralischen Verantwortung allein zu tragen gehabt.

Kamanins Motto half ihm also nicht weiter. Er musste und wollte für größtmögliche Sicherheit sorgen. Das war er sich und „seinen Jungs“, die sich seinen Raumschiffen anvertrauten, schuldig, und das tat er mit geradezu „preußischer“ Gründlichkeit, wie Freund und Feind neidlos anerkannten. Die Havarien oder die Schlamperei, die heute in der russischen Raumfahrt gang und gäbe sind, wären unter Koroljow nicht denkbar.

Koroljow hat denn auch von Beginn an ein strenges und für sowjetrussische Verhältnisse ungewohntes Regime durchgesetzt.

Er kontrollierte quasi jeden Schritt beim Bau der Raketen und Raumschiffe persönlich. Wo gewöhnlich Arbeiter bestraft wurden, wenn sie etwas falsch gemacht oder ein Missgeschick verschwiegen hatten, belobigte er sie. Er hämmerte seinen Leuten immer wieder ein, dass es besser sei, ein ganzes Raumschiff auseinander zu nehmen, falls jemandem mal eine Schraube abgerutscht und in einen der unzugänglichen Hohlräume gefallen war, als das Ganze zu verheimlichen.

Natürlich setzte es auch ein gewaltiges Donnerwetter, wenn irgendetwas nicht nach seinem Willen geschah. Doch Koroljow, der für sein Aufbrausen berüchtigt war, hatte sich meistens schnell wieder in der Gewalt und eine versöhnliche Geste bereit.

Koroljow hat alles daran gesetzt, seine Apparate so sicher wie nur möglich zu machen. Da es aber eine absolute Sicherheit nicht geben konnte, klügelten er und seine Mitarbeiter für den Fall der Fälle ein Rettungssystem aus, das bei einer eventuellen Havarie auf der Startrampe in Kraft treten sollte.

Es sah vor, dass sich der Kosmonaut aus dem Raumschiff herauskatapultiert. Da man nicht vorausberechnen konnte, wo er dabei landen würde, spannte man für den denkbar schlimmsten aller Fälle, nämlich einer Landung im Abgaskanal, über einen Teil dieses Riesenkessels ein Metallnetz. Es sollte verhindern, dass der Kosmonaut in den Kessel fallen und dort durch die gewaltigen Abgasströme der Triebwerke Hunderte Meter weit wie ein welkes Blatt in die Steppe geblasen würde. Sollte der Kosmonaut im Netz landen, so stand eine speziell trainierte Crew bereit, um ihn zu bergen.

Komplizierter war da schon die Rettung eines Kosmonauten nach dem Abheben der Rakete. Hier besagte das Szenario, dass der Raumfahrer bis zur 40. Flugsekunde bei einer Havarie auf ein Kommando von der Erde hin aus seiner Kapsel katapultiert werden sollte. Doch dabei gab es viele Unwägbarkeiten. Alles hing von der Art der Havarie ab. Von einer Explosion über einen Brand bis hin zu einer Kursabweichung der Rakete war alles möglich.

Die Frage war also, ob genügend Zeit bleiben würde, den Lukendeckel abzusprengen und den Kosmonauten herauszukatapultieren. Sollte die Rakete vom Kurs abgekommen sein, ergab sich die zusätzliche Frage, ob nicht der Katapultsitz anstatt in sichere Höhen direkt gen Erde geschleudert werden würde. Bei einer Havarie zwischen der 40. und 150. Sekunde sollten die Triebwerke notabgeschaltet werden, sodass die Rakete langsam zur Erde zurückfallen konnte. In 7.000 Metern Höhe sollte dann der Kosmonaut herauskatapultiert werden. Zwischen der 150. und 700. Flugsekunde würde ebenfalls das Triebwerk abgeschaltet, wegen der dann schon erreichten großen Höhe würde aber die Landekapsel samt Kosmonaut abgesprengt werden. Danach sollte der normale Landemechanismus in Aktion treten, das heißt, in 7.000 Metern Höhe würde der Kosmonaut aus der Kapsel herauskatapultiert werden, um dann am Fallschirm niederzugehen.

Bei einer Havarie zwischen der 700. und 770. Sekunde hätte man das gesamte, aus zwei Sektionen bestehende *Wostok*-Raumschiff von der letzten Trägerstufe abgesprengt. Beim Abstieg wäre dann die Rückkehrkapsel vom Geräteteil abgetrennt worden, und die Landung hätte sich wie nach einem normalen Flug vollzogen.

Das alles wusste Gagarin, als er sich auf seine große Reise machte. Koroljow persönlich hatte ihm zwei Tage zuvor eingehend erläutert, welche Sicherheitsmaßnahmen für welchen Notfall getroffen worden waren. Gagarin hatte den langen Monolog sehr aufmerksam verfolgt. Dann versicherte er dem Chefkonstrukteur, dass er nunmehr beruhigt in das Raumschiff einsteigen werde.

In der Tat hat Gagarin alle Fachleute durch seine Ruhe beim Start überrascht. Dass das nicht nur äußerlich war, zeigte sich am Puls, der nur wenig über normal stieg. Ob man dabei medikamentös ein bisschen nachgeholfen hat, ist nicht bekannt. Tatsache ist aber, dass sich Gagarin, als er schon im Raumschiff saß, etwas in den Mund gesteckt hat, was wie eine Tablette oder ein Bonbon aussah.

Koroljow sagte später zum Verhalten Gagarins nach der Havarie-Belehrung: „Eigentlich wollte ich ihn aufbauen, aber letztlich war er es, der mich aufgebaut hat.“ Der Chefkonstrukteur

verstand es übrigens durch seine souveräne Art, auch alle anderen an dem Unternehmen Beteiligten bis hin zu den Startmannschaften vom unbedingten Erfolg des Fluges zu überzeugen und zu Höchstleistungen zu motivieren. Bester Beweis dafür ist, dass es zu seinen Lebzeiten – Koroljow starb unerwartet früh 1966 – zu keiner Havarie mit tragischem Ausgang kam. Allerdings gab es einige ernste Situationen, etwa die ballistische Landung von *Woßchod 2* im März 1965, die jedoch alle glimpflich ausgingen. Die bis dato vorherrschende pessimistische Meinung, dass die Erfolgschancen in der Raumfahrt bei nur 48 Prozent lägen, wurde eindrucksvoll widerlegt.
Koroljows enger Vertrauter Boris Tschertok, der 2011 im Alter von 99 Jahren starb, sah das rückblickend ganz anders. Wenn der damalige Rat der Chefkonstrukteure heute noch einmal vor der Entscheidung stünde, Gagarin auf die Sternenreise zu schicken, so würde er das ablehnen, sagte er 2009 in einem TV-Interview. Denn von den fünf *Wostok*-Teststarts seien nur zwei erfolgreich gewesen. Niemand würde heute für den Start eines „so unsicheren Raumschiffs“ stimmen. Auch er selbst würde das heute nicht mehr tun, während er damals noch die entsprechenden Dokumente unterzeichnet habe. Nach den Erfahrungen der folgenden Jahre habe er „verstanden, welch großes Risiko wir eingegangen sind“, betonte Tschertok.
Allerdings darf man nicht vergessen, dass damals im Kalten Krieg Russen wie Amerikaner davon ausgegangen sind, dass derjenige, der den Weltraum beherrscht, auch auf der Erde dominiert. Der Treibstoff für Gagarins Rakete war damit im übertragenen Sinne nicht Sauerstoff und Kerosion, sondern die Politik der Konfrontation. Dafür ist man große Risiken eingegangen, wie auch die Mondflüge der Amerikaner beweisen. Das Mondprogramm ist ja 1961 verkündet worden, obwohl die USA zu diesem Zeitpunkt noch nicht einmal einen Astronauten auf eine Erdumlaufbahn gebracht hatten.

DER START oder IN 108 MINUTEN IN DIE UNSTERBLICHKEIT

Während Gagarin dem Tag seines Weltruhmes entgegenschlief, fand Koroljow keine Ruhe. Um 3:00 Uhr fuhr er noch einmal zur Rakete. Von unzähligen Scheinwerfern angestrahlt, reckte sie sich hoch in den nachtdunklen Himmel. Kurz zuvor war gerade die Schachtel mit der Tubennahrung für den Kosmonauten angeliefert worden – 63 Tuben zu je 160 Gramm, die für insgesamt zehn Tage reichen mussten. Denn wenn die Landung nicht auf Anhieb klappen würde, wäre ein neuer Versuch erst nach sieben Tagen möglich gewesen.

Außerdem hatten die Techniker die Havarieausrüstung am Katapultsessel befestigt: einen Kompass, ein tragbares Batteriefunkgerät, einen Satz Kleidung, Angelzeug, Streichhölzer, Trockenspiritus, ein Mittel zur chemischen Wasserentkeimung, ein Schlauchboot und Lebensmittel.

Der Chefkonstrukteur spielte das bevorstehende Start-Szenarium in Gedanken generalstabsmäßig durch. Auch für ihn sollte jener 12. April 1961 die Erfüllung all dessen bringen, wofür er Zeit seines Lebens gearbeitet und, was damals nur ganz wenige wussten, auch gelitten hatte, denn er war von Stalin 1938 aufgrund falscher Anschuldigungen nach Sibirien verbannt und erst 1957, vier Jahre nach dem Tod des Diktators, wieder voll rehabilitiert worden.

Dass es nun gerade ihm vergönnt sein sollte, das Zeitalter des bemannten Raumfluges einzuläuten, muss Koroljow eine unendliche Genugtuung bereitet haben. Von nun an würde man die Geschichte in die Zeit „vor" und „nach" dem Aufbruch des Menschen ins All einteilen.

Um 05:30 Uhr ist für Gagarin und Titow die Nacht zu Ende. Nach der Morgentoilette und einigen gymnastischen Übungen gibt es zum Frühstück Fleischpüree, Marmelade aus schwarzen Johannisbeeren und schwarzen Kaffee aus Tuben. Gagarins halb

ernst, halb scherzhaft gemeinter Kommentar: „Solches Essen ist nur für die Schwerelosigkeit gut – auf der Erde kann man davon sterben."
Pünktlich um 06:00 Uhr tritt die Staatliche Kommission in einem schummrigen Unterstand unmittelbar an der Startrampe zu einer fünfminütigen abschließenden Sitzung zusammen. Der Leiter des Startdienstes und der Meteorologe erstatten Bericht. Die Quintessenz: Es gibt keine Beanstandungen und Fragen, alles ist bereit. Der Start kann stattfinden.
Nach der Sitzung unterzeichnete Kamanin den Flugauftrag Nr. 1 für Gagarin. Er lautete auf eine Erdumkreisung. Dann fährt Kamanin zum Montagekomplex, wo die Kosmonauten ein letztes Mal von den Ärzten durchgecheckt und schließlich eingekleidet werden.
Letztere Prozedur nahm einige Zeit in Anspruch. Als erster steigt Titow in den warmen, leichten und weichen himmelblauen einteiligen Bordanzug, über den schließlich der leuchtend orangefarbene Skaphander kommt. Dann erst ist die Reihe an Gagarin. Auf diese Weise wollte man verhindern, dass er unnötig lange schwitzen muss. Einen tragbaren „Klimakoffer", der heute bei den modernen Raumanzügen bis zum Start für angenehme Temperaturen sorgt, gab es damals noch nicht. Die Ventilation konnte erst im Zubringerbus zur Startrampe an das elektrische Bordnetz angeschlossen werden.
Gagarin erhält zudem einen speziellen Ausweis ausgehändigt, der in der linken Brusttasche seines Skaphanders verstaut wird. Mit ihm sollte er sich nach dem Flug bei den Sportkommissaren legitimieren. Auch eine Pistole und ein Fallschirmjäger-Kappmesser bekommt der Kosmonaut mit auf den Weg.
Wie mir German Titow im Herbst 1998 auf dem 14. Raumfahrtag in Neubrandenburg bestätigte, handelte es sich dabei um eine „Makarow". Mit der Waffe sollte sich der Kosmonaut bei einer eventuellen Notlandung etwa in Sibirien die Bären und Wölfe vom Hals halten. Auch er habe bei seinem Flug im August 1961 eine solche Pistole mit dabei gehabt, bei der es sich im Prinzip um nichts anderes als um seine persönliche Waffe als Offizier gehandelt habe, sagte Titow. Das Messer sei vornehmlich dafür

gedacht gewesen, notfalls den Fallschirm zu kappen. Die Zivilpersonen, die später anfangs unter dem Kommando von Militärs und dann auch schon mal selbst als Raumschiffkommandanten ins All flogen, verfügten nicht obligatorisch über eine Waffe. Darüber wurde von Fall zu Fall entschieden. Zudem war die „Makarow" dann nicht mehr „am Mann", sondern wurde unter dem Konturensitz verstaut. Oleg Makarow, der im April 1975 nach einem Fehler in der letzten Raketenstufe mit seinem Kommandanten Wassili Lasarew eine spektakuläre ballistische Ladung überlebte, war einer jener Zivilisten, die ebenfalls bewaffnet auf die Reise gingen. Ihm habe kurz vor dem Start ein Offizier der Sicherheit eine Pistole „meines Namens" zugesteckt, vertraute mir der Dreifachkosmonaut 1999 in Morgenröthe-Rautenkranz an.

Inzwischen gehört die gute alte „Makarow" der Vergangenheit an. Jede Raumschiffbesatzung hat nunmehr eine Spezialpistole des Typs TP-82 an Bord, wie mir Talgat Mussabajew verriet. Als Angehöriger der russischen Luftstreitkräfte war er zwischen 1994 und 2001 dreimal unter der Flagge Russlands im All. Heute ist er im Generalsrang der mächtige Chef der Raumfahrtagentur Kasachstans und führt in dieser Eigenschaft knallharte Verhandlungen mit seiner ehemaligen Heimat.

Bei der Spezialpistole handelt es sich um eine Waffe mit drei Läufen – einer für normale Patronen, einer für Signalraketen und einer für Schrotpatronen. Die Verfügungsgewalt über die Waffe, die im Fall einer Notlandung den Kosmonauten gute Dienste leisten soll, hat ausschließlich der Kommandant.

Chefkameramann Wladimir Suworow vom Moskauer Studio für Wissenschaftsfilme (Mosnautschfilm), der Gagarin auf dem Kosmodrom auf Schritt und Tritt begleitete, hat übrigens als erster das Geheimnis gelüftet, dass zur Ausrüstung der Kosmonauten auch eine Pistole und ein Messer gehörten. „Bären erkennen bekanntlich Bescheinigungen nicht an", schrieb Suworow dazu 1985 leicht ironisch in einem Artikel.

Für Aufregung sorgte übrigens noch eine Sache, die bis heute nicht zweifelsfrei geklärt ist: Irgendjemand soll in letzter Minute darauf aufmerksam gemacht haben, dass man doch den Namen

des Herkunftslandes des Kosmonauten am Helm anbringen sollte. Daraufhin wurden die russischen Buchstaben „CCCP" (zu Deutsch: „UdSSR" – Abkürzung für „Union der Sozialistischen Sowjetrepubliken" – der Autor) an die Stirnseite gemalt – „mit roter Farbe und per Hand", wie es offiziell hieß.
Gerade das sorgte noch für Irritation, denn erstens sehen die Buchstaben auf den Bildern, die wir kennen, nicht gerade nach „Handarbeit" aus, und zweitens gibt es zwei seriöse Quellen, die gar behaupten, die Schrift sei goldfarben gewesen. Dabei handelt es sich um Gagarins Bruder Walentin und um Kerim Kerimow, einen der führenden Köpfe der sowjetischen Raumfahrt. Ein Foto, das das belegt, ist allerdings noch nicht aufgetaucht. Heute wissen wir aber, dass die Buchstaben wirklich ohne Schablone auf den Helm gemalt wurden – von Wiktor Dawidjanez, einem Meister seines Fachs.
Kamanin stellt mit Befriedigung fest, dass alles nach Plan verlief, und kehrt zur Startrampe zurück. Er fährt kurz nach 06:00 Uhr mit Chefingenieur Iwanowski an die Raketenspitze, um das Raumschiff einer abschließenden Kontrolle zu unterziehen.

Um 06:20 Uhr trifft Marschall Moskalenko am Startplatz ein. Kamanin bespricht mit ihm die letzten Einzelheiten der Verabschiedung des Kosmonauten am Fuße der Rakete. Bis zu der Treppe, die zum Lift führt, sollten ihn lediglich vier Personen begleiten: Rudnew, Moskalenko, Koroljow und Kamanin. Als der weiß-blaue Bus, ein *LAS-695 B* aus dem Automobilwerk Lwow, schließlich um 06:50 Uhr an der Rampe eintrifft, gelingt es nur mit Mühe, die geplante Ordnung durchzusetzen. Jeder wollte sich von Gagarin verabschieden. Andrijan Nikolajew, der im August 1962 mit *Wostok 3* und im Juni 1970 mit *Sojus 9* im All war, holte sich damals eine Beule an der Stirn. Er wollte den Kosmonauten nach alter russischer Sitte küssen, vergaß aber vor Aufregung, dass dieser einen Helm trug.
Titow erinnerte sich, dass Gagarin seinen Kameraden wie ein Musketier zurief: „Einer für alle, alle für einen!" „In diesem Moment begriff ich, dass das kein Training mehr war, sondern dass die lang ersehnte Stunde gekommen war."

Dann geht es Schlag auf Schlag. Gagarin meldet militärisch knapp: „Pilot Gagarin zum ersten Flug mit dem Raumschiff *Wostok* bereit.“ Dabei verwechselt er in der Aufregung den Adressaten: Er erstattet Marschall Moskalenko Meldung anstatt dem Vorsitzenden der Staatlichen Kommission, Rudnew. Instinktiv hatte Gagarin als Militär zuerst Blickkontakt zum Ranghöchsten im Pulk aufgenommen, sich dann aber schnell korrigiert.

In Gagarins Buch „Mein Flug ins All“ ist der Kommissionsvorsitzende allerdings aus Geheimhaltungsgründen namenlos – ein Schicksal, das Rudnew noch jahrzehntelang mit seinen Nachfolgern teilte. Gagarins Ghostwriter umschrieben ihn umständlich als „eine in unserem Land bekannte, führende Persönlichkeit der Industrie.“

Auch der Name Koroljows tauchte aus demselben Grund in dem Buch nicht auf. Wenn es um ihn geht, ist immer nur vom „Chefkonstrukteur“ die Rede, und zwar bis kurz vor seinem Tod, im Januar 1966.

In allen offiziellen Publikationen der damaligen Zeit hieß es auch, Gagarin habe unmittelbar nach der Meldung eine Erklärung für Presse und Rundfunk abgegeben, die allerdings beim Start gar nicht zugelassen waren. Die „Prawda“ hatte die rund 40 Schreibmaschinenzeilen lange Rede bezeichnenderweise erst sechs Tage später, am 18. April, veröffentlicht. Inzwischen wissen wir, wie bereits erwähnt, dass die Erklärung bereits am 3. April auf Band gesprochen worden war. Die Welt wurde allerdings in dem Glauben gelassen, Gagarin habe sie direkt auf der Startrampe gehalten.

Die Verabschiedung durch Rudnew und dessen „fester Händedruck“ versetzten Gagarin offenbar in Euphorie. „Seine Stimme war nicht kräftig, aber fröhlich und warm, wie die Stimme meines Vaters“, beschrieb er später die „führende Persönlichkeit der Industrie“, um dann nach dem Willen seiner Ghostwriter fortzufahren: „Ich sah zum Raumschiff, mit dem ich nun in wenigen Minuten diese bisher einmalige Reise antreten sollte. Es war schön, schöner als alle Lokomotiven, Dampfer, Flugzeuge, Schlösser und Brücken zusammengenommen. Mir kam der Ge-

danke, dass dies eine ewige Schönheit sei, die für die Menschheit aller Länder auf alle Zeit bestehen bleiben würde. Ich hatte nicht nur eine großartige Schöpfung der Technik, sondern zugleich auch ein imponierendes Kunstwerk vor mir."
„Bevor mich der Lift in die Druckkabine hinauftrug, gab ich eine Erklärung für die Presse und den Rundfunk ab", schrieb Gagarin wider besseres Wissen und lässt seinen Gefühlen erneut freien Lauf: „Ich spürte einen noch nie empfundenen Aufschwung aller Kräfte. Ich hörte die Musik der Natur: vom Rascheln des Grases über das Brausen des Windes bis zum Gebrüll der Wogen, die bei Sturm gegen das Ufer schlugen. Diese Musik, die in mir klang, spiegelte eine ganze Skala von Empfindungen wider."
Deshalb, so Gagarin weiter, habe er in seiner Erklärung auch Worte gesprochen, die er noch nie zuvor im täglichen Leben gebraucht habe.
„In wenigen Minuten wird mich ein mächtiges Raumschiff in die fernen Welten des Weltalls tragen", leitete der Kosmonaut seine Erklärung ein, die die Anrede „Teure Freunde, vertraute und unbekannte Menschen, Landsleute, Menschen aller Länder und Kontinente" trug. Dann fragte er: „Was kann ich euch in diesen letzten Minuten vor dem Start sagen?", und gab die Antwort: „Mein ganzes Leben erscheint mir jetzt wie ein einziger herrlicher Augenblick. Alles, was sich bisher in meinem Leben ereignet hat und was ich bisher getan habe, ist um dieser Minute willen geschehen …
Der erste Mensch im Weltraum zu sein, ganz allein einen beispiellosen Zweikampf mit der Natur zu bestehen – lässt sich Größeres erträumen? Aber danach dachte ich an die riesengroße Verantwortung, die auf mir lag: Als Erster zu vollbringen, wovon Generationen geträumt haben, als Erster der Menschheit den Weg in den Kosmos zu bahnen, nennen Sie mir einer schwerere Aufgabe als die, die mir zugefallen ist.
Das ist eine Verantwortung nicht nur vor einem Menschen, nicht nur vor einem Dutzend Menschen, nicht nur vor einem Kollektiv. Das ist eine Verantwortung vor dem ganzen Sowjetvolk, vor der ganzen Menschheit, vor ihrer Gegenwart und Zukunft. Und

wenn ich mich trotzdem zu diesem Flug entschlossen habe, dann nur deshalb, weil ich Kommunist bin, weil Vorbilder für den beispiellosen Heroismus meiner Landsleute, der Sowjetmenschen, hinter mir stehen", wird Gagarin unter Hinweis auf den Revolutions-Haudegen Tschapajew, die Fliegerhelden Tschkalow und Pokryschkin, den Erfinder der russischen Atombombe, Kurtschatow, und den Aktivisten Mamai in den Mund gelegt. „Sie und nicht nur sie, sondern alle Sowjetmenschen schöpften und schöpfen ihre Lebenskraft aus einem tiefen und reinen Quell – aus der Lehre Lenins. Auch wir Kosmonauten und unsere ganze junge Generation, die von Lenins Partei der Kommunisten erzogen wurde, haben durstig aus diesem Quell getrunken."
Dem Buch zufolge hat erst ein „verstohlener Blick" des Chefkonstrukteurs Gagarins Redeschwall unterbrochen. Er schloss deshalb mit dem Satz: „Ich möchte diesen ersten Weltraumflug den Menschen des Kommunismus widmen, den Menschen der neuen Gesellschaft, in die unser Sowjetvolk bereits eintritt und in der, davon bin ich überzeugt, alle Menschen der Welt einmal leben werden."

Zwischen den einzelnen Passagen der Rede ließen die Ghostwriter Gagarin zur Untermalung auch immer wieder gedankliche Ausflüge in seine Kindheit sowie in seine Schul-, Studenten- und Militärzeit machen. Er hütet dabei unter anderem barfuß die Kolchosherde in seinem Dorf, schreibt zum ersten Mal das Wort „Lenin", stellt seine erste Form als Gießerlehrling her und schützt schließlich als Pilot die Staatsgrenze zu Norwegen. Erklärungen der Raumfahrer vor dem Start gab es natürlich auch bei den folgenden Flügen. Doch wurde nicht mehr behauptet, sie seien am Fuße der Rakete abgegeben worden.

Als DDR-Kosmonaut Sigmund Jähn im August 1978 mit seinem sowjetischen Kommandanten Waleri Bykowski zur Orbitalstation *Salut 6* aufstieg, verlasen beide Männer ihre knappen Texte, nachdem sie bereits in ihrem Zubringerraumschiff *Sojus 31* Platz genommen hatten. Die Ansprachen, nur wenige Minuten vor dem Abheben, wurden per Fernsehen übertragen.

Nach der Meldung und einer letzten Verabschiedung am Fuße der Rakete stieg Gagarin, assistiert von Iwanowski, etwas unbeholfen die 15 Stufen der eisernen Treppe hinauf, die zum Lift führte.

Kurz davor drehte er sich auf der Plattform noch einmal um, hob grüßend beide Arme und rief den Zurückbleibenden zu: „Auf ein baldiges Wiedersehen!“ Dann fuhr er in Begleitung von Iwanowski und dessen Stellvertreter Fjodor Wostokow in der Kabine des Lifts zur Raketenspitze. Dort wurde er von dem Arzt Lew Golowkin, den Monteuren Wladimir Morosow und Nikolai Selesnjow sowie Chefkameramann Suworow erwartet. Gagarin kletterte mit beiden Beinen voran in das enge Raumschiff. Iwanowski und Wostokow halfen ihm bei der schwierigen Prozedur. Dann schnallte Wostokow den Kosmonauten an. Gagarin begann sofort mit der Überprüfung seines Skaphanders, der Funkverbindung und der Bordsysteme.

Um 07:55 Uhr verabschiedeten sich die Männer von dem Kosmonauten. Dieser verfolgte in seinem „Rückspiegel“ an rechten Skaphander-Ärmel, wie Morosow hinter ihm die Einstiegsluke mit dem Deckel verschloss. Jetzt ist Gagarin allein in seinem Raumschiff. Morosow befestigte den Deckel mit 30 Schrauben, die in einer ganz bestimmten Reihenfolge angezogen werden mussten – zuerst die 1, dann die 7, dann die 15, danach die 23 …

DER DEFEKTE LUKENKONTAKT

Inzwischen hatte sich der Startplatz fast geleert. An der Rakete hielten sich nur noch jene wenigen Ingenieure und Techniker auf, die die allerletzten Handgriffe auszuführen hatten. Sie trugen rote Armbinden. Koroljow und die anderen Verantwortlichen hatten sich in den Startbunker zurückgezogen, der, knapp 100 Meter von der Startrampe entfernt, ein Dutzend Meter tief in den Steppenboden getrieben wurde.

Der kleine, längliche Raum war mit allen erdenklichen Apparaturen und Geräten vollgestopft. Überall hingen Kästen an den Wänden, blinkten unzählige rote, grüne, gelbe und blaue Lämpchen.

Der Startknopf von der Größe etwa eines 2-Euro-Stücks befand sich an einem kleinen Pult. Hier war der Arbeitsplatz des Diensthabenden Operators. Rechts vom Bunkereingang waren auf einem Podest, dem sogenannten Schafott, zwei Periskope installiert, wie man sie von U-Booten kennt. Mit ihrer Hilfe konnte man aus sicherer Entfernung die gesamte Rakete beobachten – allerdings nur in Postkartengröße.

Die Bunker-Besatzung bestand nur aus wenigen Männern: Neben Koroljow waren es General Kamanin, Nikolai Piljugin, der für die Steuerungssysteme der Rakete verantwortlich zeichnete, und sein Stellvertreter Wladimir Filogenow sowie Leonid Woskressenski, einer der Koroljow-Stellvertreter, und sein Adjutant Boris Dorofejew, Anatoli Kirillow, der künftige Kosmonaut Pawel Popowitsch, der den Funkkontakt zu Gagarin hielt, Gallai sowie einige Operateure.

Woskressenski und Kirillow standen an den Periskopen. Koroljow saß an einem kleinen Tisch mit grüner Tischdecke, vor sich lediglich ein Mikrofon für den Funkverkehr und ein Telefon mit rotem Hörer, über das er im Havariefall das Kommando für das Katapultieren des Kosmonauten geben konnte.

Auf einem TV-Bildschirm war, leicht verschwommen, das Gesicht Gagarins zu sehen. Die Mitglieder der Staatlichen Kommission und die offiziellen Persönlichkeiten, die zum Start erschienen waren, hatten auf einer eineinhalb Kilometer entfernten Beobachtungsplattform Platz genommen.

Für den Funkverkehr war vereinbart, dass sich Gagarin mit „Kedr“ (Zeder) meldet, die Bodenstation mit „Sarja“ (Morgenröte). Koroljow war „Sarja-1“. Ansonsten wurde Klartext gesprochen. Bei späteren, längeren Flügen wurden gelegentlich in außergewöhnlichen Situationen verschlüsselte Formulierungen verwendet. Meldete beispielsweise ein Kosmonaut, dass sein Befinden „gut“ sei, dann hieß das, er müsse möglicherweise vorzeitig zur Erde zurückgeholt werden. Bezeichnete er sein Befinden mit „zufriedenstellend“, dann musste unverzüglich die Landung eingeleitet werden.

Das Wort „Grosa“ (Gewitter) signalisierte, dass sich der Raumflieger übergeben musste. Gab der Kosmonaut jedoch an, dass er sich „ausgezeichnet“ fühle und auch die Raumschiffsysteme „ausgezeichnet“ funktionieren, dann war an Bord alles in bester Ordnung. Allerdings hatte diese verschlüsselte Sprache auch ihre Tücken. Denn als einmal Popowitsch das Code-Wort „Gewitter“ benutzte, geriet die Bodenmannschaft in helle Aufregung. Erst als per Funk besorgte Anfragen kamen, was denn mit ihm sei, bemerkte der Kosmonaut das Missverständnis und korrigierte sich: „Ich beobachte ein meteorologisches Gewitter und Blitze.“

Das Gespräch zwischen Gagarin und dem Bunker plätscherte dahin. Der Kosmonaut beschrieb laufend sein Befinden oder meldete den Vollzug dieser oder jener Überprüfungsaufgabe. Dazwischen wurde immer wieder die Funkverbindung geprüft.

Gagarin bat Koroljow, ihm in der Startphase die Flugdauer in Sekunden anzugeben. Koroljow seinerseits machte den Kosmonauten darauf aufmerksam, dass es vom Kommando „Kljutsch na start!“ (Schlüssel auf Start!), mit dem die Startautomatik ausgelöst wird, noch rund fünf Minuten dauere, bis die Triebwerke zünden und die Rakete langsam abhebt.

Der eher beiläufige Dialog, der auf Tonband aufgezeichnet wurde und 25 Schreibmaschinenseiten füllt, erfuhr um 07:58 Uhr eine jähe Wendung. Eine Signallampe zeigte an, dass die Luke des Raumschiffes nicht hermetisch abschließt. Bis zum Start

verblieb nicht mehr viel Zeit. Koroljow beriet sich kurz und fragte Iwanowski telefonisch, ob die Zeit ausreiche, um den Deckel noch einmal abzunehmen. Dieser bejaht die Frage.
„Dann tun Sie es, aber ohne Hast", sagte Koroljow, obwohl er wusste, dass die Zeit arg knapp war. Um ihn nicht unnötig zu erschrecken, warnte er Gagarin vor, dass die Luke noch einmal geöffnet würde.
Morosow schraubte den Deckel wieder ab. Nach einem flüchtigen Blickkontakt mit dem Kosmonauten, der die Szene in seinem „Rückspiegel" verfolgte, nahm er den entsprechenden Kontakt unter die Lupe. Eigentlich war alles in Ordnung. Iwanowski bog etwas an ihm herum, dann wurde die Luke wieder geschlossen.
Jetzt musste nur noch geprüft werden, ob sie wirklich hermetisch dicht war. Dazu wurde ein sogenannter Sauger angelegt, eine Art feste, runde Schüssel, die über die Luke gestülpt wurde. Dann pumpte man in ihr die Luft ab, sodass sie fest an die Kabinenwand gepresst wurde. Eine eventuelle Druckveränderung hätte bedeutet, dass die Luke nicht richtig schloss, doch das war nicht der Fall. Iwanowski atmete auf. Er hatte übrigens von Anfang an den Verdacht, dass es sich um blinden Alarm handelte. In der Tat: Bald stellte sich heraus, dass am Kommandopult eine Kontrolllampe durchgebrannt war.
Die Nachkontrolle war, wie wir heute wissen, aber auch schon deshalb unumgänglich gewesen, weil der Sensor eine wichtige Funktion beim Katapultieren Gagarins aus der Landekapsel nach Absprengung der Luke gehabt haben soll.
Der Zwischenfall wurde erst 18 Jahre später, 1979, durch einen Bildband von Golowanow publik, der auch in deutscher Sprache erschien.
Dass die Luke, wäre sie wirklich undicht gewesen, eine ernsthafte Gefahr bedeutet hätte, zeigte sich am 30. Juni 1971. An diesem Tag kamen die sowjetischen Kosmonauten Wladislaw Wolkow, Wiktor Pazajew und Georgi Dobrowolski bei der Landung ihres Raumschiffes *Sojus 11* ums Leben. Wegen eines defekten Ventils war die Landekapsel enthermetisiert worden, sodass die Lungen der Männer barsten. Nach dieser Katastrophe

mussten die Kosmonauten übrigens wieder Skaphander tragen, die eigentlich bei den *Sojus*-Schiffen vor allem aus Platzgründen nicht mehr vorgesehen waren.

Der Countdown konnte weitergehen. Noch eine halbe Stunde bis zum Start. Koroljow teilte Gagarin mit, dass jetzt der Kabelmast zurückgeklappt wurde. Kurz darauf ging ein spürbarer Ruck durch den Raketenkörper. Gagarins Puls- und Atemfrequenz wurde gemessen. Die Ärzte waren zufrieden: Puls 64, Atem 24. Drei Minuten vor dem Start stieg der Puls allerdings auf 109, um dann nach dem Abheben auf 140 und sogar 150 hochzuschnellen. Die Aufregung zeigte ihre Wirkung.

Noch fünf Minuten. „Schießer" Kirillow, seines Zeichens Chef der Testmannschaft, stellte sein Periskop ein, wählte den geeigneten Lichtfilter und überprüfte ein zweites Mal die Funkverbindung.

Auf einem kleinen Tisch zwischen den beiden Periskopen tickte – stilgerecht – laut ein Marinechronometer. Daneben lag der Zeitplan des „Schießers" mit der Aufschlüsselung der Kommandos. Woskressenski schaute gespannt auf Kirillow. Obwohl niemand ein Wort sprach, ordnete dieser an: „Achtung, absolute Ruhe im Raum! Sämtliche Unterhaltungen sind einzustellen!" „Bereitschaft eine Minute!", verkündete Kirillow. Jetzt war es soweit. „Alles liegt in deinen Händen", dachte er, und ihm lief dabei ein Kälteschauer über den Rücken.

POJECHALI – AUF GEHT'S!

09:03 Uhr – Koroljow gibt den Befehl: „Startschlüssel betätigen!"
Auch Gagarin quittiert: „Habe Sie verstanden!"
09:04 Uhr – Koroljow weist an: „Lüftungsschalter betätigen!"
Wieder quittiert Gagarin: „Verstanden!"
09:05 Uhr – Koroljow: „Bei uns ist alles normal. Die Entlüftungsventile haben sich geschlossen."
Gagarin: „Verstanden. Stimmung gut, Befinden gut, startbereit!"
09:06 Uhr – Koroljow: „Es wird durchgeblasen. Der Kabelmast ist zurückgeklappt. Alles normal."
Gagarin: „Verstanden. Hab es gemerkt. Ich höre, wie die Klappen funktionieren."
Koroljow: „Habe Sie verstanden, gut."
09:07 Uhr – Koroljow: „Es ist gezündet, Zeder. Alles normal."
Gagarin: „Verstanden, Zündung."
Koroljow: „Vorsystem … Übergangssystem … Hauptsystem … Aufstieg!"
Gagarin: „Pojechali!" (zu Deutsch etwa: Auf geht's!) „Der Lärm in der Kabine ist nur schwach. Alles verläuft normal. Befinden gut, Stimmung gut, alles normal."
Koroljow: „Wir alle wünschen Ihnen einen guten Flug, es ist alles normal."
Gagarin: „Auf Wiedersehen, auf ein baldiges Wiedersehen, liebe Freunde!"

Das russische Allroundwort „Pojechali!", das viele Deutsche noch aus der Besatzungszeit nach dem Zweiten Weltkrieg zumeist als Aufforderung kennen, abzufahren, loszugehen oder auch etwas (Wodka) zu trinken, hat durch Gagarin eine neue, kosmische Dimension erhalten. Viele der Kosmonauten, die nach ihm starteten, waren ebenfalls versucht, „Auf geht's!" zu rufen, als ihre Rakete abhob. Doch sie unterließen es bewusst. Man war sich einig, dass nur Gagarin das Copyright dafür gebührt.

2011 wurde allerdings eine Ausnahme gemacht. Zum 50. Jahrestag des historischen ersten Raumfluges wurde eine *Sojus*-Kapsel gestartet, die den Namen Gagarins trug. Doch dazu später mehr.

Der Donner der Triebwerke mit ihren 20 Millionen Pferdestärken schwoll an. Als wollte sie es sich noch einmal überlegen, verharrte die Rakete scheinbar sekundenlang über dem Starttisch. Doch dann zog sie, Feuer und Dampf speiend, unwiderstehlich gen Himmel davon.
Koroljow wischte sich den Schweiß von der Stirn und nahm eine Zigarette, die ihm jemand anbot, obwohl er Nichtraucher war. Gierig sog er den Rauch ein. Dann umarmte und küsste er Semjonow und Woskressenski, bevor er sich, sichtbar erschöpft, an die anderen Operateure wandte: „Haben Sie Dank, aufrichtigen, herzlichen Dank!"
Gagarin entpuppte sich in diesen historischen Minuten einmal mehr als Philosoph. Er, beziehungsweise seine Ghostwriter erinnerten sich so an den Start: „Ich vernahm ein Pfeifen und ein anwachsendes Dröhnen. Zugleich fühlte ich, wie das gigantische Raumschiff mit seinem ganzen Körper zitterte und langsam, sehr langsam von der Startrampe abhob.
Das Dröhnen war nicht lauter als das in der Pilotenkanzel eines Strahlflugzeuges, aber es enthielt eine Vielzahl neuer musikalischer Nuancen und Timbres, die noch kein Komponist auf Notenpapier niedergeschrieben hat und die wohl bislang kein Musikinstrument, keine menschliche Stimme wiederzugeben vermag. Die mächtigen Triebwerke schufen die Musik der Zukunft, eine vielleicht noch bewegendere und herrlichere als die größten Tonwerke der Vergangenheit."

09:08 Uhr – Gagarin meldet, dass die erste Raketenstufe ausgebrannt ist und die Vibrationen und die Überbelastung nachlassen. „Habe Abtrennung gespürt. Die zweite Stufe arbeitet. Alles normal."

09:10 Uhr – Gagarin bestätigt, dass die aerodynamische Schutzverkleidung der Rakete abgesprengt ist. „Sehe im optischen Visier die Erde. Sie ist gut erkennbar. Überbelastung wächst etwas, Befinden ausgezeichnet, Stimmung gut."

09:12 Uhr – Gagarin: „Abtrennung der zweiten Stufe erfolgt … Flug verläuft gut. Dritte Stufe arbeitet. Fernsehen funktioniert. Befinden ausgezeichnet. Stimmung gut. Sehe die Erde. Sehe den Horizont im Visier. Horizont ist zu den Seiten hin etwas gekrümmt."

09:15 Uhr – Gagarin: „Apparat läuft normal. Über der Erde breitet sich immer stärkere Bewölkung aus. Die Haufenwolken werden von einer Schicht Regenwolken überzogen. Es liegt wie ein Film über der Erde, selbst die Oberfläche wird unsichtbar. Interessant. Jetzt sieht man die Falten der Berge und Wälder."

09:21 Uhr – Gagarin: „Abtrennung (der dritten Stufe – der Autor) ist erfolgt. Zustand der Schwerelosigkeit hat begonnen. Ich fühle, nein, beobachte eine gewisse Drehung des Schiffes um seine Achse. Jetzt ist die Erde aus dem Sichtfenster verschwunden. Befinden ausgezeichnet. Gefühl der Schwerelosigkeit wirkt angenehm. Ruft keinerlei Begleiterscheinungen hervor … Jetzt verschwindet die Sonne aus dem Spiegel. Der Himmel, der Himmel ist schwarz, tiefschwarz, aber es sind keine Sterne zu sehen … Schalte auf Arbeitslicht um. Das Fernlicht stört. Deshalb ist nichts zu sehen."

Das Fernsehen, von dem Gagarin hier sprach, gibt noch heute Rätsel auf, denn es wurde nämlich in den Berichten und Büchern über den Flug so gut wie nie mehr erwähnt. Daraus schlossen einige besonders skeptische und kritische Beobachter, die Sowjets hätten etwas zu verbergen, etwa, dass nicht Gagarin als erster Mensch ins All geflogen sei, sondern ein anderer Kosmonaut. Deshalb habe man möglicherweise das Filmmaterial vernichten müssen.

Es gibt in der Tat keine wie auch immer geartete filmische Gesamtaufnahme vom Flug Gagarins. Aus völlig unerklärlichen Gründen haben die Sowjets offenbar darauf verzichtet, eine Filmkamera an Bord zu installieren.
Es gab allerdings zwei Fernsehkameras in der Kapsel. Eine davon war unterhalb des Pults mit dem Globus angebracht. Mit ihr konnte der Kosmonaut aus Kniehöhe von vorn aufgenommen werden. Eine weitere Kamera befand sich in Kopfhöhe rechts von Gagarin und lieferte Profilbilder von ihm.
Die TV-Aufnahmen wurden, wie bereits erwähnt, in den Kommandobunker übertragen. Sie sollten den Fachleuten in erster Linie einen visuellen Eindruck vom Kosmonauten liefern. Ähnlich war zuvor bei den Starts der Raumschiffe mit Hunden an Bord verfahren worden.
Allerdings handelte es ich bei dem System um ein sogenanntes „kleinkadriges" Fernsehen, das mit lediglich zehn Bildern pro Sekunde arbeitete, wie mir das Institut für Kosmosforschung (IKI) der Russischen Akademie der Wissenschaften in Moskau auf Anfrage mitteilte. Wegen der schlechten Übertragungsqualität habe man die Aufnahmen nicht abfilmen können.
Es seien allerdings einige Fragmente verwendet worden. Boris Tschertok schrieb in seinen Memoiren 35 Jahre später dazu, die Fernsehübertragungen bei Gagarin hätten allen Beteiligten die Schamesröte ins Gesicht getrieben.

Doch weiter in der Chronik:
09:26 Uhr – Gagarin: „Flug verläuft erfolgreich. Gefühl der Schwerelosigkeit ist normal. Befinden gut. Alle Geräte, alle Systeme funktionieren gut. Der Apparat dreht sich weiter. Diese Drehungen lassen sich anhand der Erdoberfläche bestimmen. Die Erdoberfläche verschwindet nach links. Der Flugapparat dreht sich also etwas nach rechts. Gut. Herrlich! … Setze den Flug fort."
Diese Meldung Gagarins hört im Kommandobunker allerdings niemand, denn *Wostok* befindet sich im Funkschatten. Auch die Bahnverfolgungsstation im Fernen Osten mit dem Code-Namen „Wesna" (Frühling) kann sie nicht empfangen. Zuvor war dem

Kosmonauten noch ein weiteres Missgeschick passiert. Nach einer Eintragung in sein Bordjournal hatte er den Bleistift losgelassen. Dieser entschwebte in der Schwerelosigkeit mitsamt der Unterlage. Zu allem Unglück löste sich auch noch der Knoten der Schnur, mit der der Stift befestigt war. Der Bleistift verschwand, unerreichbar für den Kosmonauten, unter seinem Konturensitz.

Gagarin musste seine Beobachtungen fortan per Funk mitteilen beziehungsweise mit dem Tonbandgerät aufnehmen, mit dem er schon vor dem Start Probleme gehabt hatte, weil das Band voll war und er es nicht richtig umspulen konnte. Auch diese zwar ärgerlichen, aber dennoch an sich eher harmlosen Episoden wurden zum Staatsgeheimnis erklärt und erst lange nach dem Unfalltod des Kosmonauten 1968 publik gemacht.

09:57 Uhr – Gagarin: „Stimmung gut. Setze Flug fort. Befinde mich über Amerika.“ Zur Freude des Kosmonauten antwortete die Erde wieder. „Wesna“, die Bodenstation im Fernen Osten, quittierte: „Habe verstanden. Sie befinden sich über Amerika.“ Das war eine totale Fehlinformation, wie wir heute wissen, denn das Raumschiff flog auf seiner Sinuskurve in großer Entfernung um die Südspitze Südamerikas herum und erreichte erst gegen 10:27 Uhr das afrikanische Festland.

Zu diesem Zeitpunkt wusste die Welt noch nichts davon, dass sich bereits seit gut einer halben Stunde ein Mensch im Weltraum befand. Die erste Meldung der amtlichen Moskauer Nachrichtenagentur TASS über das historische Ereignis lief um 10:02 Uhr im Rundfunk.

Am Mikrofon war der legendäre Nachrichtensprecher Juri Lewitan. Mit seiner sonoren, pathetischen Stimme, die seit den Tagen des Zweiten Weltkriegs jedes sowjetische Kind kannte, verkündete er traditionsgemäß: „Achtung, Achtung! Hier sind alle Rundfunkstationen der Sowjetunion. Wir verlesen eine Mitteilung der Nachrichtenagentur TASS.“

Dann folgte unter der Überschrift „TASS-Mitteilung über den weltweit ersten Flug eines Menschen in den kosmischen Raum“ der Text der Eilmeldung:

„Am 12. April 1961 ist in der Sowjetunion zum ersten Mal in der Welt ein Raumschiff-Sputnik, *Wostok*, mit einem Menschen an Bord auf die Reise um die Erde geschickt worden. Der Pilot des Raumschiffes, des Sputnik *Wostok*, ist der Bürger der Union der Sozialistischen Sowjetrepubliken, Fliegermajor Juri Alexejewitsch Gagarin.
Der Start der mehrstufigen kosmischen Rakete verlief erfolgreich, und nachdem das Raumschiff die erste kosmische Geschwindigkeit erreicht und sich von der letzten Stufe der Trägerrakete losgelöst hatte, begann es mit dem freien Flug auf einer Bahn um die Erde. Nach den vorläufigen Angaben beträgt die Erdumlaufzeit des Sputniks 89,1 Minuten; das Perigäum beläuft sich auf 175 Kilometer und das Apogäum auf 302 Kilometer; der Neigungswinkel der Bahnebene zum Äquator macht 65 Grad 4 Minuten aus.
Das Raumschiff mit Raumfahrer wiegt 4.725 Kilogramm, die letzte Stufe der Trägerrakete nicht eingerechnet.
Mit dem Raumfahrer Gagarin besteht eine zweiseitige Funkverbindung, die Frequenz der Kurzwellensender an Bord des Raumschiffes beträgt 9,019 Megahertz und 20,006 Megahertz und im Ultrakurzwellenbereich 143,625 Megahertz. Mithilfe eines funktelemetrischen und eines Fernsehsystems wird der Zustand des Raumfahrers während des Fluges beobachtet. Der Raumfahrer Gagarin hat den Einflug in die Kreisbahn befriedigend überstanden und fühlt sich jetzt wohl. Die Systeme, die die nötigen Lebensbedingungen in der Kabine gewährleisten, funktionieren normal. Der Flug des Sputnikschiffs *Wostok* mit dem Raumfahrer Gagarin wird fortgesetzt.“

Am Text dieser Meldung hat kein einziger Journalist mitgewirkt. Er wurde am Standort von Kamanin, Koroljow und anderen hochrangigen Weltraumexperten verfasst und dann nach Moskau übermittelt.
Die Nachrichtenagentur TASS erhielt die Meldung per Boten auf „weißem Papier“, wie es bei allen wichtigen Mitteilungen üblich war. Alexander Romanow, später lange Jahre Sonderkorrespondent der Agentur in Baikonur, bekam die beiden weißen

Bögen von seinem Generaldirektor mit der Bemerkung in die Hand gedrückt: „Unverzüglich an alle, an alle!"
Romanow eilte in den Fernschreibraum im ersten Stock und diktierte die Meldung direkt in die Maschine. Die Fernschreiberin schrie: „Leute, ein Mensch ist im Weltraum!"
In Baikonur wartete man zu diesem Zeitpunkt bereits sehnsüchtig auf die Start-Mitteilung. Die Hälfte des Fluges war schon vorbei, aber der Rundfunk brachte nur Tanzmusik, Opern-Arien und schließlich auch noch eine Sendung für die Hausfrau. Endlich wurde das Programm unterbrochen, und die Stimme Lewitans erklang im Äther.
Aufatmen in Baikonur. Der Text war den Eingeweihten bekannt. Bis auf ein Detail, den Dienstgrad, war er nicht verändert worden: Moskau hatte Gagarin vom Oberleutnant gleich zum Major befördert. Diese Änderung musste erst, wie damals üblich, „mit oben" abgestimmt werden, und Verteidigungsminister Malinowski ließ sich Zeit bei seiner Entscheidung. Deshalb hatte sich die Herausgabe der Meldung so unendlich lange verzögert.
Die Ungeduld von Kamanin, Koroljow und Co. hatte seine Gründe. Sie wollten, dass Gagarin so schnell wie möglich seine „Visitenkarte" im All präsentierte, wie es Gallai formulierte. Durch die Bekanntgabe der Frequenzen, auf denen *Wostok* sendete, sollten möglichst viele Amateurfunker in aller Welt Gelegenheit erhalten, den Funkverkehr Gagarins zu verfolgen. Auf diese Weise sollte der unwiderlegbare Beweis erbracht werden, dass sich wirklich ein Mensch im Kosmos befand. Und in der Tat: Relativ schnell gelang es Funkern, unter anderem in Schweden, Brasilien, Uruguay, Kostarika und Ozeanien, auf den genannten Frequenzen die fremden Laute zu empfangen.
In ihrer Wohnung in Tschkalowski erhält Gagarins Frau Walja die sensationelle Nachricht von ihrer Nachbarin Swetlana Leonowa. Frau Gagarina versorgt gerade ihre Tochter Galja, als es an der Tür klopft. „Waljuschka, schalte den Radioapparat ein. Jura ist im Weltraum", sprudelt die schwangere Frau des künftigen ersten „Weltraumspaziergängers" heraus. Walja fällt aus allen Wolken. Hatte ihr Mann beim Abschied nicht etwas vom 14. gesagt? „Bei mir drehte sich alles – ich sehe die Nachbarin

an und weiß nicht einmal mehr ihren Namen. Ich renne zum Apparat und weiß nicht, wie man ihn einschaltet", beschreibt sie später jene Minuten.
Gagarins Eltern erfahren die Neuigkeit ebenfalls von Nachbarn. Zuerst wollen sie es nicht glauben, dass es gerade ihr Sohn sein soll, der da hoch über ihnen im All die Erde umkreist. Doch die Biographie, die über den Rundfunk verbreitet wird, räumt alle Zweifel aus. Als erste fängt sich Gagarins Mutter Anna Timofejewna. So wie sie geht und steht, in Kittelschürze, macht sie sich sofort zum Bahnhof auf und fährt zu ihrer Schwiegertochter Walja.

10:06 Uhr – Gagarin: „Achtung! Ich sehe den Erdhorizont. Eine sehr schöne Aureole. Zuerst bildete sich ein Regenbogen unmittelbar über der Erdoberfläche. Sehr schön. Alles durch das rechte Sichtfenster zu sehen. Ich sehe im optischen Visier die Sterne vorüberziehen. Ein wunderschöner Anblick. Der Flug im Erdschatten geht weiter. Im rechten Sichtfenster beobachte ich jetzt einen Stern ..."

10:09 Uhr – Gagarin: Achtung, Achtung! 10 Uhr 09 Minuten 15 Sekunden. Habe den Erdschatten verlassen. Durch das rechte Sichtfenster sehe ich, wie die Sonne auftaucht. Der Apparat dreht sich. Offensichtlich funktioniert das Sonnenorientierungssystem. Jetzt beobachte ich im Visier die Erde ... Überfliege das Meer. Die Flugrichtung über dem Meer ist leicht zu bestimmen. Jetzt bewege ich mich rechtsseitig fort ... Der Apparat lässt sich ohne Schwierigkeit orientieren."

Der sachliche Dialog Erde-Kosmos, den ich hier nur auszugsweise wiedergebe, war den Ghostwritern des Gagarin-Buches offenbar zu trocken, zu wenig politisch und vor allem zu wenig patriotisch. Als hätte man bei einem so komplizierten und auch gefährlichen Unternehmen nichts anderes zu tun, ließen sie den Kosmonauten enzyklopädisches Wissen und klassenkämpferische Parolen versprühen.

Da musste Gagarin zum Beispiel beim Überfliegen der westlichen Halbkugel daran denken, unter welchen „Mühen und Strapazen“ Kolumbus die „Neue Welt“ entdeckt hatte, die allerdings ihren Namen nach Amerigo Vespucci erhalten hatte, „der damit durch die zweiunddreißig Seiten seines Buches ‚Beschreibung der neuen Länder’ unsterblich wurde“, wie er, Gagarin, es bei Stefan Zweig gelesen habe.
Beim Stichwort „Amerika“ habe er natürlich auch an jene Männer gedacht, „die uns in den Kosmos folgen wollten“, sinnierte Gagarin weiter. „Irgendwie vermutete ich, dass Alan Shepard der Erste von ihnen sein würde, vielleicht deshalb, weil er mir sympathischer als die anderen war.“ Gagarin offenbarte damit geradezu intime Kenntnis der amerikanischen Astronauten-Garde, durfte aber bezeichnenderweise in seinem eigenen Land nicht einmal sein Double Titow beim Namen nennen. Sicherlich hatte hier Kamanin die Hand im Spiel. Denn er war es schließlich, dem die Endredaktion des Gagarin-Buches oblag.
Warum ihm Shepard, dessen Vorname im der DDR-Übersetzung aus unerfindlichen Gründen mit zwei „l“ geschrieben wurde, sympathischer war, wusste Gagarin auch: „Er hatte nicht am Korea-Krieg teilgenommen wie die beiden anderen.“ Und dann stellte der sowjetische Kosmonaut die bange Frage: „Werden die amerikanischen Kosmonauten dem Frieden dienen wie wir, oder lassen sie sich zu willigen Werkzeugen jener machen, die Krieg wollen?“
Die Politpassage endete mit der damals üblichen Verbeugung vor den kommunistischen Götzen: „Wie schön wäre es, wenn alle Völker der Welt dem vernünftigen Vorschlag von Nikita Sergejewitsch Chruschtschow folgen und alle Anstrengungen für einen allgemeinen und dauerhaften Frieden unternehmen würden.“
Gemeint war die von der UNO verkündete zahlenmäßige Reduzierung der sowjetischen Streitkräfte, die insgeheim durch die Aufstockung des Atomraketen-Arsenals wieder wettgemacht werden sollte.
Ironie des Schicksals: Die Sowjetpropaganda polemisierte drei

Wochen später heftig gegen Shepard, den Gagarin so sehr präferierte. Man sprach ihm das Recht ab, einen Raumflug absolviert zu haben. Der Grund ist nicht von der Hand zu weisen, schließlich hatte der Amerikaner an jenem 5. Mai lediglich einen 15-minütigen „ballistischen Hüpfer“ vollführt.

John Glenn, einer der beiden „anderen“, von denen Gagarin sprach, sollte erst am 20. Februar 1962 als erster Amerikaner in seiner *Mercury*-Kapsel die Erde umrunden. 36 Jahre später, im Oktober 1998, unternahm er mit 77 Jahren als bisher ältester Raumfahrer seinen zweiten Flug – diesmal allerdings in dem wesentlich bequemeren *Shuttle*. Das Unternehmen, bei dem es offiziell um die Erforschung des Einflusses der Schwerelosigkeit auf den Organismus alter Menschen ging, war bei den Fachleuten nicht unumstritten. Aus den Daten eines einzigen Fluges eines alten Menschen ließen sich keine wissenschaftlich gültigen Verallgemeinerungen ableiten, lautete das Hauptargument. Andere kritisierten, der Flug des erfolgreichen Ex-Senators Glenn sei reine Polithilfe für den durch die Lewinski-Affäre angeschlagenen Präsidenten Bill Clinton gewesen.

Wie dem auch sei: Auf den Gedanken, zu diesem spektakulären Flug etwa auch den nach dem Tod Gagarins dienstältesten Kosmonauten Titow einzuladen und daraus nach dem Ende des Kalten Krieges eine Goodwill-Mission nach dem Vorbild des *Sojus-Apollo-Test-Projekts (SATP)* von 1975 zu machen, war offenbar keiner gekommen.

Was Kamanin selbst von der vielgepriesenen Friedensmission der Sowjetraumfahrt hielt, ist in seinem Tagebuch nachzulesen. Unter dem 5. Mai 1961 notierte er, dass am Flugtag Shepards die Mitglieder des Militärrates der Luftstreitkräfte (WWS) sowie Verteidigungsminister Malinowski mit Frau und Tochter abends mit den Kosmonauten und ihren Frauen im Kosmonautenausbildungszentrum (ZPK) zusammen gesessen hätten. Der Minister habe an dem Abend „zweimal und das ziemlich lange“ gesprochen. „Doch als ihm die Kosmonauten konkrete Fragen zur militärischen Erschließung des Kosmos zu stellen versuchten, wand er sich mit Scherzen und nebulösen Äußerungen heraus.“

Bedauernd stellte Kamanin daraufhin fest: „Malinowski begreift zurzeit noch nicht die militärische Bedeutung des Weltraums und möchte nichts unternehmen, um die Erfolge in dieser Sache zu vergrößern."

Offenbar spielte Kamanin dabei auf seine beharrlichen Bemühungen an, eine militärische Variante des *Wostok*-Raumschiffes durchzusetzen. Die Planungen für einen Fotospionagesatelliten, der die Bezeichnung *Zenit 2* erhielt, waren zu diesem Zeitpunkt schon weit gediehen. Um das Vorhaben auch der Militärführung schmackhaft zu machen, hatte Kamanin seinem Tagebuch zufolge Werschinin am 31. März zwei Alben mit Fotos übergeben, die am 25. März beim Flug von *Wostok 3A* aufgenommen worden sein sollen. Laut Kamanin belegten die Fotos insbesondere, dass das Raumschiff seine Umlaufbahn exakt eingehalten hatte. So seien vier Aufnahmen völlig identisch mit vergleichbaren Fotos gewesen, die am 9. März beim vorausgegangenen Flug aufgenommen worden seien.

Werschinin hatte Kamanin zufolge die Fotos, darunter auch solche von atmosphärischen Erscheinungen, die „fliegenden Untertassen" ähnelten, „mit Interesse" betrachtet und sie an sich genommen, um sie auch den Marschällen Gretschko und Malinowski zu zeigen. Kamanin will die Fotos am 3. April auch Gagarin, Titow und Neljubow gezeigt haben, die ihn in der Meinung bestärkt haben sollen, dass solche Kosmosfotos als „Mittel der Aufklärung" von großem Wert seien.

Dieselben Fotos von ausgewählten Territorien Afrikas und der Türkei hatte Koroljow bereits am 29. März Ustinow präsentiert, wenn man Kamanin glaubt. Auf einer der Aufnahmen sollen die Stadt Iskanderun (Alexandrette) und die Landebahn eines Flughafens ausgezeichnet zu erkennen gewesen sein.

Damit hatte Kamanin ein weiteres Geheimnis gelüftet, denn bislang galt, dass Kosmonaut Nr. 2, Titow, bei seinem 25-Stunden-Flug mit *Wostok 2* am 6./7. August 1961 die ersten Aufnahmen aus dem All angefertigt hatte. Dabei benutzte er eine modifizierte Reporter-Filmkamera der einheimischen Marke „Konvas" mit drei Wechselobjektiven (18 – 135 mm Brennweite) und 60-Meter-Filmkassetten.

Die ersten professionellen Spionagefotos aus dem All wurden den offiziellen Quellen zufolge im April 1962 beim ersten erfolgreichen Start eines *Zenit 2*-Satelliten gemacht.
Fachleute wissen allerdings, dass die Sowjets bereits 1946 von Höhenraketen und im Jahr 1960 von Raumflugkörpern aus Fotos von der Erde gemacht haben. Das ist auch in der 1985 erschienenen Enzyklopädie „Kosmonawtika" (Raumfahrt) nachzulesen. Allerdings ist dort nicht vermerkt, um welche Raumschiffe es sich dabei handelte. Nach Kamanins Darstellung kann es sich nur um die *Wostok*-Prototypen handeln.

DIE LANDUNG

Doch zurück zur Chronik:

10:24 Uhr – Gagarin: „Flug verläuft erfolgreich. Befinden ausgezeichnet. Alle Systeme arbeiten gut … Kabinendruck – 1. Luftfeuchtigkeit – 65. Temperatur – 20 Grad. Druck in der Zelle – 1,2. Im Handsteuerungssystem – 150. Im ersten automatischen – 110. Im zweiten automatischen – 115. Im TDU-Behälter – 320 Atmosphären. Befinden gut. Setze Flug fort. Wie haben Sie verstanden?"

10:25 Uhr – Das Bremstriebwerk (TDU) schaltet sich automatisch ein. (In den Aufzeichnungen von Kamanin wird allerdings abweichend von allen anderen Dokumenten 10:30 Uhr angegeben.)
Der Abstieg beginnt. Die Landung ist wohl die verantwortungsvollste Etappe eines Raumfluges. Eine Abweichung von nur einer Sekunde vom Plan bedeutet bei einer Geschwindigkeit von 8.000 Metern pro Sekunde, dass das Raumschiff 50 Kilometer vom vorausberechneten Punkt entfernt niedergeht.
Wie wir aus dem Geheimbericht Gagarins wissen, sollte sich zehn bis zwölf Sekunden nach dem Abschalten des Bremstriebwerkes die Gerätesektion von der Landekapsel abtrennen. Laut Flugplan war das für 10 Uhr 25 Minuten und 57 Sekunden vorgesehen. Weil sich aber einige Kabelverbindungen nicht ordnungsgemäß lösten, zog die Landekapsel die Gerätesektion noch rund neun Minuten im Schlepp hinter sich her und geriet dabei in höchst gefährliche Drehbewegungen. Erst um 10:35 Uhr rissen die Kabel mit einem Ruck. Doch davon erfuhr die Welt damals kein Sterbenswort. In der offiziellen Version wird auch, wie ebenfalls schon ausführlich dargelegt, die Fallschirmlandung verschwiegen. TASS meldete lediglich, dass das Bremstriebwerk um 10:25 Uhr eingeschaltet worden und der Kosmonaut um 10:55 Uhr wohlbehalten zur Erde zurückgekehrt sei. Die Agentur log dabei zwar nicht expressis verbis, ließ die

Menschheit aber in dem Glauben, dass Gagarin in der Kapsel gelandet sei. Dieser Auslegung wurde in der Folgezeit auch nicht widersprochen und damit in den Rang der Wahrheit erhoben.

In seinem Buch wich Gagarin natürlich nicht von der offiziellen Sprachregelung ab. Wer aber schon damals seine Schilderungen etwas genauer gelesen hätte, hätte durchaus stutzig werden können, denn Gagarin bestätigte zwar wahrheitsgemäß, dass die Bremsvorrichtung „ausgezeichnet" funktioniert habe, doch dann deutet er durchaus auch an, dass nicht alles glatt gelaufen sei. „Die Schwerelosigkeit war längst vorbei, die wachsende Überbelastung presste mich in meinen Sitz. Sie nahm immer noch zu und war wesentlich stärker als beim Aufstieg", schrieb der Kosmonaut und fuhr dann fort: „Das Raumschiff begann sich zu drehen, ich meldete das zur Erde. Doch das Drehen, das mich beunruhigte, hörte bald wieder auf, und die weitere Landung verlief normal. Alle Systeme funktionierten ausgezeichnet, und es war nun sicher, dass das Raumschiff genau an der vorausbestimmten Stelle landen würde."

Diese Erkenntnis musste Gagarin wie eine Erlösung vorgekommen sein. Denn er schrieb weiter: „Vor lauter Glück sang ich laut mein Lieblingslied ‚Die Heimat hört, die Heimat weiß …'."

Diese Zeilen, die im Juli 1961 erschienen, erschließen sich uns erst heute, da wir um die ganze Dramatik der damaligen Situation wissen, in ihrer vollen Tragweite. Ich muss gestehen, auch ich bin bei dieser Passage nicht hellhörig geworden, obwohl ich das Buch mehrfach gelesen habe.

Allerdings: Wer dachte damals auch schon daran, dass man selbst bei einem solchen Ereignis, das die ganze Welt in Atem hielt, manipulieren würde. Und wen interessierten damals die technischen und zeitlichen Details? Ich musste seinerzeit vor allem über die „Revolutionslyrik" mit dem Lied schmunzeln, als ich das Buch zum ersten Mal in die Hand nahm und regelrecht verschlang, denn es war damals gang und gäbe, dass der Sowjetmensch in der offiziellen Propaganda, aber auch in der Kunst, etwa im Film, bei seinem kommunistischen Aufbauwerk stets ein Lied auf den Lippen hatte.

Etwa in dem Moment, da das Bremstriebwerk zündet, wandte sich Koroljow im Kommandobunker an die Funker: „Wann bekommen wir die nächsten Peilwerte?“ Die Antwort lautete: „In 22 Minuten.“
Das war die Zeit, die das Raumschiff brauchte, um die dichten Schichten der Atmosphäre zu durchstoßen. Dabei entstanden Temperaturen von mehreren tausend Grad, die die Kapsel in einen glühenden Feuerball verwandelten, die Antennen schmelzen ließen und jeden Funkverkehr unmöglich machten – lange, bange Minuten, in denen den Bodenzentralen nichts anderes blieb, als sich in Geduld zu üben.
Gagarin hat diese Phase in seinem Buch so beschrieben: „Jetzt kam das Raumschiff in die dichten Schichten der Atmosphäre. Seine äußere Hülle erhitzte sich rasch, durch die Jalousien, die die Sehschlitze abdeckten, sah ich den gelbroten Widerschein der Flammen, die das Raumschiff umtosten. Doch in der Kabine war es nur 20 Grad warm, obwohl ich mitten in einem Feuerball saß, der der Tiefe zustürzte.“
Endlich kam der erlösende Ruf: „Signal empfangen“.
Gleich drei Bodenstationen haben nach dieser Höllenfahrt wieder Kontakt mit *Wostok*. Koroljow fällt ein tonnenschwerer Stein vom Herzen. Das Raumschiff raste indes mit einer Sinkgeschwindigkeit von 220 Metern pro Sekunde der Erde entgegen. Als sich in sieben Kilometern Höhe der Bremsfallschirm öffnete, rief Koroljow bei Chruschtschow an, der zur Erholung auf der Krim ist. Die Verständigung war sehr schlecht. Koroljow schrie deshalb in den Hörer: „Der Fallschirm hat sich geöffnet, er landet! Das Raumschiff ist offenbar in Ordnung!“ Und Chruschtschow brüllte fragend zurück: „Lebt er? Gibt er Signale? Lebt er? Lebt er?“
Dann erhielt Koroljow die erlösende Nachricht vom Landeort: „Er lebt! Er lebt! Er ist gesund! Und keinerlei Verletzungen!“ Und Koroljow antwortete todernst: „Das glaube ich nicht, das glaube ich nicht, bevor ich das nicht gesehen habe!“

Die TASS-Nachricht von der glücklichen Landung Gagarins um 10:55 Uhr erreichte Kamanin im Flugzeug. Er war schon 20 Minuten nach dem Start des Kosmonauten mit seiner Begleitung zum Flughafen von Tjura-Tam gefahren, um mit einer *An-12* an den vermeintlichen Landeort zu fliegen, der nach den aktuellen Bahndaten rund 100 Kilometer südlich von Stalingrad (heute Wolgograd) vermutet wurde. Erst aus der Meldung erfuhr Kamanin auch, dass die Landung erheblich weiter nördlich im Raum Saratow erfolgte. Die Kommandozentrale der Luftstreitkräfte teilte Kamanin zudem mit: „Alles in Ordnung, Major Gagarin fliegt nach Kuibyschew.“

DAS ROTIERENDE RAUMSCHIFF

Bei der ersten Meldung an die Führung hatte Gagarin wohlweislich einen höchst dramatischen Umstand verschwiegen, der auch der Weltöffentlichkeit 30 Jahre lang vorenthalten wurde: Der Flug wäre nämlich fast in einer Katastrophe geendet. Der Erfolg der Mission hing an dem sprichwörtlichen seidenen Faden. Doch lassen wir Gagarin selbst zu Wort kommen. In seinem offiziellen Flugbericht, den er am 13. April 1961 mündlich vorgetragen hat und der sofort als „Besondere Akte“ (Ossobaja papka) mit dem Prädikat „Streng geheim“ in die Archive der zuständigen Allgemeinen Abteilung des Zentralkomitees der KP wanderte, beschrieb er die äußerst kritische Situation wie folgt:
„In dem Moment, wo das Bremstriebwerk abgeschaltet wurde, gab es einen heftigen Stoß, und das Objekt begann sich mit sehr großer Geschwindigkeit um seine Achsen zu drehen. Das ging etwa so vonstatten – von oben, von rechts, nach unten, nach links im optischen Visier „Wsor“. Die Winkelgeschwindigkeit betrug mindestens 30 Grad. Ich sehe (das vollzog sich über Afrika): Erde – Horizont – Himmel, Erde – Horizont – Himmel. Es gelang mir gerade noch, mich mit der Hand vor der Sonne zu schützen. Ich habe auf die Abtrennung gewartet. Per Telefon habe ich gemeldet, dass das Bremstriebwerk normal funktioniert hat. Ich habe den Druck am Anfang, den Druck am Ende und die Funktionsdauer des Bremstriebwerks mitgeteilt ... Ich fliege und schaue – die Nordküste Afrikas, das Mittelmeer.
Alles ist deutlich zu sehen, alles ist gut, alles dreht sich wie ein Rad. Ich warte auf die Abtrennung, und die erfolgt ungefähr in der zehnten Minute nach Brennschluss des Bremstriebwerks. Ich habe die Abtrennung stark gespürt: Ein Knall, dann ein Stoß; das Rotieren setzt sich fort. Jetzt erloschen alle Anzeigen auf dem Gerät für die Kontrolle der Arbeiten, es erlosch ‚Spusk-1‘ (Abstieg-1 – der Autor), nur ein Signal hat sich eingeschaltet: ‚Fertigmachen zum Katapultieren‘. Mit dem bloßen Auge ist zu erkennen, dass die Höhe geringer ist als sie im Apogäum war:

Jetzt kann ich die Gegenstände auf der Erde schon deutlicher unterscheiden.
Ich habe die Lichtfilter von Wsor geschlossen. Es begann der Eintritt in die dichten Schichten der Atmosphäre, wobei sich die Kapsel mit großer Geschwindigkeit um alle Achsen drehte. Die ganze Zeit über lag die Geschwindigkeit bei 30 Grad, und sie blieb nach der Abtrennung erhalten. Dann wurde spürbar, dass das Abbremsen begann, ein leichtes Kribbeln geht durch die Konstruktion, schwach, kaum wahrnehmbar. Ich habe schon die Position für das Katapultieren eingenommen, warte. Das Rotieren wird langsamer, keine vollen Umdrehungen mehr, auf der anderen Achse ist es ebenso.
…
Das optische Visier ist mit einem Vorhang verschlossen, aber an den Rändern des Vorhangs erscheint ein hell purpurfarbenes Licht. Und ein Krachen ist zu hören – entweder in der Konstruktion, oder vielleicht dehnt sich der Hitzeschild beim Aufheizen aus. Es kracht nicht oft: etwa ein-, zweimal pro Minute. Es war zu spüren, dass die Temperatur hoch war. Dann begann die Überbelastung etwas geringer zu steigen. Sie war jetzt gering – 1…1,5 g. Dann stieg sie allmählich weiter an, sehr allmählich. Die Torkelbewegungen des Raumschiffes hielten die ganze Zeit über an. Die Sonne schien in die Bullaugen, und am Einfallswinkel der Sonnenstrahlen konnte ich ungefähr bestimmen, wie es torkelte: etwa um 15 Grad während der maximalen Überbelastung, ein Torkeln um alle Achsen. Es war an der Vibration zu spüren. Die Überbelastung betrug nach meinem Empfinden über 10 g.
Es gab so einen Augenblick, der zwei bis drei Sekunden dauerte: Die Geräte begannen vor den Augen zu verschwimmen. Die Spitzenbelastung war nur sehr kurz. Dann begann die Überbelastung zu sinken. Sie sank, und zwar allmählich, aber schneller, als sie stieg. Jetzt, so dachte ich, werde ich mich wohl bald hinauskatapultieren.
Als die Überbelastung zu ‚drücken' begann, schien die Sonne in das hintere Bullauge, und danach habe ich mich etwa um 90 Grad zur Sonne hin gedreht, als die Überbelastung abnahm. Und

nun, offensichtlich nach Durchbrechen der Schallmauer, war das Pfeifen der Luft, das Pfeifen des Windes zu hören. Die Stimmung war gut. Die Abtrennung war erfolgt, wie ich bemerkt hatte, und der Globus blieb etwa in der Mitte des Mittelmeeres stehen. Ich dachte: Alles normal – ich werde zu Hause landen. Ich wartete auf das Katapultieren. Zu dieser Zeit wurde der Deckel der Luke Nr. 1 abgesprengt: Ein Knall – und der Lukendeckel flog weg. Ich drehte den Kopf nach oben – und schon gab es einen Knall, einen Schuss, und ich wurde hinauskatapultiert. Das ging sehr weich vonstatten. Ich flog mit dem Sessel hinaus, betätigte den Stabilisierungsfallschirm. Ich saß im Sessel wie auf einem Stuhl – bequem, gut. Unter diesem Stabilisierungsfallschirm drehte es mich nach rechts."

Weiter berichtete Gagarin: „Ich habe gleich gesehen: Ein großer Fluss. Nun, andere große Flüsse gibt es hier nicht, das muss die Wolga sein. Dann sah ich eine Stadt auf beiden Ufern. Das Katapultieren erfolgte ungefähr einen Kilometer, vielleicht auch weniger, vom Wolga-Ufer entfernt. Der leichte Wind wird mich jetzt dorthin tragen, dachte ich, ich werde wohl in der Wolga wassern. Dann klinkte sich der Stabilisierungsschirm aus, der Hauptfallschirm trat in Aktion, ganz weich, sodass ich es nicht einmal bemerkt habe. Der Sessel löste sich von mir und verschwand nach unten. Ich ging am Hauptfallschirm nieder und wurde in Richtung der Stadt zur Wolga geweht."

Ich weiß, dass wir damals, als ich in Saratow studierte, viel geflogen und hinter diesem Wald abgesprungen sind", erinnerte sich Gagarin. „Dort war die Eisenbahnstrecke, die Brücke über die Eisenbahn und die lange Landzunge in der Wolga zu dieser Brücke. Das musste Saratow sein. Ich hatte es wiedererkannt. Dann öffnete sich der Reservefallschirm. Ich habe die Gegend beobachtet, habe gesehen, wo die Kugel gelandet ist – der Landeapparat. Der weiße Fallschirm, die Kugel lag nicht weit vom Wolga-Ufer entfernt. Sie war ungefähr vier Kilometer von mir entfernt gelandet. Dann flog ich, schaute – rechts von mir war ein Feldlager. Dort waren viele Leute zu erkennen, Autos fuhren, es gab einen Weg. Über den Weg war ich schon hinweg,

jetzt kam noch eine Chaussee. Etwas weiter war eine Schlucht und hinter der Schlucht ein kleines Haus.
Das Sinken verlief gut. Dann sah ich, ich würde auf einem Acker landen. Ich schwebte mit dem Rücken nach vorn, aber ich konnte mich nicht umdrehen.
Etwa 30 Meter über der Erde hat es mich langsam mit dem Gesicht in Flugrichtung gedreht. Der leichte Wind wehte mit fünf bis sechs Metern … Die Landung auf dem Acker war sehr sanft. Ich war selbst überrascht, als ich da auf den Füßen stand. Der hintere Fallschirm fiel auf mich herab, der vordere Fallschirm fiel vor mir zusammen. Ich habe ihn eingerollt und das Tragesystem abgenommen.
Alles war heil, ich lebte und war gesund."

Ich habe deshalb so ausführlich aus dem Bericht Gagarins zitiert, weil daraus klar ersichtlich ist, dass er sehr wohl wusste, dass sich die Trennung zwischen Gerätesektion und Landekapsel nicht vorschriftsmäßig vollzog. Gagarin bewahrte aber die Ruhe und meldete es sofort zur Erde.
Eigentlich hätte die Trennung um 10 Uhr 25 Minuten und 57 Sekunden erfolgen sollen, doch sie passierte erst um 10:35 Uhr – mit einem scharfen Knall, dem ein Stoß folgte. Gagarins größte Sorge war, dass sich dadurch die Flugbahn so verändern könnte, dass er nicht mehr auf dem Territorium der Sowjetunion landen würde. Doch dann konnte er aufatmen. Die Berechnungen ergaben, dass es bis zum Fernen Osten noch etwa 8.000 Kilometer waren. Er würde also „zu Hause" herunterkommen.
Der Grund für den Zwischenfall, der Koroljow das Blut in den Adern gefrieren ließ: Einige Kabelverbindungen lösten sich nicht, und so zog die Landekapsel die Gerätesektion beim Abstieg noch fast zehn Minuten im Schlepptau hinter sich her, bis die Kabel offenbar durch die Reibungshitze der Atmosphäre schmolzen.
Dass es erhebliche Probleme beim Wiedereintritt von *Wostok* in die dichten Schichten der Atmosphäre gab, ist seit Ende 1987 bekannt. Damals veröffentlichte der Moskauer Verlag Planeta einen Bildband in deutscher Sprache mit zahlreichen neuen Fo-

tos und Wortlautauszügen aus Dokumenten des Staatlichen Archivfonds der UdSSR zum Thema Raumfahrt und internationale Kooperation auf diesem Gebiet.
Neben vielen bis dato schon mehr oder weniger bekannten Dokumenten fand sich in dem rund 300 Seiten starken Buch auch eine leicht gekürzte Version des „Berichts von J. A. Gagarin über den Flug mit dem Raumschiff-Sputnik *Wostok*“. Man darf davon ausgehen, dass die Veröffentlichung dieses brisanten Materials angesichts der auch damals noch nahezu flächendeckenden Zensur nicht rein zufällig war. Vielmehr dürfte es sich um einen zaghaften Versuch gehandelt haben, langsam den Boden für eine längst fällige Aufarbeitung der geheimnisumwobenen sowjetischen Raumfahrtgeschichte zu bereiten. Immerhin hatte Parteichef Michail Gorbatschow im Zuge seiner Perestroika auch hier eine Politik der Offenheit verkündet. Dieses Versprechen hat er allerdings bis zu seinem Sturz nur teilweise eingelöst.

DAS RAD MUSS NASS SEIN

Juri Gagarin ist nicht nur durch sein „Pojechali! – Auf geht's!" berühmt geworden, sondern auch durch eine etwas delikatere Geschichte: Er hatte kurz vor Erreichen der Startrampe den Bus stoppen lassen, um sich ein letztes Mal vor seinem Flug zu erleichtern.

Er stieg also aus, öffnete den Hosenschlitz an seinem klobigen Skaphander und pinkelte an das rechte Hinterrad. Damit begründete er eine Tradition, die bis heute peinlich genau befolgt wird.

Die Konstrukteure der „Swesda"-Werke, in denen die Skaphander bis heute maßgefertigt werden, haben von Anfang an auch daran gedacht, dass die Kosmonauten schon vor dem Start einmal ein „kleines Bedürfnis" haben könnten, denn zwischen dem Anlegen der Raumanzüge im Montage- und Testkomplex (MIK) fernab der Startrampe und dem Abheben des Raumschiffes vergehen Stunden. Also wurden die Skaphander so konstruiert, dass man ohne große Mühe „dem kleinen Mann die große Welt" zeigen konnte. Aus dem Jahr 1992 gibt es davon sogar ein Foto. Einer meiner niederländischen Freunde hat sich da als Paparazzo betätigt. Sein Opfer war ausgerechnet ein deutscher Astronaut.

Bei den Frauen war die Sache schon wesentlich komplizierter. Hier setzte man deshalb von Anfang an auf Pampers. Außerdem spielten Frauen in Moskaus Raumfahrt von Beginn an leider eine unterordnete Rolle. Nachdem man mit Walentina Tereschkowa 1963 nach Gagarin auch die erste Frau ins All geschossen hatte, folgte erst einmal eine fast 20-jährige Pause. Bis heute gibt es lediglich vier Kosmonautinnen. Sie sollen, wie Kosmosveteran Georgi Gretschko jüngst in seinen Erinnerungen schrieb, am linken Hinterrad ausgetreten sein – offenbar symbolisch. Weitere Einzelheiten sind nicht bekannt.

Für die Männer sorgte man in den Kinderjahren der Raumfahrt indes auch in den *Wostok*-Kapseln für einen Pinkelschlauch, wie Fotos zeigen. Wie das im Sitzen funktioniert haben soll, kann man sich kaum vorstellen. Für das „große Geschäft" war damals nichts vorgesehen, denn erstens flogen die Kosmonauten mit fast leerem Magen los, und dann waren die Missionen auch im Vergleich zu heute nur kurz.

Erster Stuhlgang im All

Dennoch passierte Waleri Bykowski 1963 bei dem mit fast fünf Tagen längsten Flug eines *Wostok*-Raumschiffes ein Malheur, das als der erste Stuhlgang im All in die Geschichte einging, aber nur Eingeweihten bekannt ist. Möglicherweise ging es dabei weniger um Geheimniskrämerei als um Scham.
Als Bykowski funkte, er habe Stuhlgang – auf Russisch: stul – gehabt, verstand man „stuk", was so viel wie „Stoß" heißt. Da damals wegen der Abhörgefahr mit Code-Worten zwischen Himmel und Erde kommuniziert wurde, vermutete man, der Kosmonaut wolle irgendeine Gefahr signalisieren. Auf die Rückfrage, was denn sei, sagte Bykowski immer wieder, er habe „stul" gehabt, bis man endlich verstand.
Übrigens war es US-Astronaut Alan Shepard, der für sich in Anspruch nehmen kann, im Mai 1961 in seiner *Mercury*-Kapsel als erster Raumfahrer in die Hose gepinkelt zu haben. Da sich sein Start immer weiter verzögerte, musste er somit „drinnen austreten".
Zuvor hatte er jedoch seine Notlage signalisiert und sich versichern lassen, damit keinen Kurzschluss auszulösen.

Mit Beginn der Langzeitflüge in den Raumstationen hielten auch richtige Toiletten im All Einzug, die nach dem Staubsaugerprinzip funktionieren und bei einem Defekt etwa in der *ISS* auch schon mal für einige Aufregung sorgen.
Die *Soju*s-Kapseln haben heute für den Fall der Fälle eine kleine chemische Toilette an Bord. Doch die wird kaum benutzt, da die Reise zwischen Baikonur und der *ISS* inzwischen nur noch knapp sechs Stunden dauert. Außerdem hat man ja die Gagarinsche Vorstart-Tradition, dass das rechte Hinterrad des Zubringerbusses „nass sein muss".

Ich habe natürlich immer wieder einmal Kosmonauten gefragt, warum man das Ritual beibehalten hat. Die einleuchtendste Antwort, die ich erhalten habe, lautete: Raumflüge sind ja eine gefährliche Sache. Da hält man sich gern an alles, was sich bewährt hat. Man tritt, wie in einem Minenfeld, in die Fußstapfen des Vorgängers, der es heil überwunden hat.
Inzwischen ist diese Tradition soweit institutionalisiert, dass Neulinge schon mal den wohlgemeinten Rat bekommen, sich dafür beim letzten Toilettenbesuch auf der Erde ein paar Tropfen aufzuheben.

AM ANFANG STAND DIE DREIFACH-LÜGE

Wie schon im Vorwort kurz erwähnt, ist Gagarin mit gleich mehreren Lügen in die Weltgeschichte eingetreten. Das geschah freilich ohne sein Zutun. Die Meldung der amtlichen Nachrichtenagentur TASS, mit der Moskau an jenem 12. April 1961 der Welt kundtat, dass der Bürger der Sowjetunion, Fliegermajor Juri Alexejewitsch Gagarin, als erster Mensch die Erde umkreist habe und wohlbehalten zurückgekehrt sei, war in mindestens drei wichtigen Details schlichtweg falsch und bewusst irreführend.

Erstens ist der Kosmonaut nicht von einem „Kosmodrom im Gebiet der Station Baikonur" gestartet, wie es darin heißt, sondern nahe der Eisenbahnstation Tjura-Tam. Zweitens ging die Landekapsel nicht, wie behauptet, im „vorgesehenen Gebiet", also südlich von Wolgograd, nieder, sondern bei Saratow. Und drittens saß Gagarin nicht, wie suggeriert, in der Landekapsel, sondern ging am Fallschirm nieder. Der in der Startmeldung genannte kasachische Ort Baikonur existierte zwar und war auch auf den Landkarten zu finden. Er liegt aber rund 300 Kilometer nordöstlich des eigentlichen Kosmodroms und ist mitnichten mit ihm identisch.

Nach jahrzehntelanger Geheimniskrämerei, die angesichts der modernen Weltraum- und Luftaufklärung absurd erscheint – die USA hatten den Startplatz schon mehrfach mit ihren *U-2*-Spionagemaschinen überflogen und fotografiert –, rang sich Moskau schließlich zur Wahrheit durch. Im Zuge der internationalen bemannten Missionen, die 1978 begannen, wurde das streng geheime Kosmodrom, das inzwischen tatsächlich ebenfalls den Namen Baikonur trägt, zudem schrittweise auch für Ausländer geöffnet.

Nach dem Zerfall der Sowjetunion 1991 gehört der Raketenstartplatz nunmehr zu Kasachstan, und die Russen sind lediglich Pächter bis zum Jahr 2050. Eine der ersten Amtshandlungen der neuen kasachischen Behörden bestand darin, die Wohnstadt des Weltraumbahnhofs, Leninsk, ebenfalls in Baikonur umzutaufen. Damit gibt es nunmehr drei Orte dieses Namens.

Die Bewohner des alten kasachischen Städtchens Baikonur erinnern sich übrigens noch gern an die Anfangszeit des Kosmodroms. Sie nutzten nämlich pfiffigerweise die Namensgleichheit, um sich in Moskau manchen Vorteil zu erschleichen. Schließlich war es eine Sache der Ehre, dem berühmten Weltraumbahnhof Sonderzuteilungen zukommen zu lassen. Doch lange ging das nicht gut, dann zog auch hier wieder der Sowjetalltag mit seinem verwalteten Mangel ein.
Eine kleine Episode am Rande: Der Ort Baikonur hat, wenn man so will, schon seit Mitte des 19. Jahrhunderts zumindest indirekt etwas mit der Raumfahrt zu tun. Wie in einem Beitrag der „Moskauer Gouvernats-Mitteilungen" des Jahres 1848 nachzulesen ist, wurde der Bürger Nikifor Nikitin wegen „aufrührerischer Reden über einen Flug zum Mond" hierher verbannt.

Fallschirmlandung an der Wolga

Bei der Landung hatte sich der Kreml etwas ganz Besonderes ausgedacht. Anstatt einfach mitzuteilen, dass Gagarin weit über den geplanten Landeort hinausgeflogen ist, log man lieber. Und die Fallschirmlandung kaschierte man mit einem semantischen Trick. In der offiziellen Meldung hieß, der Kosmonaut sei „mit der Kapsel" gelandet. Als fadenscheinige Begründung für die Lüge führte man viel später an, man habe befürchtet, der Flug würde von der Internationalen Astronautischen Föderation (IAF) nicht anerkannt, da deren Satzung vorschreibe, dass ein Pilot in dem Gerät landen müsse, mit dem er gestartet ist.
Nach der damaligen offiziellen Version fand die Landung auf einem Sturzacker einer Kolchose mit dem bezeichnenden Namen „Der Weg Lenins" bei dem Dorf Smelowka 26 Kilometer südwestlich der Stadt Engels im Gebiet Saratow statt. Hier lebten früher Wolga-Deutsche, bis sie von Stalin nach Beginn des Überfalls Nazideutschlands 1941 nach Kasachstan zwangsumgesiedelt wurden, weil er fürchtete, sie könnten sich auf die Seite der Wehrmacht schlagen. Neben Smelowka wurde in manchen Publikationen auch das Dorf Usmorje als Landeort erwähnt.

Aber auch das ist falsch. Denn die Landung erfolgte eigentlich bei dem Ort Podgornoje. Doch der durfte aus Geheimhaltungsgründen nicht erwähnt werden, weil dort ein militärisches Sperrgebiet existierte in dem eine Raketenbatterie der Luftabwehr (Einheits-Nr. 40218) stationiert war. Man wollte um jeden Preis verhindern, dass die Landestelle zu einem Wallfahrtsort wird, der Massen von Menschen und natürlich auch die Presse anzieht.

Zudem ist damit auch geklärt, warum der Kommandeur der Einheit, Achmed Gassijew, der Erste an der Landestelle war und nicht Anna Tachtarowa, die Frau eines Waldhüters, die gerade Kartoffeln pflanzte, und ihre sechsjährige Enkeltochter Rita. Die beiden Tatarinnen hießen übrigens korrekt Anichajat und Rumija Tachtarowa und waren nach Angaben von Gassijew zwar in Rufweite von Gagarin, aber aus Angst hätten sie sich ihm nicht genähert. Zudem hätten sie überhaupt kaum Russisch gesprochen.

Katapultiert in 7.000 Metern Höhe

Gagarin war planmäßig in rund 7.000 Metern Höhe aus der Kapsel herauskatapultiert worden und drohte am Fallschirm entweder in die nahe Wolga zu segeln oder eben auf dem Gelände dieser Division zu landen. Schließlich ging er aber dank seiner Steuerkünste, wie ein Experte schrieb, auf einem nahen Sturzacker knapp zwei Kilometer von dem Strom entfernt nieder, auf dem noch Eisschollen schwammen. Die rußgeschwärzte Kapsel war zuvor schon nur etwa 800 Meter entfernt an einem Abhang aufgeschlagen, wie Gassijew zu Protokoll gab – während Gagarin, wie wir gelesen haben, von vier Kilometern sprach.

Bei der Landung hatte sich aus einem Grund, der nie aufgeklärt werden konnte, auch der Reservefallschirm geöffnet. Zudem hatte sich die Notfallausrüstung vorher selbstständig gemacht.

Gagarin selbst hatte nach der Landung sechs bange Minuten zu überstehen, weil sich das Ventil für die Atemluft im Raumanzug nicht öffnen ließ. Es war beim Ankleiden des Kosmonauten vor dem Start unter eine Abdeckung geraten. Erst als Gagarin dies

mithilfe seines Spiegels am Ärmel erkannt und die Abdeckung entfernt hatte, konnte er das Ventil öffnen.
Gagarin, dessen Landekapsel zuerst von einem Radar des Flughafens Engels erfasst wurde, erkannte die Gegend sofort wieder. Schließlich hatte er in Saratow, das am anderen Ufer des Stroms liegt, fliegen gelernt, und in Engels mit den anderen Kosmonautenanwärtern die Fallschirmausbildung absolviert. Die Fallschirm-Landemethode, die auch noch bei den folgenden fünf *Wostok*-Flügen praktiziert wurde, war vorsorglich ausgetüftelt worden. Man wollte nämlich verhindern, dass Gagarin beim doch eher harten Aufprall der 2,4 Tonnen schweren Kapsel körperlichen Schaden nimmt. Raketen für die weiche Landung gab es damals noch nicht. Sie wurden erst bei den *Woßchod*-Kapseln eingeführt.

Daten-Minimum für die FAI

Die Offiziellen wussten genau, was sie taten, als sie die Landelüge ausheckten. Bereits im Februar hatte die sogenannte Staatliche Kommission, die alle Fäden in der Hand hielt, verbindlich festgelegt, wie die Meldung an die FAI auszusehen hatte, bei der der Raumflug registriert werden musste, um als Rekord anerkannt zu werden.
So wurde beschlossen, nur ein Minimum an Daten zur Verfügung zu stellen. Deshalb wurden als absolute Raumflugweltrekorde nur die Flugdauer mit 108 Minuten, die maximale Flughöhe von 327,7 Kilometern und die Nutzlast von 4.725 Kilogramm angegeben. Die Kommission hatte es dem zuständigen Sportkommissar Iwan Borissenko strikt untersagt, bei der Ausstellung der erforderlichen Papiere Einzelheiten über das Raumschiff, den geheimen Startplatz Tjura-Tam und die Trägerrakete mitzuteilen.
Und so hieß es denn in der Rubrik „Kurze Beschreibung des Flugapparates“ lediglich: „Der Flugapparat besteht aus der Trägerrakete und dem Raumschiff-Sputnik. Der Raumschiff-Sputnik verfügt über eine Pilotenkabine mit Luken und Illuminatoren, in der der Pilot und die Ausrüstung untergebracht sind, über eine Gerätesektion mit der Apparatur für die Steuerung und

die Nachrichtenverbindungen sowie über eine Bremstriebwerksanlage.“

Die Triebwerke wurden wie folgt beschrieben:

a) Typ: Flüssigkeitsraketenmotoren.
b) Marke: *Wostok*.
c) Leistung: summarische maximale Nutzleistung der Triebwerke aller Stufen 20 Millionen Pferdestärken.
d) Anzahl der Triebwerke nach Typen – 6.

Borissenko wehrte sich zwar, so gut das damals ging, speziell gegen die falsche Landeversion, konnte sich aber letztendlich nicht durchsetzen. Man einigte sich schließlich auf jene nebulöse Formulierung „mit dem Raumschiff“, die es dem Leser überlässt, sich seinen Reim darauf zu machen. Dabei zielte man bewusst darauf ab, den Eindruck zu erwecken, Gagarin habe in der Kapsel gesessen.
Viele Menschen gehen heute noch davon aus, dass Gagarin in dem Raumschiff gelandet ist, obwohl das die Sowjets 1987 korrigiert haben. Sie „vergaßen“ dabei allerdings, auch eine zweite Landezeit nachzureichen. Denn die schwere Kapsel war ja Minuten vor Gagarin auf der Erde.
Die FAI gab sich natürlich mit diesen mageren Daten nicht zufrieden. Sie forderte vor allem die exakten Koordinaten des Start- und Landeplatzes sowie genaue Angaben über die Art und Weise der Landung an. So wollte die Pariser Behörde insbesondere wissen, ob Gagarin denn „à pied“, zu Deutsch: „zu Fuß“, zur Erde zurückgekommen sei, also außerhalb des Raumschiffs. Die Sowjets scherten sich allerdings herzlich wenig um die FAI-Wünsche und ignorierten sie weitgehend. Nach zähen Debatten gaben die FAI-Leute schließlich entnervt auf.
Übrigens hat es der Sportkommissar Borissenko selbst in seinen 1983 veröffentlichten Memoiren noch nicht gewagt, die Landelüge zu korrigieren. Das verwundert insofern, als die Sowjets eigentlich von der FAI sehr viel hielten. Denn immerhin handelte es sich um eine internationale Organisation, die „Spitzenleis-

tungen“ im Bereich der Luft- und Raumfahrt akribisch registrierte und auch würdigte, etwa mit einer Ehren-Medaille, zu deren Trägern auch Gagarin gehörte.
Weitere Details der Landung wurden damals also nicht mitgeteilt. Die Welt durfte somit lange Zeit rätseln, wie sich Gagarin, der ja angeschnallt in einem Sitz gesessen haben soll, allein aus dem Raumschiff befreien konnte, zumal die Bergungsmannschaften ganz woanders auf ihn warteten.

Landung eigentlich in Kuibyschew geplant

Als Gagarin gestartet war, konnte niemand genau voraussagen, wo er landen würde. Die Wunschvorstellung war, dass das auf dem Atomwaffentestgelände von Semipalatinsk geschieht – einem weitgehend unbewohnten Gebiet, das zudem nicht weit vom Startplatz entfernt war.
Doch dann ging man von Kuibyschew aus, dem heutigen Samara. Viele, die Gagarin zum Start begleiteten, verabschiedeten sich von ihm deshalb auch mit den Worten „Auf ein Wiedersehen in Kuibyschew“. Als aber die Ballistiker die ersten Bahndaten der *Wostok*-Kapsel erhielten, errechneten sie einen neuen Landeort: 110 Kilometer südlich von Stalingrad, dem heutigen Wolgograd. Dorthin sollten auch die Mitglieder der Staatlichen Kommission sowie die Ärzte und der Tross der Konstrukteure fliegen.
Doch die Ballistiker irrten sich. Zum einen berücksichtigten sie die Bahnabweichung bei der Programmierung des Raumschiffes nicht richtig, und zum anderen konnten sie nicht ahnen, dass sich in der Landephase die Gerätesektion viel später als geplant von der Landekapsel lösen würde. Dadurch flog das Raumschiff weiter über den berechneten Landeort hinaus und ging eben bei Engels nieder, wo niemand Gagarin erwartete und wo folglich auch keine der vier Suchgruppen stationiert war.
Die Landung Gagarins und des Raumschiffes wurde deshalb zuerst von Angehörigen der Raketenbatterie bemerkt. Ein Gefreiter namens Sopelzew habe einen Knall vernommen und ihm gemeldet, irgendeinen Flugapparat gesehen zu haben, gab Divi-

sionschef Major Achmed Gassijew später zu Protokoll. Das aufschlussreiche Dokument wurde erst 2011 veröffentlicht. Gassijew beschrieb darin erstmals die wahre Situation am Landeort.

In der noch heute in den Gagarin-Büchern – so auch in meinen ersten beiden – verbreiteten Version hieß es ganz im Sinne der damaligen Sowjetpropaganda, Anna Tachtarowa und ihre sechsjährige Enkeltochter Rita sowie Mechanisatoren, die auf den umliegenden Feldern arbeiteten, seien die ersten Menschen gewesen, die den Kosmonauten begrüßt hätten. Letztere riefen angeblich sogar Gagarins Namen, wie die „Prawda"-Korrespondenten Nikolai Denissow und Sergej Borsenko behaupteten, die als Ghostwriter Gagarins Buch „Doroga w kosmos" verfassen, das in der DDR unter dem Titel „Mein Flug ins All" erschien und das Bild einer ganzen Generation vom ersten Kosmonauten der Welt prägte.
Gassijew gab indes zu Protokoll, er selbst sei mit einem *Sil-151*-Militärlaster zu Gagarin gefahren, der, wie er genau festgestellt habe, um 10.55 Uhr Moskauer Zeit den Boden berührte. Nur vier Minuten später sei er bei ihm gewesen. Sein Politstellvertreter Konstantin Kopejkin sei derweil zu der Landekapsel gefahren.
Als Gagarin ihm als vermeintlich Ranghöherem Meldung machen wollte, habe der von ihm erfahren, dass er während des Fluges vom Oberleutnant gleich zum Major befördert worden war, sagte Gassijew. Dann sei man zur Batterie gefahren, von wo aus für Gagarin eine Telefonverbindung mit dem Raketen-Korps hergestellt wurde. Der Kosmonaut habe dort kurz dem Kommandeur Generalleutnant Wowk gemeldet: „Oberleutnant Gagarin wohlbehalten gelandet. Ich habe keine Verletzungen und Wunden." Als ihn Gassijew darauf aufmerksam gemacht habe, dass er sich noch als Oberleutnant gemeldet habe, antwortet Gagarin, er habe sich noch nicht an den neuen Dienstgrad gewöhnt.

Nur maximal 42 Minuten am Landeort

Gagarin hat sich nach Angaben von Gassijew maximal 40 bis 42 Minuten im Bereich der Raketen-Division aufgehalten. In dieser Zeit habe man ihm aus dem schweren Raumanzug geholfen, das Telefonat organisiert und zahlreiche Fotos mit den Soldaten gemacht. Getrunken oder gegessen habe er nichts. In neuesten Dokumenten ist sogar die Rede davon, dass der Kosmonaut bereits nach 30 Minuten den Landeort per Hubschrauber in Richtung Engels verlassen hat.

Die ersten Fotos von Gagarin stammen von den Soldaten. Gassijew hatte die Filme in der Garnison entwickeln und auch jeweils mehrere Abzüge machen lassen, die beim Chef der Politabteilung, Oberstleutnant Gilsenberg, deponiert werden mussten. Dieser habe dann Bildsätze an Verteidigungsminister Marschall Malinowski, das KP-Zentralorgan „Prawda“, die Zeitschrift „Ogonjok“, die diese auch in den folgenden Ausgaben veröffentlicht habe, sowie an die Stadt Gshatsk und an die Eltern Gagarins geschickt. Gassijew hat die Filme nie wiedergesehen. So blieben ihm nur einige der Amateuraufnahmen als Erinnerung an diesen denkwürdigen Tag.

Dann ließ sich Gagarin vom Kommandeur zu seinem Landeplatz bringen, wo sein Fallschirm und auch sein arg verbogener Schleudersitz von einem Offizier und einem Unteroffizier bewacht wurden. Auf dem Weg dorthin hörten sie den Lärm des Hubschraubers der ersten Suchmannschaft, der auf ein Zeichen von Gassijew landete. Sein Leiter, General Iwan Browko, umarmte und begrüßte den Kosmonauten, dann inspizierte man noch gemeinsam kurz die Landekapsel. Bevor Gagarin den Hubschrauber bestieg, der ihn nach Engels brachte, ließ er sich noch seinen Skaphander, seine Uhr und seine Dienstpistole bringen, die sich auf dem Militärtransporter befanden. Als Souvenir gab Gassijew dem barhäuptigen Kosmonauten seine Artilleristenmütze mit auf den Weg. Dieser revanchierte sich mit einem Autogramm in dessen – wie konnte es anders sein – Parteibuch. Das war das erste Autogramm Gagarins überhaupt.

Souvenir-Jäger an der Landekapsel

Inzwischen hatte sich eine große Menschenmenge an der Landekapsel eingefunden. Einige Dorfbewohner hatten die Notlande-Ausrüstung Gagarins, zu der neben einem kleinen Peilsender auch ein Schlauchboot gehörten, gefunden und verschwinden lassen. Speziell das Schlauchboot hatte es den Männern angetan, denn schließlich konnte man es gut zum Angeln brauchen. Doch ein KGB-Hauptmann zwang sie mit der Drohung, er werde sonst „das ganze Dorf" verhaften lassen, zur Herausgabe der „Beute".

Die Wache von Gassijews Leuten hatte alle Hände voll zu tun, um die Schaulustigen von der Kapsel fernzuhalten. Jeder habe das Raumschiff sehen, einen Blick hineinwerfen und nach Möglichkeit irgendetwas als Souvenir ergattern wollen – und sei es nur ein Stück von der verkohlten Wärmeisolierung, wie Arvid Pallo, einer der Verantwortlichen für Bergung, später mittelte. Ein Mann habe sogar versucht, den Container mit Gagarins Tubennahrung mitgehen zu lassen.

Angesichts der ständigen Belagerung konnten die Experten des Bergungsteams das Raumschiff nur mit Mühe einer ersten Inspektion unterziehen. Schließlich entschied man sich, es erst bei Einbruch der Dunkelheit zu bergen. Im Schein der Lagerfeuer, die einige hartnäckige Schaulustige angezündet hatten, wurde die Kapsel, in einem Transportnetz hängend, von einem *Mi-6*-Hubschrauber abtransportiert. Sie wurde zuerst zum Flughafen der Stadt Engels und von dort an Bord einer *AN-12* nach Moskau ins Herstellerwerk gebracht.

Auch das Flugzeug mit den Ärzten an Bord kam reichlich spät zum Landeort. Es kreiste über ihm, als die Bergungsmannschaften die Lage schon halbwegs unter Kontrolle hatten. Der Arzt Witali Wolowitsch erhielt, wie er später berichtete, per Funk die Mitteilung, dass Gagarin gesund und munter sei und keine sofortige medizinische Hilfe brauche. Darauf sei die Maschine, aus der Wolowitsch mit dem Fallschirm abspringen sollte, zum Flughafen nach Engels zurückgekehrt.

Gagarin spricht mit Breshnew und Chruschtschow

In Engels, wo sich ebenfalls eine riesige begeisterte Menschenmenge versammelt hatte, sprach Gagarin über das Regierungsnetz mit dem Vorsitzenden des Präsidiums des Obersten Sowjets, wie Staatsoberhaupt Leonid Breshnew offiziell tituliert wurde, mit Parteichef Nikita Chruschtschow, Verteidigungsminister Malinowski, Luftwaffenchef Werschinin und Chefkonstrukteur Koroljow. Er meldete militärisch kurz den erfolgreichen Vollzug des Auftrags von Partei und Regierung und erklärte seine Bereitschaft, auch künftig jeden Auftrag der Heimat ehrenvoll zu erfüllen. Erst danach konnte Gagarin schnell noch seine Frau Walentina zu Hause anrufen, die ihm berichtete, dass bei ihr der Teufel los sei, seit die Nachricht über seinen Flug im Radio lief.

Dann stellte sich der Kosmonaut erstmals den Fragen von Journalisten. Die Prozedur dauerte über zwei Stunden. Die Reporter interessierte buchstäblich alles: wo er geboren ist, wer seine Eltern sind, wo er zur Schule gegangen ist und gedient hat, wie er Kosmonaut wurde und sich auf den Flug vorbereitet hat, wie die Erde aus dem All aussieht und was seine Pläne für die Zukunft sind. Der Kosmonaut versuchte, die Fragen, die ihm bisweilen wie eine „Folter“ vorkamen, wie er später einmal bekannte, so gut es ging zu beantworten. Manchmal musste er passen, etwa wenn es darum ging, wer denn als Nächster fliegen würde.

Am nächsten Tag war die gesamte Sowjetpresse voll von ausführlichen Berichten über die Begegnung mit dem Kosmonauten. In den meisten davon hieß es, sie habe „am Landeort“ stattgefunden, was natürlich nicht stimmte, sich aber sehr gut anhörte.

Die Pressekonferenz Gagarins war übrigens die erste und letzte, die ohne Coaching stattfand, wie man heute sagen würde. Als er drei Tage später in Moskau der internationalen Journalistenmeute gegenüber stand, war er schon bestens gebrieft und auf alle Eventualitäten vorbereitet. Zudem hatte er diesmal nicht nur die gesamte Wissenschaftselite der damaligen Sowjetunion an sei-

ner Seite, sondern auch einen persönlicher Mentor, also einen Zensor.
Um 15.25 Uhr saß Gagarin endlich im Flugzeug nach Kuibyschew, wo er die Nacht nach dem historischen Tag verbringen sollte. Er wurde auf dem Weg dorthin vom stellvertretenden Luftwaffenchef Generalleutnant Agalzow begleitet.
In der kleinen *Il-14* wurde der Kosmonaut von Wolowitsch ein erstes Mal gründlich untersucht. Der Arzt konnte aber keinerlei Veränderungen bei ihm feststellen. Der Blutdruck betrug 125/70, der Puls 68 Schläge in der Minute und die Körpertemperatur lag bei 36,6 Grad. Gagarin habe zwar etwas müde ausgesehen, aber geduldig auf die vielen Fragen geantwortet, mit denen man ihn auch jetzt bestürmte. Dabei habe er Obst gegessen und ein Glas Traubensaft getrunken, erinnerte sich Borissenko.
Ein bisschen durcheinander musste der Kosmonaut allerdings gewesen sein, denn hinter ein Autogramm für Wolowitsch setzte er das Datum 12. April 1959.
Die Soldaten Gassijews hatten indes am Landeort der Kapsel einen Pfahl mit einem Schild mit der Aufschrift „Nicht berühren! 12. 04. 61 – 10 Uhr 55 Min. Mosk. Zeit.“ in den Boden gerammt. Später wurde an dieser Stelle ein Obelisk errichtet, den Gagarin übrigens nur ein einziges Mal besucht hat, nämlich am 6. Januar 1965.

WAR GAGARIN NUR 106 MINUTEN UNTERWEGS?

Überraschend hat die Moskauer Raumfahrtzeitschrift „Nowosti kosmonawtiki", die unter der Ägide der Weltraumagentur Roskosmos und der Truppen der Luft- und Weltraumverteidigung (WKO) erscheint, in ihrer Nummer 6/2011 berichtet, dass Gagarin nicht 108, sondern nur 106 Minuten unterwegs gewesen sein soll. Das renommierte Blatt berief sich dabei auf neue Geheimdokumente. So sei Gagarin nicht um 10.55 Uhr, wie es in allen Büchern steht, sondern schon um 10.53 Uhr gelandet. Allerdings wurde diese an sich spektakuläre Erkenntnis bisher in keiner anderen Publikation aufgegriffen.

Auf meine Frage an einen der Autoren des Artikels, meinen Freund Igor Afanasjew, warum das so sei, schrieb er mir: „Das Material ist nicht unumstritten. Wir haben gleich nach dem Erscheinen lange darüber gestritten. Rein rechnerisch kommen 106 Minuten heraus, aber das Ergebnis der Berechnung wurde ohne jeglichen Kommentar (in den Dokumenten – der Autor) veröffentlicht … Deshalb bleibt es offiziell bei den 108 Minuten."

POST VON WALENTINA GAGARINA

In Vorbereitung auf mein erstes Buch über Gagarin hatte ich seiner Witwe eine lange Liste von Fragen geschickt, deren Beantwortung mir helfen sollte, die vielen „weißen Flecken“ in meinem noch löchrigen Mosaik zu tilgen. Schon damals hat sie übrigens darauf verwiesen, dass Major Gassijew und seine Soldaten die Ersten am Landeort waren.
Hier der Wortlaut des Briefes, den mit Walentina Gagarina im Januar 1997 geschrieben hat:

Lieber Gerhard!

Danke für die Neujahrsgrüße 1997 und die guten Wünsche. Ich stimme zu, dass es in der Geschichte der sowjetischen Kosmonautik noch viele „weiße Flecken“ gibt. Doch das Erste, was ich ehrlich sagen möchte, ist: „Wenn es die Sowjetmacht nicht gegeben hätte, hätte es auch Gagarin nicht gegeben.“ Dank ihr erhielt er eine angemessene Bildung, erhielt er den Dienstauftrag in den Himmel, wurde er der Erste unter den Kosmonauten der Welt.
Sie schuf die erforderlichen Bedingungen – die mächtige Technik für den Vorstoß in den Kosmos, sie erzog solche Wissenschaftler und Konstrukteure wie S. P. Koroljow.
Sie fragen: „Waren Journalisten beim Start und bei der Landung Gagarins dabei?“ Nein, es waren keine dabei. Der erste Journalist von TASS, Alexander Petrowitsch Romanow, war beim Start von G. S. Titow in Baikonur anwesend.
Die ersten, die J. A. Gagarin begrüßt haben, waren Soldaten der Militäreinheit 40212. Major Achmed Nikolajewitsch Gassijew hat Juri Alexejewitsch vom Landeort mit einer SiL-157 zur Einheit gebracht. Eine Xerox-Kopie des Fotos von der Begrüßung J. A. Gagarins durch die Soldaten dieser Einheit lege ich bei. Ihre Qualität ist sehr schlecht, weil sie von einem Amateurfoto gemacht wurde, das ich Ihnen nicht schicken kann.

Nach dieser Begegnung wurde J. A. Gagarin mit dem Hubschrauber zum Militärflughafen der Stadt Engels gebracht. Dort hat ihn auch N. S. Chruschtschow angerufen, der sich auf Urlaub im Süden befand.
An der Stelle, wo J. A. Gagarin gelandet ist, steht ein Obelisk, der von Arbeitern des Saratower Flugzeugwerkes errichtet wurde. Es ist in etwa die verkleinerte Kopie des Obelisken, der auf der WDNCh (Wystwaka Dostishenii Narodnowo Chosjaistwa – der Autor) *in Moskau steht.*
Sie fragen: „Wann erfahren wir die ganze Wahrheit über die Gründe des Todes Ihres Mannes?"
Niemals. G. S. Titow hat in einem Interview der Zeitung „Komsomolskaja Prawda" vom 23. September 1993 gesagt: „Wir haben geschrieben: Die wirkliche Ursache der Katastrophe kann nicht festgestellt werden. Man kann aber Folgendes konstatieren – die Lage war ruhig, die Havariesituation ist plötzlich eingetreten und war nur von kurzer Dauer. Die Piloten haben alle Maßnahmen ergriffen, um aus der Situation herauszukommen. Aber ihnen hat offensichtlich die Zeit gefehlt, Entscheidungen zu treffen, weil sie selbst die Katapultiermittel nicht genutzt haben." So steht es in den Akten der Staatlichen Kommission.
G. S. Titow war Mitglied dieser Kommission, der Flugzeugkonstrukteure, Testpiloten und andere bedeutende Spezialisten angehörten. Ihre Schlussfolgerung ist richtig. Alles andere sind Vermutungen, Erfindungen, Hirngespinste. Wer das braucht? Wofür? Ich weiß es nicht.

Ich wünsche Ihnen Gesundheit, alles Gute im Leben und Erfolge im Schaffen.

gez.

W. I. Gagarina

ARMENISCHER COGNAC IN DER VERPFLEGUNGSKISTE

Honi soit qui mal y pense! Die Sowjetunion hat mit Gagarin nicht nur den ersten Menschen, sondern mit ihm auch als erstes Land Alkohol ins All geschickt. Diese nicht ganz unlogische Erkenntnis verdanken wir einem erst 2011 veröffentlichten Teil des Wortlautprotokolls des Gesprächs, das Chefkonstrukteur Koroljow mit Gagarin geführt hat, als der schon im Raumschiff saß und auf seinen Start wartete.

Nachdem alle offiziellen Dinge besprochen waren, plauderte Koroljow noch etwas mit dem Kosmonauten, um ihn bei Laune zu halten.

Dabei kam es zu folgendem Dialog:

Koroljow: Dort in dem Behälter sind Tuben – Mittagbrot, Abendbrot und Frühstück.
Gagarin: Klar.
Koroljow: Hast du verstanden?
Gagarin: Habe verstanden.
Koroljow: Wurst, Konfekt und Konfitüre zum Tee.
Gagarin: Aha.
Koroljow: Hast du verstanden?
Gagarin: Habe verstanden.
Koroljow: 63 Stück – da wirst du dick von.
Gagarin: Hoho.
Koroljow: Wenn du heute zurückkommst, kannst du alles aufessen.
Gagarin: Nein, das Wichtigste ist, dass es Wurst gibt, um den Selbstgebrannten zu probieren.

Daraufhin haben laut Protokoll alle gelacht.

Koroljow abschließend: Achtung, Ansteckungsgefahr, er zeichnet alles auf, der Schurke.

Auch Pawel Popowitsch machte per Funk eine Anspielung auf einen feuchtfröhlichen Abend nach der glücklichen Rückkehr. Er benutzte dafür ein phonetisches Gleichnis aus einem Trinklied. Nachdem er mitbekommen hatte, dass sich Gagarin etwas Musik zum Zeitvertreib gewünscht hatte, schlug er den damaligen Hit „Landyschi – Maiglöckchen" vor. Und als das Lied verklungen war, sagte er, am Abend gebe es eine „Fortsetzung" mit „kamyschi", was so viel wie „familiäres Besäufnis" bedeutet.
Doch dazu ist es nicht gekommen. Aber in der Parteidatsche an der Wolga bei Kuibyschew, wo Gagarin die Nacht nach der Landung verbrachte, begrüßte ihn Kosmonauten-Chef Kamanin mit einem Glas Cognac aus einer Flasche, die er eigentlich schon am Landeort öffnen wollte.
Das anschließende gemeinsame Abendbrot verlief völlig unrussisch mit ganz wenig Alkohol. Schließlich war Gagarin todmüde und musste sich noch auf den grandiosen Empfang in Moskau vorbereiten. Und sicher haben auch die Ärzte ein Wort mitzureden gehabt.
Der Dialog Koroljows und Popowitschs mit Gagarin hatte eine Vorgeschichte. Als man Gagarin vor dem Start den Inhalt des Notfallsets erläuterte, bemängelte der, dass Alkohol für den Fall fehle, dass der Kosmonaut eine Wunde säubern oder sich bei Kälte „einreiben" müsse. Die Ärzte nahmen diesen Einwand ernst, verwarfen ihn jedoch letztendlich. Sie vertraten die Ansicht, dass der Organismus des Kosmonauten durch die Alkoholdämpfe in der Kabine „vergiftet" oder dass gar ein Brand verursacht werden könnte. „Na, dann nehmen wir Cognac", warf Gagarin scherzhaft ein. „Der verdunstet nicht und löst auch keinen Brand aus."

Einer Testperson namens Iwan Kasjan fiel die angenehme Aufgabe zu, bei einem Parabelflug zu überprüfen, wie man in der Schwerelosigkeit armenischen Cognac trinken könne. In seinem Bericht „Die ersten Schritte im Kosmos" schildert Kasjan, dass er dafür eine, wie er sich ausdrückte, kleine Geschenkflasche benutzt hat. Bei der ersten Parabel sei es ihm gelungen, den Korken zu entfernen und zwei und bei der zweiten Parabel drei kleine Schlucke zu nehmen. Das sei normal und wie auf der Erde geschehen. Der Geschmack sei nicht verändert gewesen, und es habe keine unangenehmen Empfindungen gegeben. „Der Cognac war unter den Bedingungen der Schwerelosigkeit angenehm im Geschmack und im Geruch“, lautete sein Urteil. Das habe er auch Gagarin mitgeteilt, und der habe geantwortet, dass man das unbedingt bei der Zusammenstellung der Verpflegung an Bord der Raumschiffe berücksichtigen müsse.

Gagarin selbst hat den Cognac während des Fluges nicht angerührt. Er hat etwa zur Hälfte der Flugzeit etwas gegessen und dazu Saft getrunken – alles aus Tuben. Die Tube mit dem Cognac hat indes ein Feldwebel der Raketendivision namens Alexandrow aus der Landekapsel, die er eigentlich bewachen sollte, stibitzt und einfach ausgetrunken, wie wir von Gassijew erfuhren. Ob das dienstliche Konsequenten hatte, konnte ich nicht herausfinden.

Diese harmlose und staatlich erlaubte Weltraumpremiere des Alkohols fand in den Folgejahren ihre Fortsetzung in einem beispiellosen Schmuggel von Hochprozentigem durch die sowjetischen und russischen Kosmonauten. Obwohl Alkohol im Weltraum generell verboten ist, wollten und wollen sie auch dort partout nicht auf ihn verzichten. Welchen Einfallsreichtum sie dazu entwickeln, beschrieb Kosmosveteran Georgi Gretschko in seinen Memoiren.

Eigentlich ist das Thema ja tabu. Schließlich will man keine schlafenden Hunde wecken, um sich nicht selbst die Preise zu verderben. Doch vor allem Raumfahrer, die ihre aktive Zeit lange hinter sich haben, verraten inzwischen schon mal die Tricks, mit denen das Alkoholverbot umschifft oder besser umflogen wird – schließlich gehört bei den Russen traditionell Hochprozentiges zum Leben, wo immer das auch stattfindet.

So richtig begonnen hat der Alkoholschmuggel, der von den Bodenmannschaften teils als Freundschaftsdienst angesehen, aber auch gegen einen beachtlichen Dollar-Obolus tatkräftig unterstützt wird, in den 1970er Jahren mit den immer länger werdenden Flügen in den *Salut*-Raumstationen. Das wochenlange Eingesperrtsein auf engstem Raum führte schon mal zu

Stress, gesteigerten Emotionen und Spannungen unter den Besatzungen. Und da bot sich Alkohol auch als prophylaktisches Mittel geradezu an, wie selbst die Mediziner einräumten – allerdings in homöopathischen Dosen. Zu irdischen Saufgelagen ist es nie gekommen.

Wie Gretschko berichtete, kam seine erste Begegnung mit Alkohol auf der Umlaufbahn eher unerwartet. Als er Mitte Dezember 1977 mit seinem Kollegen Juri Romanenko zu einer knapp 100-tägigen Mission in der *Salut*-Station eintraf, sei ihnen quasi eine Eineinhalbliter-Flasche mit dem Energy-Drink „Eleuterokokk" entgegengeschwebt, die im Sportzeug versteckt war. Als er naiv bei der Bodenstation nachgefragt habe, was denn der Zusatz „K" auf dem Etikett bedeute, habe man ihm belustigt erklärt, das stehe für „Konzentrat". Bei der ersten Kostprobe habe sich dann herausgestellt, dass es sich um Cognac handelte – ein Gruß von der Erde für das russische Weihnachts- und Neujahrsfest.

Die Männer hätten sich die Flasche dann in 7,5-Gramm-Portionen für jeden Flugtag eingeteilt, die sie abends vor dem Schlafengehen eingenommen hätten. Nach seiner Rückkehr zur Erde habe er im Gesundheitsministerium und beim Chef des Instituts für Medizinisch-Biologische Probleme (IMBP) dafür geworben, Alkohol als Medikament gegen Stress, Halsbeschwerden, Zahnprobleme und andere Wehwehchen zuzulassen – und sogar grundsätzlich Zustimmung dafür gefunden. Doch dann hätten die Bürokraten in allerletzter Minute einen Rückzieher gemacht. Allerdings wird das Verbot seither nicht mehr gar so strikt gehandhabt.

Die kosmischen Schmuggler vollbrächten indes „Wunder an Erfindungsgeist", staunte Gretschko, der zwischen 1975 und 1985 dreimal im All war. In der Tat: So wurde die Konterbande schon mal in einem ausgehöhlten Bordjournal, in Weltraumanzügen, Wasserkanistern und Verpflegungspaketen versteckt oder als Saft, „armenische Soße" und medizinisches Material getarnt. Mit der Raumstation *Salut 7* wurden 1982 sogar offiziell Dutzende kleiner Flaschen mit 25 Jahre altem armenischem Weinbrand hinter Paneelen und in Geräteboxen versteckt auf die Umlaufbahn geschossen. Wenn dann an Bord einmal eine Krisensituation drohte, habe man die Männer außerplanmäßig mit einer an sich nicht notwendigen Reparaturarbeit beauftragt, bei der sie dann – wie Kinder die Ostereier – überraschend den Alkohol als Belohnung vorfanden.

Waren die Vorräte erschöpft, haben die Kosmonauten auch schon mal Saft so lange überlagern lassen, bis der zu gären anfing. Ein gängiges Spiel ist inzwischen offenbar auch, Neuankömmlinge bisweilen nur dann in die Station umsteigen zu lassen, wenn sie sich mit einer Flasche diese Passage freikaufen.

Auch die Kosmonauten aus den sozialistischen „Bruderländern", so Sigmund Jähn aus der DDR, haben dann in den 1970er Jahren natürlich ihre Portion abbekommen, um so die „unverbrüchliche Freundschaft" auch im All zünftig zu besiegeln. Mehr noch: Da es auch ein spezielles Kartenspiel mit, wie Gretschko schreibt, „pikanten Fotos" gab, habe man nicht nur Schnaps, sondern auch immer schöne Frauen an Bord gehabt.

Gagarin selbst hat ja diese Zeit leider nicht mehr erlebt. Aber seine Freunde sagen immer wieder, dass auch er kein Kind von Traurigkeit war. Auch er habe Alkohol getrunken – „nicht mehr und nicht weniger als du und ich", wie ein Beobachter schrieb. Er habe sich nicht immer, aber doch meistens im Griff gehabt. Dass er wie weiland Boris Jelzin im Alkoholrausch bei einem Auslandsbesuch einmal ein Orchester dirigiert hätte, sei undenkbar gewesen.

WAS HAT GAGARINS FLUG GEKOSTET?

Auch 54 Jahre nach dem Flug von Gagarin gibt es kein amtliches Dokument, das die Kosten des Unternehmens ausweist. Allerdings sind bis heute auch noch nicht alle Dokumente offengelegt. Möglicherweise könnten darüber die Archive von Chefkonstrukteur Koroljow Aufschluss geben, die noch teilweise unter Verschluss sind. Denkbar ist aber auch, dass es gar keine detaillierte Kostenrechnung der Sowjets gibt, weil man das Unternehmen unter der Rubrik „Kalter Krieg“ verbucht hat.
Und dann darf man auch nicht vergessen, zu wie viel Ruhm und Ehre Gagarin seinem Land verholfen hat. Mit seiner historischen Leistung erreichte das internationale Ansehen der Sowjetunion ungeahnte Höhen. Und das war dem Kreml jeden Preis wert. Eine vage Vorstellung, was der Flug gekostet haben könnte, liefert bislang nur eine geheime Information des KGB vom 27. Mai 1963 an den damaligen Partei- und Regierungschef Chruschtschow. In dem von KGB-Chef Wladimir Semitschastny unterzeichneten Schreiben heißt es, Marschall Georgi Shukow habe sich in einem Gespräch mit dem General d. R. I. M. Karmanow darüber beschwert, dass „Milliarden“ im Weltraum verpulvert worden seien. „Für den Flug Gagarins wurden rund vier Milliarden Rubel (das entsprach damals 4,6 Milliarden Dollar – der Autor) ausgegeben“, habe der Marschall kritisiert. Niemand habe zudem auch nur ein einziges Mal die Frage gestellt, „was alle Empfänge, all diese Reisen, die Besuche von Gästen bei uns und vieles mehr kosten“.

Ich habe auch Sigmund Jähn gefragt, ob er jemals etwas über die Flugkosten Gagarins gehört habe. Er verneinte die Frage und meinte zugleich: „Wo soll man denn da beginnen? Bei der Trägerrakete?“ Zudem sei es bei dem Flug eigentlich gar nicht um Gagarin gegangen, sondern um die Vorherrschaft im All. „Wenn man die Frage danach stellt, was die Sowjetunion (oder die USA) die Entwicklung atomarer Langstreckenraketen gekostet hat, könnte man auch den Transport der erbeuteten (deutschen)

Spezialisten plus Gerät von 1946 dazurechnen. So gesehen wäre der erste Raumflug Peanuts.“

DIE DATSCHA ÜBER DER WOLGA

Die *Il-14* mit Gagarin an Bord landete gegen 18:00 Uhr in Kuibyschew. Auf dem Werkflughafen hatten sich so viele Einwohner und Arbeiter aus den umliegenden Betrieben eingefunden, dass die Maschine an einen entfernten Standplatz beordert werden musste.

Zur Begrüßung des Kosmonauten war die gesamte Partei- und Verwaltungsspitze des Gebietes Kuibyschew angetreten. Kamanin schloss Gagarin glücklich in die Arme und küsste ihn väterlich.

Auch Titow, sein Double, und die anderen vier Kosmonauten-Kameraden sind erschienen.

„Zufrieden?“, fragte Titow Gagarin. „Sehr“, gab dieser zurück, „ebenso zufrieden wirst du sein – beim nächsten Mal.“ Dann stürmten die anderen auf den Raumfahrer ein. Dieser ließ die Zeremonie geduldig lächelnd über sich ergehen, obwohl er sichtlich erschöpft war, schließlich waren seit Abschluss seiner Weltraumodyssee schon sieben Stunden vergangen. Kamanin sorgte dann auch dafür, dass Gagarin gleich zur Datscha des Gebietsparteikomitees weiterfahren konnte, um endlich zur Ruhe zu kommen. Der Kosmonautenchef selbst blieb auf dem Flughafen zurück, um Rudnew, Koroljow, Keldysch und die anderen Mitglieder der Staatlichen Kommission zu empfangen, die drei Stunden später eintreffen sollten. Koroljow und seine Begleitung waren nämlich von Baikonur direkt nach Engels geflogen und hatten sich von dort per Hubschrauber an den Landeort begeben, um die Kapsel in Augenschein zu nehmen. Von Koroljow wird berichtet, er habe beim Anblick des rußgeschwärzten Landeapparates ein „seltenes Feuer“ in den Augen gehabt. Sein einziger Kommentar sei gewesen: „Den kann man erneut in den Weltraum schicken.“

In dem Gästehaus hoch auf dem Wolga-Ufer wurde Gagarin mit einem Glückwunschtelegramm von Chruschtschow empfangen. Gleich darauf verband man ihn persönlich mit dem Partei- und

Regierungschef, der im Schwarzmeer-Kurort Pizunda an den Dokumenten für den XXII. KP-Kongress arbeitete, der im Oktober stattfinden sollte. „Ich freue mich, Sie zu hören, lieber Juri Alexejewitsch“, sagte Chruschtschow und gratulierte ihm zum erfolgreichen Flug. Dann erkundigte er sich nach dem Befinden Gagarins, fragte, ob er Frau und Kinder habe, ob seine Eltern noch lebten, wo sie wohnten und welchen Beruf sie ausübten. Zum Schluss sagte der Kremlchef: „Noch einmal heiße ich Sie von ganzem Herzen auf der Erde willkommen. Bald werden wir uns in Moskau sehen. Ich wünsche Ihnen das Allerbeste.“ Aufmerksame Beobachter haben damals mit einigem Erstaunen registriert, dass Chruschtschow, der sich ja angeblich persönlich sehr um den Flug gekümmert hat, so wenig von dem Kosmonauten wusste.

In seinem Zimmer konnte Gagarin endlich den Bordanzug mit den vielen Elektroden, Kabelanschlüssen und Schnüren ablegen. Er nahm eine Dusche und ruhte sich auf Anraten der Ärzte ein bisschen aus. Dann ging er mit Titow an der Wolga spazieren und spielte anschließend mit ihm eine Runde Billard.
Um 22:00 Uhr trafen sich alle bei Tisch: Die Mitglieder der Staatlichen Kommission, die Kosmonauten, die Chefkonstrukteure und die führenden Persönlichkeiten des Gebietes. Nach alter russischer Sitte brachten unter anderem Rudnew, Koroljow und Gagarin Toaste aus. „Aber sie tranken sehr wenig”, vermerkte Kamanin dazu in seinem Tagebuch. „Es war zu spüren, dass alle sehr müde waren.”
Um 23:00 Uhr löste sich die Gesellschaft bereits auf.

Gagarin und Titow zogen sich ebenfalls zurück. „Bald legten wir uns schlafen und waren nach ein paar Minuten ebenso friedlich eingeschlafen wie am Abend vor dem Flug“, beschrieb Gagarin in seinem Buch das unprosaische Ende dieses historischen Tages.

EIN LAND IM FREUDENTAUMEL

Die Nachricht vom Flug des ersten Menschen ins All verbreitete sich in Windeseile um die ganze Welt. Überall erschienen Zeitungen mit Extra-Ausgaben, Rundfunk und Fernsehen unterbrachen ihre Programme und brachten Sondersendungen. Moskau und das Land versanken in einem wahren Freudentaumel. Millionen Menschen zwischen Brest und Wladiwostok lagen sich auf den Straßen in den Armen und feierten ihren Landsmann, dessen Namen schon bald jedes Kind kannte. In einer Botschaft „an die Völker und Regierungen aller Länder" betonte die Moskauer Führung, die Heldentat Gagarins, mit der das kosmische Zeitalter eröffnet worden sei, verkörpere den „Genius des Sowjetvolkes und die mächtige Kraft des Sozialismus". Sie sei ein „beispielloser Sieg der Menschen über die Kräfte der Natur".
Zugleich wurde betont, die Sowjetunion stelle ihre „Errungenschaften" und „Entdeckungen" bei der Erschließung des Alls nicht in den „Dienst des Krieges, sondern in den Dienst des Friedens und der Sicherheit der Völker" – eine Behauptung, die nicht der Wahrheit entsprach, wie sich schon bald herausstellte.
In den USA, die sich noch gar nicht so richtig vom „*Sputnik*-Schock" erholt haben, schlug die Nachricht vom Flug Gagarins wie eine Bombe ein. Wieder einmal waren die Sowjets der westlichen Führungsmacht im Wettlauf um das All zuvorgekommen.
Schon lange bevor die erste kurze TASS-Meldung vom Start mit fast einer Stunde Verspätung über den Ticker ging, wussten die zuständigen Washingtoner Behörden, dass Gagarin unterwegs war. Eine amerikanische Radarstation auf den Aleuten hatte die Funksignale des Kosmonauten aufgefangen.
Fünf Minuten später hatte der Diensthabende im Pentagon die Information auf dem Tisch. Es war nachts, 01:30 Uhr Washingtoner Zeit. Der Diensthabende informierte umgehend den Wissenschaftlichen Berater von Präsident John F. Kennedy, Dr. Jerome B. Wiesner. Dieser wiederum weckte den Präsidenten – seit dem Start waren lediglich 23 Minuten vergangen.

Der Anruf kam für Kennedy nicht überraschend. Im Gegenteil: Er hatte mit dieser Nachricht gerechnet, denn die Funkaufklärung hatte ihm bereits den bevorstehenden Start der Russen signalisiert, und das Weiße Haus hatte sogar schon ein Glückwunschtelegramm an Chruschtschow vorbereitet. Die Reaktion Washingtons auf diese erneute russische Herausforderung ließ nicht lange auf sich warten.

Ermutigt durch den viertelstündigen suborbitalen Flug von Alan Shepard am 5. Mai 1961, ging der Präsident zur Gegenoffensive über. Am 25. Mai rief er dazu auf, ein Programm für die Landung eines Amerikaners auf dem Mond zu beschließen. „Kein anderes Raumflugprojekt wird die Menschheit mehr beeindrucken, für die langfristige Erforschung des Weltraums eine größere Bedeutung haben, und keines wird schwieriger zu vollbringen und kostspieliger sein", sagte Kennedy in seiner großen Rede vor beiden Häusern des Kongresses. „Es ist jetzt an der Zeit für ein neues großes amerikanisches Unterfangen, Zeit für diese Nation, eine klare Führungsrolle bei den Fortschritten in der Weltraumtechnik einzunehmen, die auf mancherlei Weise den Schlüssel für unsere Zukunft auf der Erde darstellt. Wenn wir den Vorsprung in Betracht ziehen, den die Sowjets als Folge ihrer großen Raketentriebwerke haben und der mehrere Monate beträgt, und wenn wir außerdem annehmen, dass die Sowjets ihren Vorsprung noch für einige Zeit zur Erzielung eindrucksvoller Leistungen ausnutzen werden, so sind wir doch aufgerufen, neue Anstrengungen zu unternehmen. Denn obgleich wir nicht garantieren können, dass wir eines Tages die Ersten sein werden, so können wir doch garantieren, dass wir die Letzten sein werden, wenn wir bei unserem Bemühen versagen."

Dann wurde der Präsident konkret: „Ich denke, diese Nation sollte sich das Ziel setzen, vor dem Ende dieses Jahrzehnts einen Mann auf dem Mond zu landen und sicher zur Erde zurückzubringen. In einem ganz realen Sinn wird es nicht ein Mann sein, der zum Mond geht, sondern eine ganze Nation."

Sigmund Jähn, der 17 Jahre nach dem Russen als 90. Mensch ins All flog, wird später einmal sagen: „Ohne Gagarin wären die

Amerikaner nicht zum Mond geflogen.“ Ich glaube, da ist etwas Wahres dran, denn ohne den Flug von Gagarin, den die erfolgsgewohnten USA nach dem *Sputnik*-Schock als eine noch viel größere Schmach und Herausforderung ansehen mussten, hätten sie sich wohl nicht so schnell zu dem gewaltigen gesamtnationalen Kraftakt entschlossen, der sie schließlich als Erste auf den Mond brachte.

Damit nahmen die USA den Russen auch die Führung in der Raumfahrt ab und haben sie bis heute nicht wieder abgegeben – trotz der Tatsache, dass sie nach dem Abschluss des *Shuttle*-Programms 2011 selbst nicht mehr bemannt fliegen können. Die Russen selbst geben zu, dass sie derzeit lediglich bei den bemannten Missionen an der Spitze liegen.

NOCH EIN POWERS?

Obwohl in der Sowjet-Presse schon mehrfach angedeutet worden war, dass demnächst wohl ein Mensch ins All starten könnte, dachte natürlich kaum jemand daran, einem zur Erde zurückkehrenden Raumfahrer leibhaftig zu begegnen. Doch genau das geschah an jenem 12. April 1961.

Ein Kolchos-Brigadier glaubte dann auch seinen Augen nicht zu trauen, als er am Himmel einen „Kessel“ erblickte, der an einem Fallschirm hing. Sein erster Gedanke sei gewesen, dass es sich nur um noch einen Spion à la Powers handeln konnte, bekannte Wassili Kosatschenko später, denn noch zu frisch war in Erinnerung, dass unweit von hier, bei Swerdlowsk, knapp ein Jahr zuvor ausgerechnet am 1. Mai, der US-Pilot Francis Gary Powers mit seiner *U-2* von einer sowjetischen Boden-Luft-Rakete vom Himmel geholt worden war.

Die UdSSR war seit 1956 ständig im Visier der *U-2*, von denen der US-Geheimdienst meinte, dass sie weder vom sowjetischen Radar erfasst noch abgeschossen werden könnten, da sie in einer unerreichbaren Höhe von 23 Kilometern operierten. Doch das war ein fataler Irrtum. Die Sowjets vermochten die Spähflugzeuge, die bei zwei Dutzend Missionen nahezu alle ihre strategischen Anlagen mit hochauflösenden Kameras fotografierten, durchaus auszumachen. Dabei half ihnen sinnigerweise ein amerikanisches Radar aus dem Zweiten Weltkrieg, das sie weiterentwickelt hatten.

Um den Himmelsspionen beizukommen, die ihnen ins „Schlafzimmer“ blickten, wie sich Chruschtschow beklagte, hatten sie sogar eine Taktik entwickelt, mit deren Hilfe sich ihre *MiG-19* und *MiG-21* auf die *U-2*-Flughöhe „schwingen“ sollten. Doch bei den Parabelflügen fehlten immer rund zwei Kilometer Höhe. Dennoch befürchteten die amerikanischen Spionagepiloten, die zumeist von US-Luftstützpunkten in Deutschland starteten, von den Düsenmaschinen wenn schon nicht abgeschossen, so doch gerammt zu werden.

An jenem 1. Mai 1960 sollte Powers unter anderem das streng geheime Kosmodrom fotografieren. Die Sowjets hatten aber vorher irgendwie Wind davon bekommen. Sie beorderten in aller Eile eine Einheit mit Flugabwehrraketen des Typs *S-75* aus dem Raum Leningrad nach Tjura-Tam. Diese ging in der Nähe des Montage- und Versuchskomplexes (MIK) und der Startrampe am sogenannten „Platz 38" in Stellung und meldete am 30. April ihre Gefechtsbereitschaft. Nachdem die *U-2* in den sowjetischen Luftraum eingedrungen war, wurde in Tjura-Tam sofort Luftalarm ausgelöst – zum ersten Mal übrigens in der jungen Geschichte des Kosmodroms.

Unmittelbar darauf stiegen die ersten *S-75* auf, wie ein Augenzeuge berichtete. Zuerst glaubten alle an eine Übung, zumal auf dem Kosmodrom Feiertagsruhe herrschte. Die meisten Soldaten und Offiziere waren bei einem Sportfest. Doch bald stellte sich heraus, dass es ernst war. Powers, der anhand seiner Instrumente wusste, dass er vom Radar erfasst worden war, flog daraufhin einen großen Bogen um das Kosmodrom und geriet so in den Raum Swerdlowsk, wo seine Maschine schließlich abgeschossen wurde. Der Pilot selbst, der einen Druckanzug trug, rettete sich mit dem Fallschirm und wurde gefangen genommen.

Der Vorfall wurde im Zeichen der Kalte-Kriegs-Psychose von der Sowjetpropaganda weidlich ausgeschlachtet. Der Spion wurde in einem Schauprozess verurteilt und kam in das Gefängnis von Wladimir bei Moskau.

Im Februar 1962 war Powers aber in aller Stille gegen den sowjetischen Spion Abel ausgetauscht worden. Ende 2014 hat Steven Spielberg darüber unter anderem auf der Glienicker Brücke in Berlin einen Agententhriller unter dem Titel „St. James Palace" mit Tom Hanks gedreht.

Der Sohn von Powers hat übrigens dem Gefängnis seines Vaters im Frühjahr 1997 einen Besuch abgestattet. Einige Zeitungen brachten sogar Fotos, die ihn zeigten, wie er dem Gefängnisdirektor, der inzwischen auf seinen berühmten Ex-Gefangenen nahezu stolz war, freundschaftlich die Hand schüttelte.

Der Zwischenfall mit Powers hat den sowjetischen Generalstab dann bewogen, in Baikonur ein Frühwarnsystem einzuführen.

So hatte beim Code-Wort „Skorpion“ jegliches Leben auf dem Riesengelände zu erstarren. Dabei gab es drei unterschiedliche Warnstufen. „Skorpion 1“ bedeutete, dass sich im Zug Moskau-Taschkent, der das Versuchsgelände durchquerte, ein ausländischer Spion befand, der per Funkpeilung die Koordinaten und die Anzahl der Startplätze hätte ermitteln können, wie man befürchtete.

Näherte sich ein US-Spionageflugzeug der Südflanke der UdSSR, so wurde die Stufe „Skorpion 2“ ausgelöst. „Skorpion 3“ schließlich signalisierte höchste Gefahr. Dann befand sich nämlich ein US-Aufklärungsflugzeug direkt über dem Kosmodrom.

Die vielen tausend Spezialisten, die in Baikonur arbeiteten, hatten freilich so ihre Zweifel, ob im kosmischen Zeitalter derartige Geheimhaltungsmethoden noch einen Sinn hatten. Sie fügten sich aber in ihr Schicksal, dass die Arbeit von Zeit zu Zeit auf diese Weise einmal unterbrochen werden musste, und führten sogar eine eigene Warnstufe ein – „Skorpion 4“. Wurde sie verkündet, so war Chefkonstrukteur Koroljow im Anmarsch. Höchste Betriebsamkeit war also geboten.

DER TAG DANACH

Der Tag nach dem Flug begann für Gagarin wie jeder andere, nämlich mit Frühsport, wenn man den offiziellen Berichten glaubt. Er war allerdings nicht wie gewöhnlich nach dem Aufwachen gleich aufgestanden, sondern hatte noch eine halbe Stunde im Bett gelegen, um den vorangegangen Tag Revue passieren zu lassen. Noch immer erschien ihm alles wie ein Traum. Sollte wirklich gerade er der erste Mensch im All gewesen sein? Nach der Morgengymnastik duschte Gagarin und rasierte sich seinen Zweitagebart ab, denn nach alter Fliegersitte war er unrasiert in sein Raumschiff gestiegen.
Um 08:00 Uhr waren wieder die Ärzte an der Reihe. Die Diagnose lautete erneut: Alles in Ordnung. Keine Veränderungen.

08:30 Uhr – Schweigend frühstückt Gagarin. Beim Essen überlegt er, wie er am besten seinen Flugbericht aufbaut, den er in einer knappen Stunde erstatten muss. Er beschließt, sich auf die neuen Phänomene wie die Schwerelosigkeit sowie den grandiosen Blick ins All und auf unseren kleinen Planeten zu konzentrieren.

09:30 Uhr – Die Mitglieder der Staatlichen Kommission sowie Wissenschaftler, Konstrukteure, Vertreter der Raumfahrtindustrie, Militärs und Parteifunktionäre des Gebietes Kuibyschew haben sich versammelt, um Gagarins Bericht zu hören. Der Kosmonaut freut sich, als er unter den Anwesenden auch Koroljow ausmacht, der ihm zulächelt. Beide begrüßen und umarmen einander herzlich.

Dann beschrieb Gagarin, wie die Raumschiffsysteme funktioniert haben und was er außerhalb der Erdatmosphäre gesehen und erlebt hat. Der Kosmonaut hatte nichts schriftlich vorbereitet, sondern sprach frei. „Man hörte mir aufmerksam zu. Ich geriet in Begeisterung und sprach lange“, erinnerte er sich später. „Ich bemühte mich, nichts zu vergessen. Die Gesichter der

Anwesenden zeigten mir, dass sie interessierte, was ich erzählte.“ Und dann seien die Fragen gekommen. Auch hier habe er sich bemüht, „jede so exakt wie möglich zu beantworten, denn ich wusste, wie wichtig das für die weitere Arbeit zur Eroberung des Weltraums war“.

Der Bericht des frischgebackenen Majors, aus dem ich schon ausführlich zitiert habe, und das Frage-und-Antwort-Spiel dauerten insgesamt zwei Stunden und wurden sogleich zur Geheimen Verschlusssache erklärt. Die Mehrzahl der Anwesenden erfuhr in dem Bericht zum ersten Mal, dass es in der Endphase des Fluges höchst dramatisch zuging, als sich die Gerätesektion nicht rechtzeitig von der Landekapsel löste und diese gefährlich ins Trudeln geriet.

Koroljow fasste in einem Schlusswort die Ergebnisse dieser ersten Sitzung zur Auswertung des Fluges zusammen. Dann traf er sich mit den Kosmonauten. Der Chefkonstrukteur, der sich in Hochstimmung befand, gratulierte Gagarin und seinen Kollegen zu dem „gewaltigen allgemein-menschlichen Sieg“. Mit dem Flug seien die Menschen „stärker, kühner und besser“ geworden. Partei und Regierung widmeten alle Errungenschaften der sowjetischen Kosmoswissenschaft den friedlichen Zielen der Menschheit, behauptete er und fügte hinzu: „Und niemals werden wir, Wissenschaftler und Kosmonauten, diese heilige Regel unserer Macht vergessen.“

Dann philosophierte Koroljow über den neuen Beruf des Kosmonauten. „Ein Kosmonaut muss ernsthaft lernen“, sagte er. Dabei gehe es nicht nur um eine höhere technische Bildung. Mit dieser müsse man allerdings beginnen. Der Kosmonaut erprobe „komplizierteste Technik beim Raumflug“. Für eine solche Sache reichten „Kühnheit und sogar überdurchschnittliches Talent“ nicht aus. „Erforderlich sind umfangreiche Kenntnisse und Arbeit.“

Koroljow, der Gagarin in der Tat ein Jahr später zum Studium an die Shukowski-Akademie schickte, beendete seine kleine Lektion, indem er sich direkt an ihn wandte: „Und die Hauptsache ist, dass ihr euch nicht … Bleibt Euren moralischen und ethischen Überzeugungen treu. Bleibt ein Sowjetmensch.“

Im Anschluss an die Sitzung traf sich Gagarin mit Journalisten. Den Ton gaben dabei „Prawda"-Korrespondent Denissow und Ostroumow von der „Iswestija" an. Sie überschütteten den Kosmonauten förmlich mit Fragen.

Gagarin antwortete so ausführlich wie möglich. Bald aber schritt Kamanin mit dem Hinweis ein, der Kosmonaut brauche Ruhe. Doch das war nur die halbe Wahrheit. In Wirklichkeit brauchte Kamanin den Kosmonauten, um mit ihm den Rapport zu üben, den er am nächsten Tag Chruschtschow beim großen Empfang auf dem Moskauer Regierungsflughafen Wnukowo erstatten sollte. Gleich nach dem Mittagessen begannen beide mit den Exerzitien. Wie Kamanin anerkennend bemerkte, beherrschte Gagarin den Text, den er vor dem Partei- und Regierungschef aufsagen sollte, binnen einer halben Stunde. Anfangs habe er ihn aber immer zu schnell gesprochen. Die Übungsstunde entbehrte nicht einer gewissen Komik, denn Kamanin spielte dabei die Rolle Chruschtschows, und Gagarin musste ein ums andere Mal im Paradeschritt auf ihn zumarschieren und dann seine Meldung herbeten.

Auch die Rede, die Gagarin am nächsten Tag auf dem Roten Platz halten sollte, wurde fleißig geübt. Zur Erleichterung Kamanins bewies der Kosmonaut aber auch hier „Talent". Er sei „kein schlechter Redner", konstatierte der General zufrieden.

Am Abend rief Breshnew zweimal in der Datscha an. Auch Werschinin meldete sich mehrfach telefonisch. Beide waren über die Wetterprognose besorgt, denn just für den Zeitpunkt, da Gagarin mit „großem Bahnhof" empfangen werden sollte, hatten die Meteorologen Regen vorausgesagt.

Kamanin einigte sich mit Breshnew darauf, dass Gagarin als erster die Sondermaschine verlassen und dann über den Roten Teppich zu Chruschtschow auf der Regierungstribüne marschieren würde, um ihm Meldung zu machen. Der Tross sollte am Fuße der Tribüne Aufstellung nehmen.

An diesem Abend hatten Koroljow und Gagarin Gelegenheit, bei einem Spaziergang einmal ungestört unter vier Augen miteinander zu sprechen. Dabei überraschte der Kosmonaut seinen väterlichen Freund mit einem Souvenir besonderer Art. Im Wissen

um den geheimen Wunsch des Chefkonstrukteurs, seine „Apparate“ am liebsten selbst zu fliegen, hatte er ein Amateurfoto Koroljows mit ins All genommen. Es stammte aus den 30er Jahren und zeigt ihn als Angehörigen der „Gruppe zum Studium der Rückstoßbewegung“ (GIRD), die sich mit der Förderung der Raketen- und Raumfahrttechnik befasste.
Anfänglich etwas ungehalten über die Undiszipliniertheit Gagarins, freute sich Koroljow schließlich doch sehr über das Mitbringsel, das ihn an seine Anfangszeit als Raketenbauer erinnerte.
Bevor für Gagarin der lange erste Erdentag nach dem Flug zu Ende ging, musste er sich noch einer angenehmen Aufgabe entledigen. Vor dem Spiegel probierte er erstmalig seine nagelneue maßgeschneiderte Majors-Uniform an, die er beim Empfang in Moskau tragen würde. Sie saß tadellos.
Die „Prawda“ veröffentlichte übrigens an jenem 13. April ein Interview mit dem „Vater der deutschen Raketentechnik“, Professor Hermann Oberth. Darin sagte Oberth, er freue sich, dass sich mit dem erfolgreichen Flug Gagarins seine Voraussage von 1923 bewahrheitet habe, dass es möglich sei, Menschen in den Weltraum zu schicken. Allerdings habe er damals geglaubt, dass der erste Kosmonaut ein Deutscher sein würde, fügte Oberth hinzu. Als die UdSSR am 4. Oktober 1957 den *Sputnik* gestartet habe, sei er aber zu der Überzeugung gelangt, dass es wohl ein Sowjet sein würde.

TRIUMPHALER EMPFANG IN MOSKAU

Dieser 14. April 1961, an dem Gagarin in Moskau ein triumphaler Empfang bereitet wurde, begann mit einer guten Nachricht. Schon um 06:00 Uhr erfuhr Kamanin bei einem Telefonat mit Moskau, dass sich die Meteorologen geirrt hatten: Es würde nicht regnen, wie am Vortag vorausgesagt.

Nach dem Frühstück machte Gagarin noch einen kleinen Spaziergang an der Wolga entlang, um seine Gedanken für das bevorstehende Zeremoniell zu ordnen. Dann musste er zum Flughafen.

Um 10:40 Uhr hob die Sondermaschine des Typs *Il-18* in Kuibyschew ab und nahm Kurs auf die Hauptstadt. Am Steuerknüppel saß übrigens Boris Bugajew, der es später bis zum Minister für Zivilluftfahrt der UdSSR bringen sollte. Während des gut zweistündigen Fluges lud Bugajew den Kosmonauten ins Cockpit ein und erläuterte ihm die vielen Instrumente der viermotorigen Propellermaschine. Danach beantwortete Gagarin rund eine Stunde lang die Fragen von Journalisten, die mit an Bord waren, bevor er sich mit Kamanin zurückzog, um mit ihm ein letztes Mal das bevorstehende Programm, insbesondere das Protokoll, durchzugehen. Dabei überraschte Kamanin Gagarin auch mit der Mitteilung, dass ihm am selben Tag der Titel „Held der Sowjetunion" verliehen wurde.

Während Gagarin noch schnell die Tageszeitungen durchblätterte, übernahmen sieben Düsenjäger die Ehreneskorte der Sondermaschine auf den letzten 50 Kilometern: zwei links, zwei rechts und drei über der *Il-18*. Der Kosmonaut dankte für die Begrüßung und schickte seinen „Düsenjägerpiloten-Freunden" per Funk einen „heißen Gruß".

13:00 Uhr – Nach einer großen Schleife über Moskau landet die Sondermaschine auf dem Regierungsflughafen Wnukowo und rollt langsam bis vor die Ehrentribüne.

Gagarin, der sehr angespannt wirkte, zog seinen funkelnagelneuen Paradeuniformmantel mit den glänzenden Majors-

Schulterstücken an, band den weißen Schal um und setzte sich die Mütze auf. Im Spiegel kontrollierte er noch einmal, ob alles richtig saß. Mit einem leichten Klaps auf die Schulter schickte ihn Kamanin aus der Kabinentür auf die Gangway. Beifall brandete auf. Der Kosmonaut fixierte mit seinem Blick den 100 Meter langen roten Teppich, dann marschierte er los, seinem „großen und verdienten Ruhm entgegen", wie es Kamanin formulierte.

Unter den Klängen des eigens für ihn komponierten Liedes „Herzlich willkommen in Moskau" und des vertrauten Fliegermarsches näherte er sich im Paradeschritt der Tribüne, auf der die Partei- und Staatsführung vollständig versammelt war. Rechts von ihm ein dichtes Spalier jubelnder Menschen. Sie hielten Transparente und große Fotos hoch. Gagarin erkannte zu seiner Überraschung, dass die Fotos ihn selbst zeigten. Plötzlich durchzuckte den Kosmonauten ein Riesenschreck: Ein Schnürsenkel war aufgegangen. Nur nicht drauftreten oder gar den Schuh verlieren, war sein einziger Gedanke in dieser Sekunde. Doch nichts passierte.

Dann stand Gagarin vor Chruschtschow, legte salutierend die Hand an die Mütze. Mit dem ersten Wort der Meldung brach der Fliegermarsch abrupt ab:

„Genosse Erster Sekretär des Zentralkomitees der Kommunistischen Partei der Sowjetunion und Vorsitzender des Ministerrates der UdSSR! Ich freue mich, Ihnen melden zu können, dass die Aufgabe des Zentralkomitees der Kommunistischen Partei und der sowjetischen Regierung erfüllt ist. Der erste Flug in der Geschichte der Menschheit mit dem sowjetischen Raumschiff *Wostok* am 12. April ist erfolgreich abgeschlossen worden. Alle Geräte und Ausrüstungen des Raumschiffes haben zuverlässig und tadellos funktioniert. Ich fühle mich ausgezeichnet. Ich bin bereit, jede beliebige neue Aufgabe unserer Partei und Regierung zu erfüllen.

Major Gagarin."

Chruschtschow umarmte und beglückwünscht Gagarin. Dann folgten, streng nach Protokoll, Breshnew und die anderen Mit-

glieder der Partei- und Staatsführung. Auch Nina Chruschtschowa küsste den Kosmonauten ab.
Erst dann konnte Gagarin endlich seine Frau Walja, seine Eltern und die Geschwister in die Arme schließen, die angesichts der geballten kommunistischen Prominenz eher eine Statistenrolle spielten. „Nun hat sich unser Traum erfüllt, Jura“, sagte Walentina Gagarina mit Tränen in den Augen. Chruschtschow, der sich sichtbar im Glanze Gagarins sonnte, stellte den Kosmonauten danach höchstpersönlich dem Diplomatischen Korps vor. Um 13:41 Uhr nahmen Gagarin und Ehefrau Walja in einer offenen blauen *Sil*-Limousine Platz. Es begann eine beispiellose Triumphfahrt durch die Millionenstadt zum Roten Platz. Ganz Moskau schien auf den Beinen zu sein. Selbst am kilometerlangen Lenin-Prospekt, der damals noch nicht so dicht bebaut war, waren die Plätze so rar wie heiß begehrte Theaterkarten, beschrieb ein Reporter die Szene. Nach einer Dreiviertelstunde Fahrt durch ein immer dichter werdendes Spalier wurde Gagarin auf der Tribüne des Lenin-Mausoleums von einer unübersehbaren Menschenmenge mit Hurra-Rufen empfangen. ZK-Sekretär Frol Koslow eröffnete die Kundgebung und erteilte Gagarin das Wort. Immer wieder von Beifall unterbrochen, dankte dieser all jenen, die ihm den Flug ermöglicht haben. „Vom Start an bis zur Landung hatte ich keinerlei Zweifel am erfolgreichen Ausgang des Raumfluges“, klang Gagarins klare, helle Stimme über den Platz. „Wir können voller Überzeugung sagen, dass wir mit unseren sowjetischen Raumschiffen auch auf weiter entfernten Bahnen fliegen werden.“
Chruschtschow feierte, temperamentvoll wie immer, Gagarins Flug als neuen Sieg der „Arbeit, der Wissenschaft und des Verstandes“ der Völker der Sowjetunion. „Die Sowjetmenschen haben einen großen Weg des Kampfes für den Aufschwung der Volkswirtschaft, für die Entwicklung der Technik und der Wissenschaft zurückgelegt und erhielten dafür den verdienten Lohn, indem sie als erste einen Raumschiff-Sputnik mit einem Menschen an Bord gestartet haben“, rief er aus. „Diese unsterbliche Heldentat, diese herausragende Leistung wird Jahrhunderte fortleben als eine großartige Errungenschaft der Menschheit.“

Koroljow erlebte die Rede seines Schützlings indes nur in seiner Moskauer Wohnung vor dem Fernsehgerät mit. Eigentlich wollte auch er auf dem Roten Platz sein, doch dann befiel ihn ein Unwohlsein. Die gewaltigen Anstrengungen der letzten Tage forderten ihren Tribut.
Auf sanftes Drängen seiner Frau war er deshalb nach Hause gefahren und hatte ein Medikament genommen. Außerdem würde er sowieso nicht vermisst, denn Koroljow, dem die UdSSR ihre Weltraumerfolge maßgeblich zu verdanken hatte, war quasi nicht existent. Auf Weisung der Moskauer Führung durfte sein Name nicht genannt werden, auch durfte er auf keinem Bild erscheinen. Er tauchte in Publikationen höchstens einmal anonym als „Chefkonstrukteur" oder unter Pseudonymen wie Professor K. Sergejew auf – ein Umstand, der dem ehrgeizigen Chefkonstrukteur ungemein zu schaffen machte, denn dieser Geheimhaltungs-Bannstrahl traf ihn nicht nur tief als Menschen, er behinderte auch seine wissenschaftliche Arbeit, seinen Gedankenaustausch, etwa mit dem Ausland.
Allerdings war Koroljows Tochter Natalja in der Menge auf dem Roten Platz. Gut 45 Jahre später berichtete mir die Chirurgin bei einer Begegnung in Peenemünde, dass ihr Vater sehr unter dieser Anonymität gelitten habe. Die pensionierte Professorin hat sich ganz der Pflege des Erbes ihres Vaters verschrieben und zu dessen 100. Geburtstag 2007 die dreibändige Dokumentation „Otez" („Vater") herausgegeben – eine grandiose Fundgrube für alle, die sich mit der Geschichte der sowjetischen Raumfahrt, Koroljow und Gagarin beschäftigen.

Im Anschluss an das dreistündige Meeting unterhielt sich Chruschtschow kurz mit Gagarins Familie, die das Geschehen auf einer Nebentribüne miterlebte. Besonders erfreulich konnte das Gespräch aber nicht gewesen sein. In seinem Buch zitierte Gagarin daraus nur einen Satz, der es allerdings in sich hat. An Ehefrau Walentina gewandt, soll Chruschtschow mit dem ihm eigenen Taktgefühl gesagt haben: „Niemand konnte die volle Garantie dafür geben, dass das Geleit zum Weltraumflug für Juri Alexejewitsch nicht zugleich auch das letzte Geleit sein würde."

Es bedarf nicht viel Phantasie, um sich vorzustellen, wie der jungen Frau nach diesen „einfühlsamen“ Worten zumute war.

HELDEN-STERN, LENIN-ORDEN, TREFFEN MIT DEM PATRIARCHEN UND STAATLICHE MITGIFT

Nach dem obligatorischen Besuch am Sarkophag mit dem einbalsamierten Leichnam Lenins pflanzte Gagarin auf dem Kreml-Gelände zur Erinnerung an seinen Flug eine Eiche. Dann begab er sich zum Großen Kremlpalast. Dorthin hatte die Führung für 18:00 Uhr zu einem festlichen Empfang geladen. Fanfaren erklangen, ein Chor stimmte die Hymne „Ruhm dir" aus Glinkas Oper „Ein Leben für den Zaren" an, die in der UdSSR unter dem weniger ketzerischen Titel „Iwan Sussanin" aufgeführt wurde.

Im prunkvollen Georgs-Saal heftete Breshnew dem Kosmonauten den Goldenen Stern eines „Helden der Sowjetunion", den dazugehörigen Lenin-Orden sowie das neu geschaffene Kosmonauten-Abzeichen an die Brust. Gagarin erinnerte sich später, der Staatschef habe dabei leicht nach „gutem Cognac" gerochen. Er selbst habe sich an diesem Tag bei Alkohol aber bewusst zurückgehalten, um nicht den Überblick zu verlieren.

Im Ukas des Obersten Sowjets hieß es, Gagarin erhalte diese höchste Auszeichnung der UdSSR für den „Mut, die Kühnheit und die Furchtlosigkeit", die er bei seinem Kosmosflug an den Tag gelegt habe, der der sozialistischen Heimat zur Ehre gereiche.

Koroljow, dem es wieder etwas besser ging und der sich unerkannt unter die vielen Gäste des Empfangs gemischt hatte, war einer der ersten Gratulanten. Gagarin habe bewiesen, wozu der Mensch fähig ist, sagte er im kleinen Kreis. Er habe den Glauben der Menschen an ihre eigenen Fähigkeiten und Möglichkeiten gestärkt und ihnen Kraft gegeben, entschlossener, kühner voranzuschreiten. „Das ist eine prometheische Tat", sagte Koroljow, dem es wie allen anderen Spitzenleuten der Raketentechnik aus Geheimhaltungsgründen nicht vergönnt war, am Tisch von Chruschtschow und Gagarin Platz zu nehmen.

Die Parteiführung kündigte an diesem Abend für die nächste Zeit einen wahren Ordensregen für die Schöpfer von *Wostok* an. Sieben hervorragende Wissenschaftler und Konstrukteure erhielten denn auch am 20. Juni den Ehrentitel „Held der sozialistischen Arbeit", darunter Koroljow (zum zweiten Mal) sowie 95 Konstrukteure, Wissenschaftler, Funktionäre und Arbeiter zum ersten Mal.
Natürlich wurden auch Chruschtschow, Breshnew und Ustinow mit dem (wievielten?) begehrten Stern eines Arbeitshelden bedacht. Außerdem wurden 6.924 weitere Personen mit Orden und Medaillen ausgezeichnet.
Gagarins Double German Titow erhielt den Lenin-Orden, die anderen künftigen Kosmonauten der ersten 20er-Gruppe den „Rotbanner-Orden".
Auch Gagarins Frau Walentina wurde nicht vergessen. Für sie war eigentlich der Orden „Für Heldentum in der Arbeit" vorgesehen. Doch dann wurde es auf direkte Intervention Chruschtschows sogar der Lenin-Orden. Die bescheidene und eher zurückhaltende Frau hat den Orden aber nie angelegt – warum, das hat mir ihre jüngste Tochter Galina verraten. In einem Interview sagte sie mir 2001, ihre Mutter habe den Orden wohl deshalb nie getragen, „weil er sie immer an ihr großes Unglück, an den Tod von Papa, erinnert hat".
Dabei sei das Leben ihrer Mutter wirklich eine „Heldentat", denn dank ihrer Unterstützung habe ihr Papa seine Heldentat erst vollbringen können. Und nach seinem Tod tue sie alles, um sein Andenken und seinen guten Ruf zu bewahren.
Auf den Auszeichnungslisten, die dann in den Zeitungen veröffentlicht wurden, suchte man allerdings viele Namen vergeblich, so auch den von Koroljow.

Der Abend in Moskau klang mit einem prächtigen Feuerwerk aus. Auch in Baikonur gab es ein Feuerwerk – ein ungewolltes allerdings, denn kurz nach dem Start explodiert eine Atomrakete. Glücklicherweise hatte sie aber keinen Sprengkopf an Bord.
Erst spät sind die Gagarins, die man in einer Regierungs-Villa auf den Lenin-Bergen hoch über der Stadt einquartiert hatte,

endlich allein. Juri dankte seiner Frau für ihre Hilfe. „Es ist jetzt sehr schwer für mich“, bekannte er, „und ich brauche dich jetzt vielleicht noch mehr als früher.“ Dann sagte er: „Ich habe nicht angenommen, dass man mich so empfängt. Ich habe gedacht, nun, ich fliege also und komme eben zurück … Was aber jetzt los ist …“

Erst viel später wurde bekannt, dass Gagarin am Rande des Kreml-Empfangs auch eine Begegnung mit dem Patriarchen von Moskau und ganz Russland hatte. Wie gewohnt, hatte Chruschtschow in seiner Rede der atheistischen Propaganda viel Platz eingeräumt und war, unter dem stürmischen Beifall vieler Parteikader, heftig über die Kirche hergezogen. Der Patriarch durfte allerdings auf dem Empfang selbst nicht sprechen. Man ermöglichte ihm aber immerhin eine Begegnung mit Gagarin hinter den Kulissen. Dabei befragte er den Kosmonauten nach seinem Befinden während des Fluges. Dieser beschrieb ihm ausführlich den Zustand der Schwerelosigkeit. Der Patriarch bemerkte dazu, dass ein Körper, den Gesetzen der Physik folgend, natürlich im Raum hin und her pendle, die Seele hingegen keinen materiellen Gesetzen unterliege. Deshalb bleibe sie auch dort, wo sie ist. Während des Gesprächs näherte sich eine alte Frau dem Patriarchen und Gagarin und bat den Geistlichen um seinen Segen, der ihn ihr auch prompt erteilte. Wie sich schnell herausstellte, war es die Mutter des Kosmonauten. Glücklicherweise griff die Sicherheit nicht ein, sodass es zu keinem Eklat kam. Vielleicht aber wussten die KGB-Leute auch, wer die Frau war, und hatten den Befehl, diskret zu agieren.

Erst 2008 wurde auch bekannt, womit sich der Kreml neben dem Helden-Stern und dem Lenin-Orden bei Gagarin für dessen historischen Raumflug noch so bedankt hat. Die Liste, die in einem Band mit Geheimdokumenten zur Geschichte der Sowjetraumfahrt in den Jahren 1946-1964 veröffentlicht wurde, liest sich wie der Katalog eines Versandhauses. Der Vermerk „sekretno“ (geheim) erscheint deshalb aus heutiger Sicht absurd, denn es ging hier keineswegs um Staatsgeheimnisse. Eher handelte es sich um einen höchst peinlichen Beleg für die Mangelwirtschaft in der UdSSR, der in den Archiven verschwinden musste, um dem „Klassenfeind“ in der politischen Auseinandersetzung nicht noch zusätzlich Munition zu liefern. Viele der aufgeführten Dinge gab es oft in normalen Geschäften nicht oder nur sehr selten.

In der Sowjetunion war es ein offenes Geheimnis, dass die Kosmonauten viele Privilegien und Vergünstigungen hatten. Das ganze Volk war aber stolz auf seine Kosmoshelden und gönnte sie ihnen durchaus. Immerhin hatten die Himmelsstürmer dem Land international mehr Ruhm und Ehre eingebracht, als seine Berufsdiplomaten. Die „New York Harald Tribune“ schrieb gar, Gagarin wiege mehr als 100 Divisionen oder Dutzende Interkontinentalraketen auf.

Im allgemeinen Verständnis bewegten sich die Privilegien zudem im Rahmen der Vorteile, die auch andere „Helden der Sowjetunion“ genossen, so kostenlose Benutzung der öffentlichen Verkehrsmittel, höhere Renten, Mietfreiheit, bevorzugte Abfertigung in Geschäften und Einrichtungen, Sonderversorgung sowie einen Erholungsurlaub pro Jahr. Ein Großteil dieser Privilegien gilt auch noch für die heutigen Kosmonauten. Sie können sich aber auch monatlich eine Pauschale von umgerechnet 1.500 Dollar plus einem Gutschein für 100 Liter Benzin auszahlen lassen, wie mir einer von ihnen verriet.

Über Gagarin und seine Familie wurde damals ein wahres Füllhorn ausgeschüttet. So zeichnete ihn der Ministerrat laut Beschluss vom 13. April 1961 für die „vorbildliche Erfüllung“ des Raumfluges und den dabei bewiesenen „Heldenmut“ mit einer Geldprämie in Höhe von 15.000 Rubeln (ein Rubel entsprach etwa 90 US-Cent) aus. Das war damals das Vielfache seines Solds als Major.

Am 18. April verabschiedete das Gremium unter Ministerpräsident Chruschtschow zudem eine „Verfügung“ über „Geschenke“ für Gagarin. Aus einem „Reservefonds“ erhielt er einen Personenkraftwagen des Typs *Wolga* (Amtliches Kennzeichen: 1204 JuAG), eine komplett eingerichtete Wohnung mit Küche, Wohn-, Kinder-, Schlaf- und Arbeitszimmer samt „Rubin“-Fernseher, Radio, Kühlschrank, Waschmaschine, Staubsauger,

Teppichen, Bettwäsche und einem Klavier, auf dem dann später Jelena und Galina fleißig geübt haben.

In seinem persönlichen Kleiderschrank fand Gagarin unter anderem drei Mäntel, zwei Anzüge, zwei Paar Schuhe, zwei Hüte, sechs weiße Hemden, sechs Paar Socken, sechs Garnituren Unterwäsche, zwölf Taschentücher, sechs Krawatten, ein Paar Handschuhe sowie eine Dienst- und eine Paradeuniform vor.

Gagarins Frau Walentina konnte sich unter anderem über drei Mäntel und drei Kleider, ein schwarzes Kostüm, zwei Hüte, sechs Garnituren Unterwäsche, drei Paar Schuhe, zwei Handtaschen, zwei Paar Handschuhe und zwei Blusen freuen. Auch an die beiden Mädchen hatte man gedacht – bis hin zu Puppen und anderem Spielzeug. Für das junge Paar, das bis zur Aufnahme Gagarins ins Kosmonautenkorps in seiner Garnison am Polarkreis mit Tochter Jelena ein Zimmer in einem Offiziersheim bewohnte, war das sicher der Himmel auf Erden. Die Eltern des Kosmonauten wurden ebenfalls großzügig bedacht. Sie bekamen ein Haus mit drei Zimmern sowie auch eine komplette Wäscheausrüstung. Selbst die Schwester und die beiden Brüder Gagarins wurden nicht vergessen. Sie erhielten je 1.000 Rubel.

BEGEGNUNG MIT DER WELTPRESSE

Am nächsten Tag, dem 15. April 1961, hatte Gagarin eine Feuertaufe besonderer Art zu bestehen:
Erstmalig musste der frischgebackene „Held der Sowjetunion“ eine internationale Pressekonferenz bestreiten. Dabei hatte er sich nicht nur den vergleichsweise harmlosen und bestellten Fragen der einheimischen Journalisten, sondern auch denen der in Moskau akkreditierten westlichen Auslandskorrespondenten zu stellen.
Die Begegnung Gagarins mit der Weltpresse, zu der die Akademie der Wissenschaften und das Außenministerium der UdSSR eingeladen hatten, fand im Moskauer „Haus der Wissenschaftler“ statt und dauerte knapp zwei Stunden. Hunderte Journalisten und Fotografen drängten sich in dem überfüllten Saal. Im Präsidium hatten neben Gagarin nahezu die gesamte wissenschaftliche Elite der Sowjetunion, Chefkonstrukteur Koroljow ausgenommen, sowie hochrangige Vertreter von Partei und Regierung Platz genommen.
Direkt hinter Akademiepräsident Alexander Nesmejanow, der die Pressekonferenz eröffnete, saß übrigens Michail Kroschkin, seines Zeichens Wissenschaftlicher Mitarbeiter der „Kommission zur Erforschung und Nutzung des Weltraums“ bei der Akademie der Wissenschaften der UdSSR. Das Gremium, das von Akademiemitglied Anatoli Blagonrawow geleitet wurde, hatte die Aufgabe, jenes wissenschaftliche Material zum Thema Kosmos zu selektieren, das zur Veröffentlichung freigegeben werden konnte. Von vielen wurde Kroschkin, der darauf achtete, dass Gagarin und auch die anderen Redner nichts Falsches sagten und auf eventuell unangenehme Fragen „richtig“ antworteten, als Zensor angesehen, was er ja auch war.
Für Gagarin hieß das in erster Linie, bei der offiziell festgelegten Landevariante zu bleiben. Unmittelbar vor der Pressekonferenz hatte man ihm noch einmal eingeschärft, auf keinen Fall preiszugeben, dass er am Fallschirm zurückgekehrt ist.

Die Organisatoren der Pressekonferenz stellten die Journalisten auf eine harte Probe, denn bevor sie ihre wenigen Fragen – es wurden nur etwa zwei Dutzend zugelassen – loswerden konnten, mussten sie erst eine wahre Redenflut über sich ergehen lassen. Eingangs gab Nesmejanow eine ausführliche Schilderung des Fluges und seiner Vorbereitung, die man eigentlich eher von Gagarin selbst erwartet hätte. Er würdigte den Kosmonauten als einen „bemerkenswerten sowjetischen Menschen" und „Kolumbus des Kosmos". Dann überreichte er Gagarin die Goldene Ziolkowski-Medaille, die ihm das Präsidium der Akademie für den ersten Flug eines Menschen ins All verliehen hatte. Endlich kam Gagarin an die Reihe. Er begann seine Rede überraschend mit einer Polemik. Er habe in einer Zeitung gelesen, dass sich in den USA entfernte Verwandte der Fürsten Gagarin gefunden hätten, die der Meinung seien, er, Gagarin, sei „irgendwie ihr Verwandter".

Aber er müsse sie „enttäuschen", sagte der Kosmonaut offenbar unter Bezug auf die Nachrichtenagentur Reuters. Diese hatte aus New York gemeldet, zwei Amerikaner russischer Herkunft hätten erklärt, dass Gagarin nicht proletarischer Herkunft sei, wie er behaupte. Ein gewisser Professor Alexis Schtscherbatow von der Fairleigh Dickinson University (New Jersey) hatte Journalisten gesagt, soweit ihm bekannt sei, sei Gagarin ein Enkel von Fürst Michail Gagarin, der bei Moskau und Smolensk riesige Ländereien besessen habe und von den Bolschewisten erschossen worden sei. Der 63-jährige Reitlehrer Gregori Gagarin aus dem Staat Pennsylvania, der einst in der zaristischen Kavallerie gedient hatte, wollte indes ein Onkel des Kosmonauten sein. Es gibt in der Tat ein uraltes russisches Fürstengeschlecht Gagarin. Seine Wurzeln reichen bis zu Fürst Rurik von Nowgorod zurück, der im 9. Jahrhundert herrschte. Der Familie entstammte beispielsweise Fürst Juri Dolgoruki, der Gründer Moskaus. Der Name „Gagarin" tauchte in der Ahnentafel, die im Internet nachzulesen ist, erstmals im 16. Jahrhundert auf. Fürst Juri „Gogora" Michailowitsch gilt als der Urahn. Sein Sohn Dmitri Jurjewitsch Gagarin war Mitglied des Regentenrates während des Zarenfeldzuges 1555 nach Kostroma. Tatsache ist auch, dass in

der Ahnentafel kein Fürst Michail Gagarin auftaucht, der der Großvater Juri Gagarins sein könnte. Allerdings stammte Fürst Michail, der laut Professor Schtscherbatow von den Bolschewisten erschossen wurde, aus der Gegend, aus der auch der Kosmonaut kam. Reitlehrer Gregori Gagarin, der angebliche Onkel Juri Gagarins, ist in der Ahnentafel ebenfalls nicht aufgeführt.
Von den jüngsten Fürsten-Sprösslingen der Gagarins, so Fürstin Anne-Christine Nikolajewna Gagarin, Fürstin Catherine Nathalie Nikolajewna Gagarin und Fürst Nikolai Nikolajewitsch Gagarin, die 1949, 1959 beziehungsweise 1963 in Marokko (!) geboren wurden, hat bislang niemand den Anspruch auf nähere Verwandtschaft mit dem roten Namensvetter erhoben. So darf man wohl davon ausgehen, dass die Wortmeldungen unmittelbar nach dem Gagarin-Flug eher als Wichtigtuerei oder Trittbrettfahrerei anzusehen sind.
Gagarin stellte klar, mit all diesen Menschen nichts zu tun zu haben. Anderslautende Behauptungen seien „unseriös und unsolide“. Dann sagte er: „Ich bin ein einfacher Sowjetmensch. Ich wurde am 9. März 1934 in der Familie eines Kolchosbauern geboren. Unter meinen Verwandten gibt es keinerlei Fürsten, und ich kenne keine Menschen dieses vornehmen Geschlechts und habe nie von ihnen gehört. Meine Eltern waren vor der Revolution arme Bauern. Mein Großvater war auch ein armer Bauer, und unter uns gibt es keinerlei Fürsten.“ Er spreche diesen vornehmen „Verwandten“ sein „Bedauern“ aus, „aber ich muss sie enttäuschen“.
Dann berichtete Gagarin über seinen beruflichen Werdegang bis zu jenem Zeitpunkt, da sein lang gehegter Traum Wirklichkeit wurde, Flieger zu werden. Auf seine „ausdrückliche Bitte“ sei er schließlich in die Gruppe der Kosmonautenanwärter aufgenommen worden, habe das Auswahlverfahren durchlaufen und sei Kosmonaut geworden.
„Ich bin sehr glücklich und unserer Partei, unserem Volk und unserer Regierung unendlich dankbar, dass sie mir diesen Flug anvertraut haben. Ich habe ihn im Namen unserer Heimat, im Namen des gesamten sowjetischen Heldenvolkes, im Namen der

Kommunistischen Partei der Sowjetunion und ihres Leninschen Zentralkomitees durchgeführt", sagte Gagarin.

Dann schilderte der Kosmonaut Einzelheiten seines Fluges. Im aktiven Abschnitt, beim Aufstieg, hätten die Wirkung der Überbelastungen, die Vibrationen und andere Überbelastungen sein Befinden nicht negativ beeinflusst und es ihm erlaubt, „schöpferisch gemäß dem Programm zu arbeiten, das für den Flug vorgesehen war". Nach dem Eintritt in die Umlaufbahn, nach der Abtrennung der Trägerrakete sei der Zustand der Schwerelosigkeit eingetreten. Anfangs sei das Gefühl ein bisschen ungewöhnlich gewesen, obwohl er vorher die kurzzeitige Einwirkung der Schwerelosigkeit schon erlebt habe, berichtet Gagarin. Er habe sich aber bald an diesen Zustand gewöhnt und die Erfüllung „jenes Programms fortgesetzt, das mir für diesen Flug aufgegeben worden war". Seiner subjektiven Meinung nach wirkte sich der Einfluss der Schwerelosigkeit nicht auf die Arbeitsfähigkeit des Organismus, auf die physiologischen Funktionen aus. Während des Fluges habe er Nahrung und Wasser zu sich genommen und „ununterbrochen" in Funkverbindung mit der Erde gestanden. Er habe die Arbeit der Ausrüstungen des Raumschiffes überwacht, der Erde Bericht erstattet sowie Daten im Bordjournal und auf Tonband festgehalten.

Sein Befinden während der gesamten Zeit der Schwerelosigkeit sei hervorragend gewesen, die Arbeitsfähigkeit voll erhalten geblieben. Dann sei „laut Flugprogramm zu einem bestimmten Zeitpunkt das Kommando zum Abstieg" gegeben worden. „Es wurden das Bremstriebwerk eingeschaltet und jene Geschwindigkeit hergestellt, die für den Abstieg des Raumschiffes auf die Erde erforderlich ist", sagte Gagarin. Dann sprach er jenen Satz, auf den Zensor Kroschkin die ganze Zeit gespannt gewartet hatte: „Es erfolgte die Landung auf der Erde, die im Programm vorgesehen war, und ich habe mit Freude auf der Erde unsere vertrauten sowjetischen Menschen getroffen …"

Wie damals üblich, widmete Gagarin seien Flug „dem heldenhaften sowjetischen Volk, unserer Regierung, der teuren Kommunistischen Partei und dem XXII. Parteitag der Kommunistischen Partei". Wir freuen uns, so fährt er mit Blick auf den bevorstehenden Flug der Amerikaner fort, in naher Zukunft im Kosmos die Raumfahrer anderer Länder begrüßen zu können. „Wir wünschen ihnen gute Erfolge bei der friedlichen Erschließung des Kosmos und wollen mit ihnen bei der friedlichen Nutzung des Weltraums zusammenarbeiten." Dann schloss Gagarin seine Rede mit den Worten: „Persönlich möchte ich noch oft in den Weltraum fliegen. Es hat mir gefallen zu fliegen. Ich möchte zur Venus, zum Mars … fliegen."

Eine der ersten Fragen an Gagarin lautete: „Wie verlief der Abstieg von der Umlaufbahn?" Weisungsgemäß antwortete der Kosmonaut ausweichend: „Die Landetechnik war in verschiedenen Varianten ausgearbeitet worden, darunter auch in einer Fallschirm-Variante. Der Abstieg verlief erfolgreich und hat die hohe Effektivität aller Landesysteme unter Beweis gestellt."

Inwieweit es Gagarin psychisch belastet hatte, dass er im Auftrag „von oben" nicht die ganze Wahrheit sagen durfte, wissen wir natürlich nicht. Er selbst, dem nach seinem Flug nur noch sieben Lebensjahre vergönnt waren, hatte sich dazu zumindest nicht öffentlich geäußert. Es darf aber davon ausgegangen werden, dass ihn das Ganze nicht völlig unberührt gelassen hat, denn er war ein Mensch, der keine Winkelzüge mochte und auch einen ausgeprägten Gerechtigkeitssinn hatte.

Als schließlich die Wahrheit über die Fallschirmlandung auch in der UdSSR publik wurde, fragten sich alle, weshalb die Moskauer Führung diese Geheimniskrämerei veranstaltet hatte. Niemand, auch nicht die Armeezeitung „Krasnaja Swesda" („Roter Stern"), konnte begreifen, dass man angeblich aus Angst, der Flug könnte von der FAI nicht anerkannt werden, zur Lüge gegriffen hatte. Immerhin war die Landung außerhalb des Raumschiffes von Anfang an im Programm vorgesehen, räsonierte das Blatt der Militärs und fügte hinzu: „Und das hätte zudem das Heldentum des Kosmonauten und die Größe (sagen wir) des Konstrukteursgeistes überhaupt nicht geschmälert." Schließlich hätten die Amerikaner erst am 20. Februar 1962 einen Raumflug durchführen können und seien auf dem Wasser gelandet, was „technisch viel einfacher ist". Für Gagarin hinge-

gen seien das Katapultieren und die Landung am Fallschirm „eine zusätzliche Mut- und Willensprüfung“ gewesen, die er ebenfalls bestanden habe.
Ich habe natürlich auch Gagarins Witwe gefragt, wie ihr Mann mit der Landelüge fertig geworden sei. In einem langen Brief schrieb sie mir 1997 dazu: „Gagarin hat immer nur wahrheitsgemäß über seinen Flug berichtet.“
Frau Gagarina zitierte dazu ausführlich die Landepassage aus dem Geheimbericht und stellte dann fest: „So war es in Wirklichkeit, so hat es auch Jura bei seinen Begegnungen mit allen Auditorien erzählt.“ Die ersten sowjetischen Kosmonauten, die mit *Wostok*-Raumschiffen geflogen sind, seien „nicht im Landeapparat auf die Erde zurückgekehrt, sondern an Fallschirmen“. In den Büchern Gagarins und später Titows sei „all das richtig dargestellt“. Es habe „keinerlei ideologische, politische und staatliche Gründe“ gegeben, die Wahrheit zu vertuschen. „Das ist eine Lüge“, schrieb Frau Gagarina in Sorge um das Ansehen ihres Mannes.
Man kann natürlich verstehen, dass die Frau ihren Mann so vehement verteidigt und nicht wahrhaben will, dass er für diese Staatslüge missbraucht wurde. An der Tatsache, dass dies geschehen ist und zu seinen Lebzeiten nicht mehr korrigiert wurde, ändert das allerdings nichts.
Interessanterweise hat Gagarin in seinem Buch „Der Sprung ins Weltall“, das er kurz vor seinem tragischen Tod 1968 gemeinsam mit Wladimir Lebedew abschloss, den Vorgang der Landung am Fallschirm ausführlich beschrieben. Als Beispiel führte er dabei aber nicht seine eigene Rückkehr zur Erde, sondern die Titows an.
Der aufmerksame Leser kann sich dabei des Eindrucks nicht erwehren, dass sich Gagarin hiermit etwas von der Seele schreiben wollte. Aber möglicherweise hat er genau das Gegenteil dessen erreicht, was er eigentlich beabsichtigte, denn selbst unter Fachleuten war die Verwirrung groß. So konnte man noch 1988 in der einschlägigen Literatur nachlesen, dass Gagarin als einziger *Wostok*-Kosmonaut in der Landekapsel zurückgekehrt

sei, während sich die anderen aus dem Raumschiff herauskatapultieren mussten.
Doch zurück zur Pressekonferenz. Verständlicherweise fielen die meisten der Antworten Gagarins etwas knapp und lakonisch aus, denn erstens war er den Umgang mit den Medien nicht gewohnt, und zweitens befürchtete er offenbar, irgendwelche „Geheimnisse" auszuplaudern. Allein schon als Offizier war er zu strengster Geheimhaltung verpflichtet. Deshalb versuchte er sich dadurch über die Runden zu retten, dass er immer gerade nur so viel sagte, wie es ihm vertretbar erschien, ohne allerdings unhöflich zu sein.
So antwortete Gagarin auf die Frage eines lateinamerikanischen Journalisten, wie Südamerika aus dem All aussehe, lediglich „sehr schön", obwohl er gar nicht über den Kontinent geflogen war.
Am ausführlichsten war Gagarin immer dann, wenn es nicht so sehr um Einzelheiten des Fluges, sondern mehr um allgemeine Dinge ging. Dann hängte er auch meistens ein „ideologisches Schwänzchen" an seine Antworten. So sagte er auf eine Frage nach der Rolle des Funkverkehrs bei dem Flug: „Ich schätze die Rolle der Funkverbindung bei diesem Flug sehr hoch ein. Diese Verbindung erlaubte es mir, einen ständigen Austausch mit der Erde zu führen: Kommandos zu empfangen, Informationen von Bord des Raumschiffes über die Arbeit aller Systeme zu übermitteln und Beobachtungen mitzuteilen. Außerdem spürte ich die ständige Unterstützung unseres Volkes, der Regierung und der Partei, bei dem Flug nicht alleingelassen zu sein." Ideologisch „einwandfrei" reagierte der Kosmonaut auch auf die „ketzerische" Frage, ob er einen Talisman mit an Bord gehabt habe: „Ich kann Ihnen versichern, dass ich an keinerlei Dinge, Talismane oder ähnliche Sachen glaube. Ich hatte keinerlei Fotos dabei, da ich zuverlässig wusste, dass ich auf die Erde zurückkehre und meine Verwandten und Familie hier auf der Erde mit eigenen Augen wiedersehe."
Das stimmte freilich nicht ganz. Denn Tatsache ist, dass Gagarin zu diesem Zeitpunkt schon seinem väterlichen Freund Koroljow

„gebeichtet" hatte, dass er ein Foto von ihm mit an Bord hatte. Doch das erfuhr die Menschheit erst viel, viel später.
Einige Journalisten hatten übrigens die lakonischen Antworten später als Beweis dafür gewertet, dass Gagarin nicht mehr sagen konnte, weil er einfach nicht mehr wusste, da er ja gar nicht geflogen sei. Nemere beispielsweise führte in diesem Zusammenhang insbesondere die Aussage des Kosmonauten ins Feld, dass die Erde aus dem All etwa so aussehe, wie man sie aus hochfliegenden Flugzeugen kenne.

OBERZENSOR KAMANIN

Es scheint, dass die Pressekonferenz selbst und die Berichterstattung darüber in den Medien nicht ganz nach dem Geschmack der Kreml-Führung ausgefallen sind, denn während Gagarin sich nach einem kurzen Erholungsaufenthalt in der Residenz Chruschtschows am 18. April zu einer gründlichen medizinischen Untersuchung für sechs Tage ins Zentralkrankenhaus der Luftstreitkräfte begab, wurden in Moskau die Chefredakteure von Presse, Funk und Fernsehen ins Zentralkomitee der KP einbestellt. Dort ermahnte man sie eindringlich, von nun an keinen Artikel und kein Foto zum Thema Weltraum mehr ohne Kamanins ausdrückliche Genehmigung zu veröffentlichen.

Kamanin geriet mit diesem Zensur-Ukas in eine Zwickmühle. Zum einen gehörte er zu jenen, die bislang immer wieder hartnäckig mit der Führung um mehr Öffentlichkeit in Sachen Raumfahrt gerungen hatten. Zum anderen wurde er nun selbst die letzte Instanz bei einem brandheißen Thema, das fortan die Medien bestimmte.

Die Folge war, dass der General mit einer wahren Flut von Telefonanrufen und Artikeln überschwemmt wurde, die ihn mehr und mehr von seiner eigentlichen Arbeit abhielten. Zudem war Kamanin in der kommenden Zeit sehr viel mit Gagarin im Ausland unterwegs, sodass sich das Material auf seinem Schreibtisch türmte.

Es musste also eine Lösung gefunden werden. Diese bestand im Wesentlichen darin, dass in den zentralen Medien ein relativ kleiner, überschaubarer Kreis von Journalisten gebildet wurde, die sich nur mit Raumfahrt befassten und zudem speziell zur Geheimhaltung verpflichtet waren. Damit wurde die Gefahr, dass einmal etwas unkontrolliert veröffentlicht werden würde, von vornherein erheblich eingedämmt.

Ungeachtet dessen mussten aber auch die Beiträge dieses erlauchten Kreises weiter vorgelegt werden. Das System funktionierte reibungslos. Bekannt wurde eigentlich nur eine „Panne“, aber die soll nach Angaben der Gewerkschaftszeitung „Trud“

(„Arbeit“) für einen erheblichen „Skandal“ gesorgt haben. Die Zeitung des kommunistischen Jugendverbandes Komsomol, „Komsomolskaja Prawda“, hatte nämlich ein Interview veröffentlicht, in dem ein Traktorist namens Iwan Rudenko beschrieb, wie er Gagarin am Fallschirm zur Erde schweben sah: „Der Kosmonaut ging mit einem Fallschirm in unserer Nähe nieder. Meine Kollegen und ich liefen ihm entgegen. Vor uns stand ein sehr ruhiger und völlig unversehrter junger Mann. An einem Arm hatte er eine Uhr, am anderen befand sich am Ärmel der Kombination ein kleiner Spiegel“, schilderte der Traktorist dem Reporter seine Beobachtungen.

Ob das Zeitungsinterview Zufall oder etwa der gezielte Versuch war, die Zensur auf die Probe zu stellen, ist nicht überliefert. Tatsache aber ist, dass diese „Disziplinlosigkeit“ einigen Staub aufwirbelte, für den Chefredakteur unangenehme Konsequenzen hatte und sicher auch nicht dazu angetan war, die Zensur zu lockern.

Das Interview wurde übrigens auch von der DDR-Nachrichtenagentur ADN übernommen und prompt in mehreren Zeitungen gedruckt. Damit war die Fallschirmlandung sozusagen ungewollt in der Welt.

Die Sowjets hatten die für sie ärgerliche Meldung der Jugendzeitung nie dementiert. Sie taten aber fortan so, als hätte es sie nie gegeben.

Gerade diesem engen Kreis von Raumfahrtjournalisten ist es allerdings auch zu verdanken, dass viel mehr Informationen an die Öffentlichkeit kamen, als es der Zensur lieb war, denn alles, was sie nicht in ihren Artikeln unter- oder durchbringen konnten, verarbeiteten sie früher oder später in Büchern, die sie unter ihrem eigenen Namen, als Ghostwriter für Kosmonauten oder mit einem der Raumfahrer als Co-Autor herausbrachten. Die Bücher wurden zwar auch zensiert, aber eben nicht annähernd so gründlich und streng wie Zeitungsbeiträge. Zudem waltete eine gewisse Ehrfurcht, wenn der Autor etwa Gagarin, Titow, Nikolajew oder Popowitsch hieß. Und so rutschte vieles durch, was normalerweise im Netz der Zensur hängengeblieben wäre.

Für diejenigen, die über die nötigen Sprachkenntnisse verfügten, wurden die Bücher so bekannter Raumfahrtjournalisten wie Michail Rebrow, Wladimir Gubarew, Boris Konowalow, Nikolai Denissow, Georgi Ostroumow, Wassili Peskow oder Jaroslaw Golowanow eine wahre Fundgrube. Mit viel Geduld und Fleiß konnte man so dem sowjetischen Raumfahrt-Mosaik diesen oder jenen neuen Stein hinzufügen.

Speziell Rebrow und Golowanow, die es mithilfe von Kamanin immerhin bis zum Kosmonauten-Kandidaten brachten und dabei viele Insiderkenntnisse erwarben, haben sich dann in der Ära Gorbatschow erfolgreich bemüht, viele der „weißen Flecken" zu tilgen. Sie waren die Ersten, die Details aus der Anfangszeit besonders der bemannten Raumfahrt und bis dato streng geheime Akten veröffentlichten.

Die Frage, ob Kamanin als Zensor der große „Verhinderer" war oder eher ein Glücksfall für die Journalisten, kann so eindeutig nicht beantwortet werden. Tatsache ist, dass auch er fest in das nahezu lückenlose Kontroll- und Überwachungssystem eingebunden war, das nicht nur die Pressefreiheit unterdrückte. Und bei den ganz großen Entscheidungen hatten schließlich nicht er, sondern sein unmittelbarer Vorgesetzter, der Chef der Luftstreitkräfte, beziehungsweise das Zentralkomitee oder gar der Parteichef persönlich das letzte Wort.

Wer Kamanins Tagebuchaufzeichnungen liest, deren erster Band 1995 erschien, bekommt allerdings den Eindruck, dass er eher zu den kritischen Geistern zählte, obgleich ihn viele seiner Kritiker als eingefleischten Stalinisten und karrieresüchtigen Menschen bezeichneten. Mehrfach äußert er nämlich sein Unverständnis, wenn Informationen beispielsweise über missglückte oder nur teilweise gelungene Raketenstarts unterdrückt wurden, obgleich doch eigentlich jedem klar war, dass solche Dinge bei dem damaligen Stand der Technik vor den Amerikanern nicht zu verheimlichen waren. Auch an der militärischen und politischen Führung übte Kamanin, der seit den 30er Jahren selbst zur Elite gehörte, in seinem Tagebuch wiederholt und zudem sehr deutlich Kritik.

Als am 22. Dezember 1960 der Start eines Raumschiffes mit den Hunden Shemschushna und Shulka an Bord wegen eines Fehlers in der 3. Raketenstufe gescheitert war, versuchte Koroljow in Moskau durchzusetzen, dass der Flug wenigstens in einer knappen TASS-Meldung registriert wurde, doch vergeblich. Tatsache aber war, dass die Kapsel zwei Tage später gefunden wurde und die Hunde die ballistische Landung gut überstanden hatten. Knapp sechs Wochen später ereignete sich ein ähnlicher Fall, doch diesmal intervenierte Kamanin mit Erfolg: Am 4. Februar 1961 wurde die automatische Station *Venus 1* gestartet. Alles verlief zunächst normal, nur dann zündete die 4. Raketenstufe nicht, weil das Kommando dafür aus irgendeinem Grunde ausblieb. Die Station gelangte somit nicht auf ihre Venus-Bahn, sondern umkreiste als Riesen-*Sputnik* mit einem Gewicht von acht Tonnen die Erde. Die in der 4. Stufe untergebrachten Antennen hatten sich nicht entfaltet, sodass auch kein Funkkontakt mit der Sonde aufgenommen werde konnte.
In der Kommissionssitzung, die den Fall auswertet, plädierte Kamanin vehement dafür, unverzüglich über den Start zu berichten. Man sei zwar nicht zur Venus geflogen, habe aber immerhin in kürzester Zeit eine Rakete mit einer neuen 3. und 4. Stufe sowie die Sonde gebaut, was allein schon ein großer Erfolg sei, zu dem man sich nur beglückwünschen könne, lauten seine Argumente.
Koroljow und einige andere zweifelten, ob es einen Sinn hätte, über den Start zu berichten. Kamanin hielt ihnen jedoch entgegen, dass der Koloss in der Umlaufbahn von den Amerikanern als „Himmelsspion“ oder gar als misslungener Versuch eines bemannten Weltraumunternehmens fehlgedeutet und propagandistisch ausgeschlachtet werden könnte.
Offenbar wurde sein Flehen in der Moskauer Führung erhört, denn mit Erleichterung nahm der General am Abend zur Kenntnis, dass Rundfunk und Fernsehen ihre Sendungen unterbrachen und eine offizielle TASS-Meldung über den Start eines „neuen schweren *Sputniks*“ verlasen.
Ungewollte Rückendeckung für seine Argumentation zu Gunsten einer Veröffentlichung erhielt Kamanin am nächsten Tag

unter anderem aus Italien. Hier mutmaßen einige Zeitungen in der Tat in großer Aufmachung, bei den Sowjets sei der Start eines Menschen fehlgeschlagen. Ein Blatt zitierte sogar Ohrenzeugen, die ein „Stöhnen“ und russische Wortfetzen über den Äther vernommen haben wollten.
Mit wechselndem Erfolg hatte Kamanin weiterhin versucht, innerhalb des politisch vorgegebenen, sehr engen Rahmens so etwas wie Normalität in die Weltraumberichterstattung einziehen zu lassen.
Immerhin waren zum Start von Kosmonaut Nummer Zwei, German Titow, am 6. August 1961 erstmals Journalisten zugelassen. Damit war gewissermaßen der erste Stein aus der Mauer der völligen Abschottung der Raumfahrt vor der Öffentlichkeit herausgebrochen. In der 2. Auflage von Gagarins „Mein Flug ins All“ hatte man zudem den Namen Titows auf der allerletzten Seite noch enthüllt. Er wurde in dem Grußschreiben Gagarins zum Start seines Freundes am 6. August 1961genannt. Mit viel Geschick und Ausdauer hatte der handverlesene Kreis der Raumfahrtjournalisten in der Folgezeit diesen „Brückenkopf“ gegen den Widerstand der Bürokratie und Zensur Stück für Stück erweitert. Dass bei der Berichterstattung die politischen und propagandistischen Aspekte der unbestritten beachtlichen sowjetischen Kosmos-Erfolge überwogen, die technischen Details aber so gut wie keine Rolle spielten, lag im Zug der Zeit. Die Sowjets wollten sich um keinen Preis in die Karten gucken lassen.
Der Ehrlichkeit halber muss aber auch gesagt werden, dass das Interesse der Öffentlichkeit damals natürlich in erster Linie den Kosmonauten galt, die als wahre Helden und Vorboten einer neuen Zeit erschienen. „Schuld“ daran war nicht zuletzt die Person Juri Gagarins, der mit seinem offenen, klugen Gesicht und dem unnachahmlichen Lächeln weltweit die Herzen im Sturm eroberte. Mit ihm hatte die Sowjet-Propaganda einen absoluten Volltreffer gelandet. Keine PR-Agentur der Welt hätte ein besseres „Gesicht des Jahrhunderts“ präsentieren können.
Der Wunsch, auch mehr technische und andere Details der sowjetischen Raumfahrt zu erfahren, wuchs in dem Maße, wie sich

der Westen in dieser Frage öffnete. Viele Informationen, die Moskau seiner eigenen Bevölkerung vorenthielt, lieferte der Westen zwar frei Haus. Doch erst mit dem Zusammenbruch des kommunistischen Riesenreiches bot sich die reale Chance, die vielen „weißen Flecken" in der sowjetrussischen Raumfahrtgeschichte zu tilgen.

Anfang 1962 erschien die erste Nummer der neuen Zeitschrift „Awazija i Kosmonawtika" (Luftfahrt und Raumfahrt). Durch sie verfügte Kamanin, der dem Redaktionskollegium angehörte, quasi über eine Hauspostille, mit der er einerseits die Raumfahrtinformationen gezielt kanalisieren, andererseits aber auch die Grenzen des Machbaren ausloten konnte. Nicht ohne Eigennutz verhalf Kamanin dem Blatt zu guten Kontakten mit Keldysch, Koroljow, Gluschko und anderen maßgeblichen Wissenschaftlern. Auf diesem Wege stärkte er nicht zuletzt seine Hausmacht auch gegen jene Militärs, die ihm, der damals ja als einziger namentlich genannt werden durfte, seinen Raumfahrtruhm offen neideten und ihm mehr als einmal Knüppel zwischen die Beine warfen.

Gelegenheit dazu gab es immer wieder. So missglückten im August und September 1962 zwei weitere Startversuche von *Venus*-Sonden. Beide Male versagte erneut die vierte Stufe der Trägerrakete. Auch die Funkverbindung klappte nicht. Moskau entschloss sich einmal mehr, die Fehlschläge einfach zu verschweigen. Kamanin hielt seine Enttäuschung darüber in seinem Tagebuch fest: „Unsere unnötige Geheimnistuerei bei den Starts schlägt jetzt auf uns zurück. In beiden Fällen hätte man mitteilen können, dass sieben Tonnen schwere *Sputniks* zu experimentellen Zwecken auf eine Umlaufbahn gebracht wurden." Ähnlich unzufrieden zeigte sich der Kosmonauten-Chef mit dem Film „Himmelsbrüder" über den ersten Gruppenflug von Andrijan Nikolajew und Pawel Popowitsch mit *Wostok 3* und *Wostok 4* (11. bzw. 12.-15.8.1962). Die Version, die schließlich das Wohlwollen von Werschinin, Rudenko, Agalzow und anderen maßgeblichen Militärs fand, war in seinen Augen über weite Strecken die Wiederholung zweier vorangegangener Filme.

Kamanin bemängelte außerdem viele „Allgemeinplätze" in dem Streifen sowie das Fehlen von Aufnahmen vom Start, von der Rakete, den Raumschiffen und Personen, die mit dem Flug zu tun hatten.

Diese „Geheimnisse" seien den Amerikanern schon seit langem bekannt gewesen, notierte Kamanin dazu in seinem Tagebuch. Als die Amerikaner ihre *Saturn*-Rakete bauten, hätten sie Koroljows *R-7* (Semjorka) schon genau gekannt. Außerdem würden in den USA und Westeuropa über Koroljow und andere Konstrukteure schon seit langem Vorträge gehalten und ausführliche Artikel geschrieben. „Dadurch ergibt sich eine ziemlich dumme Situation: Wir verbergen unsere Errungenschaften sowie herausragende Konstrukteure und Wissenschaftler vor unseren eigenen sowjetischen Menschen." Deutliche Worte eines Mannes in so einer Position, Worte, die allerdings erst Mitte der 90er Jahre, also lange nach seinem Tod, publik wurden.

In den Folgejahren wurde die Zensur vielfach noch verschärft, vor allem dann, wenn es um Zwischenfälle bei bemannten Starts ging. So erfuhr die Welt erst mit jahrzehntelanger Verspätung, dass Alexej Leonow im März 1965 beim Flug von *Woßchod 2* in akuter Lebensgefahr schwebte.

Nach seinem historischen Weltraumspaziergang kam er nur mit sehr viel Glück wieder in das Raumschiff zurück, weil sich sein Außenbordskaphander aufgebläht hatte, sodass er nicht mehr in die Übergangsschleuse passte. Auch die Probleme bei der anschließenden ballistischen Landung infolge Ausfalls der Automatik wurden ein Jahr lang verschwiegen.

Den tödlichen Absturz von Wladimir Komarow mit dem neuen Raumschiff *Sojus* am 24. April 1967 teilte die Moskauer Führung zwar mit, wenn auch mit zwölfstündiger Verspätung, doch exakte Einzelheiten wurden lange nicht genannt. Jahre später erfuhr die Menschheit zudem, dass dieser erste Tote in der bemannten Raumfahrt auch hätte Juri Gagarin heißen können, der als Double von Komarow fungierte. Da Komarow, mit 40 Jahren damals einer der ältesten Kosmonauten, Gesundheitsprobleme hatte, wäre ein Einsatz Gagarins zumindest nicht ausgeschlossen gewesen.

Inzwischen wissen wir auch, dass Gagarin sogar mit aller Macht versuchte, den Start des technisch nicht ausgereiften neuen Raumschiffes zu verhindern. Dabei bewies er für damalige Verhältnisse geradezu tollkühne Zivilcourage.

Das Sündenregister der sowjetrussischen Zensur könnte beliebig fortgesetzt werden. An der geradezu manischen Geheimhaltungsstrategie änderte sich erst etwas, als die Sowjets in der Hoch-Zeit des Helsinki-Prozesses der Entspannung im Juli 1975 mit den USA das *Sojus-Apollo-Test-Projekt (SATP)* durchführten und drei Jahre später im Rahmen des Interkosmos-Programms auch Kosmonauten aus ihren „Bruderstaaten“ zu ihren Raumstationen mitnahmen.
Übrigens: Bereits im Juni 1966 war der französische Staatspräsident Charles de Gaulle als erster Ausländer überhaupt in Baikonur gewesen. In Begleitung von Parteichef Breshnew, des Präsidiumsvorsitzenden des Obersten Sowjets, Nikolai Podgorny, und Ministerpräsident Alexej Kossygin wohnte er dem Start einer Interkontinentalrakete des Typs *R-12* und eines *Kosmos*-Satelliten bei.
Mit dem Besuch, der unter der Code-Bezeichnung „Operation Pairna“ ablief, wollte Moskau die ausgezeichneten Beziehungen zwischen beiden Ländern demonstrieren und zugleich den Austritt Frankreichs aus der militärischen Struktur der NATO honorieren.
Auf seine direkte Frage „Und solche Raketen sind also auf Paris gerichtet?“ erhielt de Gaulle damals die unverblümte Antwort: „Sie zielen dorthin, wo NATO-Streitkräfte stationiert sind.“ Beim Flug von Sigmund Jähn im August/September 1978 habe ich als ADN-Korrespondent die sowjetische Zensur aus eigener Erfahrung erlebt. Jede Zeile, die ich aus Baikonur nach Berlin schickte, musste vorher einem unsichtbaren Zensor vorgelegt werden. Ihm wurde der Text von einer eigens dafür engagierten Dolmetscherin Wort für Wort vorgelesen.
Beanstandungen gab es allerdings kaum, da die DDR-Journalisten von Anfang an gehalten waren, außer denen der Kosmonauten keine anderen Namen oder Details zu nennen, die

nicht unmittelbar mit dem Flug zusammenhingen. So durfte nicht einmal der richtige Name der damals 80.000 Einwohner zählenden Wohnstadt des Kosmodroms, Leninsk, erwähnt werden.

Noch ärger erging es den Fotografen. Sie mussten mit einem speziell vorgegebenen japanischen Filmmaterial arbeiten, da die Zensoren in Baikonur nur dieses entwickeln konnten. Die Bildreporter mussten bei ihrem Eintreffen in Baikonur alle mitgebrachten Filme abliefern und erhielten dann von einem Sicherheitsbeamten immer nur einen davon ausgehändigt. Dieser Film wurde markiert, indem der KGB-Mann einfach ein paar Zentimeter davon aus der Kapsel zog, eine Nummer drauf schrieb und diese dann unter dem Namen des jeweiligen Reporters in einer Kladde notierte, bevor er den Filmstreifen wieder ins Gehäuse zurückschob.

Es gehört nicht viel Phantasie dazu, sich vorzustellen, wie nervenaufreibend dieses „Spielchen“ war, zumal der Mann mehrere Reporter zu bedienen hatte und in den meisten Fällen nicht dort anzutreffen war, wo er gerade gebraucht wurde.

Noch heute sehe ich die entsetzten Gesichter der Bildreporter vor mir, wenn sie abends im Hotel in Baikonur ihre Tagesausbeute von der Zensur zurückbekamen. Zumeist war pro Film nur ein einziges Bild übriggeblieben, wenn überhaupt. Rückfragen nach den anderen Aufnahmen auf dem Film oder gar ein wie auch immer gearteter Protest verboten sich von selbst. Schließlich gab es am „Großen Bruder“ nichts zu kritisieren – und erst recht nicht hier, im streng geheimen Baikonur.

Doch es sollte noch schlimmer kommen. Nach Abschluss des Jähn-Fluges wurde den Reportern das unbelichtete Restmaterial ausgehändigt. Dafür hatten sich die Zensoren etwas ganz Besonderes ausgedacht. Die Filme wurden kurzerhand aus der Kapsel gezogen und so unbrauchbar gemacht. Mit Tränen in den Augen mussten die Bildreporter zusehen, wie sich ihr schönes „Westmaterial“ im Hotelzimmer in ein Riesenknäuel verwandelte.

Aber die sowjetische Zensur hatte auch ihre Lücken. So war es den schreibenden Journalisten nicht ausdrücklich verboten worden, zu fotografieren. Und da sich die Chance, einen Raketenstart live mitzuerleben, nach damaligem Verständnis sicher nur einmal bot, hatte jeder seine Privatkamera mitgebracht. Ich habe so völlig unbehelligt 13 Schwarzweißfilme belichtet und dabei so manches aufs Bild gebannt, das man den Profis herausgeschnitten hat.

VIELE KAMERAS UND WENIGE BILDER

Eigentlich hätte man annehmen müssen, dass die Sowjets in höchstem Maße daran interessiert gewesen seien, der Weltöffentlichkeit den grandiosen Start in das kosmische Zeitalter umfassend in Wort, Bild und Ton nahezubringen. Doch weit gefehlt. Aus Geheimhaltungsgründen gab es so gut wie keine PR-mäßige Vorbereitung, sieht man einmal von den mageren Meldungen der offiziellen Nachrichtenagentur TASS und der Erklärung der Moskauer Führung ab. Das meiste schriftliche Material wurde erst nach dem Flug Gagarins zusammengestellt, und bei den Bildern ließ man sich zum Teil jahrelang Zeit. Juri Gagarin hatte sich schon auf seiner Pressekonferenz beeilt, Bilderwünsche mit dem Hinweis abzuschmettern, es habe „keine einzige Fotokamera und keine fotografische Anlage" an Bord gegeben. Es seien keine Aufnahmen gemacht worden, „und darum gibt es nichts, was zu veröffentlichen wäre", obwohl er genau wusste, dass zwei TV-Kameras in seiner Kapsel installiert waren. Sie lieferten allerdings nur in der Vorstart-Phase Kontrollbilder, die zudem wegen der damals noch nicht ausgereiften Technik denkbar schlecht waren und nicht aufgezeichnet, sondern bestenfalls abgefilmt werden konnten.

Beim Start in Baikonur waren aber genügend Filmkameras vor Ort, wie wir heute wissen. Das Moskauer Studio für populärwissenschaftliche Filme (Nautschfilm) hatte eigens eine spezielle militärische Aufnahmegruppe unter der Leitung von Direktor Juri Kuprijanow gebildet. Regisseur war Grigori Kossenko, als Chefkameramann fungierte, wie bereits erwähnt, Wladimir Suworow. Er war es auch, der 1986 in allen Einzelheiten beschrieben hat, mit welchem Aufwand in tagelanger Vorbereitung ein lückenloses Netz stationärer Kameras in unterschiedlichen Entfernungen rund um die Rakete und den ganzen Startkomplex in Position gebracht wurden. Über kilometerlange Kabel miteinander verbunden, wurden sie zum Teil zentral bedient. Die Optiken waren so gewählt, dass alle Details des Starts eingefangen werden konnten. Eine spezielle Kamera war auf die Einstiegslu-

ke der Rakete gerichtet. Mit ihr sollte für den Fall einer Havarie die Rettung Gagarins gefilmt werden.
Besonderes Kopfzerbrechen bereiteten Suworow die Handkameras, deren Kassetten gerade einmal für 30 Sekunden reichten. Er startete deshalb seinen ganz speziellen Countdown, um zu verhindern, dass just im allerwichtigsten Moment die Filmkassette gewechselt werden musste.
Koroljow entwickelte zu Suworow und dessen Team so etwas wie eine Hassliebe. Auf der einen Seite verfluchte er die Männer, weil sie ihm immer vor den Füßen herumliefen. Andererseits aber wusste er nur zu gut, wie wichtig es war, das Ereignis für die Nachwelt auf Film zu bannen. Zum Start selbst gab der Chefkonstrukteur, der auf keinem der zur Veröffentlichung bestimmten Bilder auftauchen durfte, die Erlaubnis, Suworows Team durch Kameramänner des Zentralen Studios für Dokumentarfilme (ZSDF) zu verstärken. Beim ersten „Konzert“ (Code-Wort für Raketenstarts) mit einem Menschen an Bord sollte und durfte nichts schiefgehen.
Trotz des Großaufgebots an Kameras und Hunderter belichteter Kassetten gibt es bis heute nur ganz wenige Filmsequenzen über Gagarins Flug. Der übergroße Teil des Materials landete in den Giftschränken des Staatlichen Archivfonds der UdSSR in Moskau, wo es noch heute schmort. Als Grund für die „Verbannung“ reichte es schon, wenn Koroljow, der Vorsitzende der Staatlichen Kommission oder irgendein anderer Geheimnisträger beziehungsweise spezielle technische Details auf den Bildern zu erkennen waren.
Da kein Fotograf beim Start von Gagarin zugelassen war, wurden die wenigen Fotos, die damals zur Veröffentlichung freigegeben wurden, ebenfalls aus dem Filmmaterial gemacht. Dazu wurde einfach das entsprechende Motiv aus dem Film herausgeschnitten.
Das rief übrigens auch geschäftstüchtige Leute auf den Plan, die den kommerziellen Wert der raren Gagarin-Bilder schnell erkannten. So rissen sich zwei Mitarbeiter des Verlages der offiziellen Presseagentur Nowosti (APN) Filmreste unter den Nagel und „vermarkteten“ sie im Westen. Das hatte zur Folge, dass

viele Aufnahmen beim „Klassenfeind“ zu sehen waren, lange bevor sie in den eigenen Medien erschienen. Dadurch erblickte auch das erste Bild, das Juri Gagarin im Skaphander zeigt, zuerst im Westen das Licht der Welt.
Natürlich fanden die Moskauer Sicherheitsbehörden sehr schnell heraus, wo die „Lücke“ im System war, denn der Kreis derjenigen, die mit dem Filmmaterial zu tun hatten, war denkbar klein. Die beiden APN-Mitarbeiter, einer von ihnen war übrigens ein bekannter Bildreporter, landeten vor dem Kadi.
Der erste Film über Gagarin war drei Wochen nach dem Flug fertig. Das war Rekordzeit, denn das Zentralkomitee der KPdSU hatte erst eine Woche nach dem Start entschieden, überhaupt einen Film darüber zu zeigen. Der Streifen hatte den Titel „Der Weg zu den Sternen“. Möglich wurde seine schnelle Fertigstellung, weil vorsorglich insgeheim bereits umfangreiche Vorarbeiten geleistet worden waren.
Der Film entstand in heftiger Auseinandersetzung mit den Zensoren in der zuständigen Operativen Abteilung des ZK, die das Material über das Komitee für Staatssicherheit (KGB) bekam und ständig diese oder jene Verletzung der Geheimhaltungsrichtlinien bemängelte.
Am 7. Juli 1961 hatte ein weiterer Film in Moskau Premiere. Er wurde allerdings nur in einer geschlossenen Veranstaltung einem handverlesenen Personenkreis gezeigt, darunter Partei- und Staatsfunktionäre, Raumfahrtverantwortliche mit Koroljow an der Spitze sowie Chefs von Filmstudios.
Bis zum Februar 1963 wuchs die Zahl der Kosmos-Filme auf acht an. Hauptthelden waren dabei neben Gagarin auch schon seine „kosmischen“ Brüder Titow, Nikolajew und Popowitsch, die im August 1961 beziehungsweise im August 1962 geflogen waren. Die neuen Filme unterschieden sich aber wegen der unnachgiebigen Haltung der Zensoren nur unwesentlich vom ersten Gagarin-Streifen. Kosmonauten-Chef Kamanin hat das am meisten geärgert. Er beklagte sich im Zentralkomitee bitter darüber, dass zahlreiche Szenen ständig wiederkehrten. Übrigens gehörte das Fotografieren und Filmen auch zum Ausbildungsprogamm der Kosmonauten. Im Plan für die ersten

20 Kosmos-Anwärter waren dafür immerhin 65 Stunden vorgesehen, für die Fächer Astronomie und Geophysik dagegen nur 33 beziehungsweise 24 Stunden.

Die Geheimniskrämerei rächte sich im März 1968 bitter. Nach dem tragischen Tod Gagarins bei einem Flugzeugabsturz in der Nähe von Moskau schrie förmlich die ganze Welt nach Filmmaterial über den Kosmospionier, doch die Sowjets mussten passen. Das Einzige, was sie anzubieten hatten, waren stundenlange Berichte über seine Auslandsreisen und politischen Auftritte. Die sowjetischen Filmchronisten, die über Nacht Gedenksendungen machen mussten, standen ebenfalls mit leeren Händen da. Das einzig Neue, über das sie verfügten, waren Bilder eines maßstabgerechten Modells der *Wostok*-Trägerrakete, das im Juni 1965 vor dem Eingang des Kosmos-Pavillons auf der Moskauer Allunionsausstellung (WDNCh) aufgestellt worden war, sodass sich die Öffentlichkeit erstmals aus eigner Anschauung einen Eindruck von Gagarins Arbeitsgerät verschaffen konnte.

Einer der größten Geheimniskrämer und zudem Rosstäuscher, was Flugzeuge, Panzer und selbstverständlich auch Raketen anging, war Partei- und Regierungschef Chruschtschow selbst. Er führte die Weltöffentlichkeit ein ums andere Mal an der Nase herum. So fotografierten zu seiner Zeit ausländische Militärattachés bei den Paraden auf dem Roten Platz mit glänzenden Augen die gigantischen dreistufigen Interkontinentalraketen *713*, die angeblich aus reiner Friedensliebe verschrottet worden waren. Was sie aber nicht wussten: Es handelte sich dabei nur um Attrappen. Diese Raketen gehörten nie zur Bewaffnung der Sowjetarmee und konnten somit auch nicht außer Dienst gestellt werden.

Furore machte 1967 auch ein Foto in der Regierungszeitung „Iswestija“, das angeblich erstmals den Start eines Raumschiffes zeigte. Zu sehen war aber lediglich eine „Gurke“, wie sowjetische Raumfahrtjournalisten später schrieben, die sich aus einem dicken, schwarzen Rauchschwall erhob.

Die Aufnahme wurde auch ins Kiewer Handbuch „Astronomie und Raumfahrt“ aufgenommen. Daneben stellte man ein Foto, auf dem eine echte *Wostok*-Kapsel mit ihrer Verkleidung abgebildet war. Damit war die Konfusion bei den Fachleuten perfekt. Denn ihnen war bis zum damaligen Zeitpunkt keine einzige sowjetische Rakete mit einer solchen Nutzlastverkleidung bekannt.

Nach Jahren erst stellte sich heraus, dass dieses Raumschiff nicht auf den Reißbrettern des Konstruktionsbüros von Koroljow, sondern in der Retusche-Abteilung der Fotoredaktion des Regierungsblattes entstanden war, dessen Chefredakteur damals kein geringerer als Chruschtschows Schwiegersohn Alexej Adshubej war. Der will übrigens diese Aufnahme aus dem Safe von Verteidigungsminister Rodion Malinowski erhalten haben.

In dem bereits 1961 im „Prawda"-Verlag erschienenen Dokumenten-Band „Der Morgen der kosmischen Ära" hatte man sich noch einer anderen Methode bedient. Die aus drei Bildern bestehende Fotoserie vom angeblichen Start Gagarins war in Wirklichkeit eine willkürliche Komposition. Sie zeigte den Feuerschweif der ersten sowjetischen Großrakete *R-1*, die der deutschen *V-2* wie ein Ei dem anderen glich, die letzte Stufe der *R-7*, der ersten sowjetischen Interkontinentalrakete, sowie die Startrampe einer ballistischen Rakete des Typs *R-5*

GAGARIN RAPPORTIERT INS LEERE

Ein ganz besonderes Kapitel der Zensur ist die Manipulation oder letztlich auch bewusste Fälschung von Fotos, Filmen und Tondokumenten. Das betrifft insbesondere die Aufnahmen, die Gagarin angeblich unmittelbar vor dem Start oder beim Start selbst im Skaphander im Raumschiff liegend zeigen. Auffällig ist, dass dabei manchmal die Buchstaben „CCCP“ (UdSSR) am Helm stehen und dann mal wieder nicht.

Des Rätsels Lösung: Auch diese Aufnahmen stammen nicht vom Starttag aus dem Raumschiff, sondern wurden aus Filmen über das Training herausgeschnitten. Dabei hat man die Negative aus den einzelnen Vorbereitungsstadien durcheinandergebracht bzw. Gagarin mit unterschiedlichen Helmen abgebildet. Bei Gagarins triumphaler Begrüßung in Moskau zwei Tage nach der Landung gab es übrigens nur zwei verschiedene Aufnahmen von ihm, die auf allen Straßen und Plätzen zu sehen waren. Die eine zeigte ihn in seiner neuen Majors-Uniform ohne Mütze und die andere als Fallschirmspringer, die rechte Hand am Griff der Reißleine, in seiner Zeit im Aeroklub.

Einen anderen Fälschungsfall vom Starttag hat Gagarins Biograph Wladimir Gubarew 1985 enthüllt. Er habe sich wiederholt die Tonbandaufzeichnungen vom Funkverkehr zwischen Koroljow und Gagarin angehört. Weder vor dem Start noch danach sei eine irgendwie geartete Aufregung bei Koroljow zu spüren gewesen. Ihm schien, als hätte der Chefkonstrukteur „keinerlei Emotionen“, schreibt Gubarew. Beide, Koroljow und Gagarin, seien „ruhig“ gewesen. Später habe er aber Filmaufnahmen gesehen, die Koroljow mit einem Mikrofon in der Hand zeigen, über das er mit Gagarin spreche, fährt der Autor fort und stellt dann fest: „Und wir sehen sein Gesicht ... Dieser Mensch auf der Leinwand hat nur wenig Ähnlichkeit mit dem normalen Koroljow. Er ist unendlich aufgeregt!“

Den Grund dafür nennt Gubarew auch: „Die Aufnahmen waren später gemacht worden, bereits nach der Landung Gagarins. Die Militär-Kameraleute hatten Sergej Pawlowitsch gebeten, all das zu wiederholen, was er beim Start gesagt hatte. Und Koroljow hat erneut jene Gagarinschen Minuten durchlebt. Diesmal hatte er sich allerdings schon nicht mehr in der Gewalt …“

Zum Stichwort „Koroljow“ muss auch noch Folgendes angemerkt werden: Wie bereits erwähnt, durfte er bis zu seinem Tode im Januar 1966 namentlich nicht in Erscheinung treten. Natürlich wurden bis zu diesem Zeitpunkt auch keine Fotos von ihm veröffentlicht, obwohl es genug gab, die ihn im Kreise der Kosmonauten und speziell auch mit Gagarin zeigten.

Die ersten Aufnahmen Koroljows erschienen also nach dem Januar 1966 – und das auch nur höchst zögerlich und selektiv, denn auch jetzt kamen noch nicht alle Fotos mit dem Chefkonstrukteur durch die Zensur, weil zum Beispiel ein technisches Detail, ein Ort oder eben eine Person mit abgebildet waren, die weiter der Geheimhaltung unterlag. Die Zensoren gingen nach dem Prinzip vor, dass nichts im Bild gezeigt werden durfte, was textlich noch nicht freigegeben war.

So wurde zum Beispiel erstmalig am 2. April 1986 (!) in der Regierungszeitung „Iswestija“ ein Foto vom Mai 1961 publiziert, das Koroljow im Kreis der ersten 20 Kosmosanwärter zeigt. Bis dahin hatte man die Welt glauben gemacht, die sogenannte Gagarinsche Garde habe aus lediglich sechs Kosmonauten bestanden, nämlich aus jenen, die mit den *Wosto*k-Schiffen geflogen sind.

Genau genommen war aber auch dieses Bild noch „getürkt“, denn es gibt zwei Varianten davon. Die eine zeigt die 20 Männer zusammen mit Koroljow, dessen Frau Nina Iwanowna mit Pawel Popowitschs Tochter Natascha auf dem Schoß, dem 1. Chef des Kosmonauten-Korps, Karpow, dem Arzt Fjodorow und Fallschirmtrainer Nikitin. Auf der zweiten Variante sitzt zudem ein gewisser Michail Titow vom KGB in der ersten Reihe, der später noch einmal insofern in den Tagebuchaufzeichnungen Kamanins in Erscheinung trat, als er zu dessen Verärgerung „Disziplinlosigkeiten“ von Kosmonauten „nach oben“ meldete.

Nach dem tragischen Tod Gagarins im März 1968 musste die Zensur zwangsläufig mehr Fotos freigeben, weil die Verlage sonst auch gar nicht in der Lage gewesen wären, die vielen Gedenkausgaben zu illustrieren, die in den folgenden Jahren erschienen. Dem Fachmann boten insbesondere die Bildbände sowie Aufnahmen mit dem bei den Sowjets üblichen Hinweis „Dieses Foto wird erstmals veröffentlicht“ reichlich Material für die „vergleichende Forschung“. Da in der Regel nicht mitgeteilt wurde, aus welchem Jahr die Bilder stammten, musste man sich anderweitig behelfen.

Das war zumindest bei Gagarin nicht schwer, wenn er Uniform trug. Denn anhand der Rangabzeichen ließ sich der Aufnahmezeitpunkt relativ exakt bestimmen. Dazu musste man allerdings wissen, dass er vom 12. April 1961 bis zum 12. Juli 1962 Major, danach bis zum 6. November 1963 Oberstleutnant und anschließend bis zu seinem Tode Oberst war.

Als weiteres „Erkennungszeichen“ kam im Oktober 1961, also nur wenige Monate nach seinem Flug, eine böse Schramme hinzu, die Gagarins Gesicht fortan verunzierte und von der noch ausführlich zu sprechen sein wird. Diese Schramme verriet dem Kenner so manche Manipulation, etwa bei Gagarin-Fotos im Skaphander, die einfach in die Apriltage zurückdatiert worden waren.

Trotz einer aufwändigen plastischen Operation blieb Gagarins linke Augenbraue gespalten, und eine S-förmige Narbe zog sich bis in die Stirnmitte. Die Moskauer Führung nahm das zum Anlass, von dem Kosmonauten neue „Protokoll“-Fotos anfertigen zu lassen, wie es sie damals von allen wichtigen Persönlichkeiten gab. Das geschah am 24. Oktober.

Die Aufnahmen wurden sofort Verteidigungsminister Malinowski und Chruschtschow zur Bestätigung vorgelegt. Schon am darauffolgenden Tag erschien Gagarin mit „neuem“ Gesicht in den Zeitungen.

Kaschiert wurde der „Bildwechsel“ mit einem Auftritt des Kosmonauten auf dem XXII. KP-Parteitag. Es war dies zugleich der erste Auftritt in der Öffentlichkeit nach dem Unfall.

Kamanin zeigte sich mit der Kunst der Ärzte des Zentralen Fliegerlazaretts im Moskauer Stadtteil Sokolniki zufrieden. „Die Spuren der Verletzung im Gesicht sind fast nicht mehr zu sehen“, schrieb er in sein Tagebuch. „Die Augenbraue ist sehr kunstvoll gemacht und verdeckt gut die Schramme darüber.“

Doch mehr als jede physische Veränderung bereitete den Zensoren ein politischer Wechsel Kopfzerbrechen: 1964 stürzte Breshnew seinen Rivalen Chruschtschow und riss die ganze Macht an sich. Das bedeutete zugleich, dass alle Fotos, auf denen Chruschtschow im Allgemeinen und mit Gagarin im Besonderen zu sehen war, im „Giftschrank“ verschwinden mussten. Das galt natürlich ebenso für Filme. Selbst Bücher wurden „aktualisiert“: Bilder und Zitate von Chruschtschow wurden bei Neuauflagen, die zumeist nicht lange auf sich warten ließen, kommentarlos durch solche von Breshnew ersetzt.

Auch Chruschtschows Schwiegersohn Alexej Adshubej hat sich zu diesem Thema geäußert.

Er hatte im Zuge des Chruschtschow-Sturzes ebenfalls seinen Posten als Chefredakteur der „Iswestija“ verloren und sich nach langer politischer Abstinenz auf die Seite Gorbatschows geschlagen. Zum 30. Jahrestag des Fluges von Gagarin vermerkte er sarkastisch auf der Titelseite seines ehemaligen Blattes zur Chruschtschow-bereinigten Version des Films über die Begrüßung in Moskau:

Der Kosmonaut „rapportiert“ ins „Leere“. Auch auf der Tribüne des Lenin-Mausoleums „organisiert man“ eine „seltsame Einsamkeit“ des Helden … Die „großen Möglichkeiten der Filmmontage und Retusche haben seit langem in unsere Praxis Einzug gehalten“. Und es „finden sich mehr Leute als genug, die gerade auf diese Weise den Beginn der Epoche der Raumfahrt darstellen möchten“.

SCHRAMME MIT POLITISCHEN FOLGEN

Die Schramme im Gesicht Gagarins brachte die Sowjetführung in arge Verlegenheit. Die Geschichte ihrer Entstehung ist mehr als delikat. Kamanin hat sie ausführlich beschrieben. Danach hatte Gagarin am 3. Oktober 1961 während eines gemeinsamen Erholungsaufenthaltes unter anderem mit Titow und Rudnew auf der Krim „übermäßig" Abschied gefeiert, weil er am nächsten Tag nach Moskau zurückkehren sollte. Nach dem Abendessen habe er sich hingelegt, während die Frauen, darunter auch Walentina Gagarina, im Klubraum Karten und die Männer Schach gespielt hätten.

Gegen 22:00 Uhr sei Gagarin aufgewacht und in den Klubraum gekommen. Hier habe er mal den Frauen, mal den Männern beim Spiel zugesehen, zwischendurch Schallplatten aufgelegt und auch getanzt. Eine Viertelstunde vor Mitternacht habe er seine Frau aufgefordert, mit dem Kartenspielen aufzuhören und schlafen zu gehen. Danach habe er den Klubraum verlassen. Nach etwa drei Minuten habe Walja gefragt: „Und wo ist Jura?" Eine der anwesenden Frauen habe ihr „voller Boshaftigkeit" geantwortet, er sei im Korridor nach rechts und dort in einem Zimmer verschwunden.

Daraufhin sei Frau Gagarina dorthin gegangen, um nach ihm zu sehen. Zwei der drei Zimmer seien leer, das dritte von innen abgeschlossen gewesen. Walja habe kräftig an die Tür geklopft, die dann auch „nach einigen Sekunden" geöffnet worden sei. Im Rahmen habe die „Krankenschwester Anja" gestanden, das Zimmer sei erleuchtet gewesen. Auf die Frage von Frau Gagarina, wo ihr Mann sei, habe Anja geantwortet: „Ihr Mann ist vom Balkon gesprungen."

In der Tat fand man Gagarin auf einem asphaltierten Weg in seinem Blute liegend. Beim Sprung vom zwei Meter hohen Balkon war er, wie sich später herausstellte, am Weinspalier hängengeblieben, hatte das Gleichgewicht verloren und war mit dem Kopf auf eine Betonumrandung aufgeschlagen.

Walentina Gagarina sei in Tränen ausgebrochen und habe geschrien: „Was steht ihr alle so herum, helft ihm! Er stirbt!“ Der eilig herbeigerufene Arzt des Sanatoriums habe Erste Hilfe geleistet, und nach vier Stunden seien Marineärzte von der Schwarzmeerflotte gekommen und hätten Gagarin operiert. Ihre Diagnose: „Zertrümmerung des Knochens über der Augenbraue. Die Verletzung ist aber nicht tödlich. Über der linken Augenbraue bleibt eine Schramme zurück.“ Außerdem verordneten die Mediziner Gagarin drei Wochen Bettruhe.

Was dem verhängnisvollen Sturz vorausging, hat die Krankenschwester so geschildert: Sie sei nach der Schicht in das Zimmer gegangen, um sich auszuruhen. Sie habe angekleidet auf dem Bett gelegen und ein Buch gelesen. Da sei Gagarin in das Zimmer gekommen und habe die Tür hinter sich abgeschlossen. Mit den Worten „Nun, wirst du schreien?“ habe er sie zu küssen versucht … In diesem Augenblick habe es an der Tür geklopft, und der Kosmonaut sei vom Balkon gesprungen.

Wie Kamanin schreibt, hat dieses Vorkommnis ihm und vielen anderen Menschen, die für Gagarin verantwortlich waren, viel Ärger bereitet. Zudem hätte die Sache für Gagarin, für ihn und für das Land „sehr traurig“ ausgehen können. „Juri Gagarin ist um Haaresbreite einem widersinnigen und äußerst dummen Tod entgangen.“

Am 14. Oktober wurde Gagarin zur weiteren Behandlung auf dem Luftweg nach Moskau ins Fliegerlazarett gebracht. Die Ärzte hier bestanden auf weitere zehn Tage Bettruhe. Diese Entscheidung hatte schwerwiegende politische Konsequenzen: Gagarin konnte damit nämlich nicht an der Eröffnung des XXII. Parteitages teilnehmen, der am 17. Oktober begann, und somit auch nicht in das Präsidium gewählt werden. German Titow, sein kosmischer Bruder, blieb damit zwangsläufig ebenfalls nur einfacher Delegierter.

Natürlich war die Kremlführung, allen voran Chruschtschow, der sich auf dem Parteitag in Gagarins Licht sonnen wollte, alles andere als erbaut über den folgenschweren Seitensprungversuch ihres kommunistischen Musterknaben. Marschall Werschinin kommentierte Kamanins detaillierten Bericht über den Vorfall

mit den Worten: „Mit dem Kosmos sind sie zurechtgekommen, aber auf der Erde benehmen sie sich sonderbar.“
Der Luftwaffenchef war mehr als verbittert und äußerte gegenüber Kamanin die nicht ganz von der Hand zu weisende Befürchtung, dass die Gagarin-Affäre von seinen Neidern gegen ihn, Werschinin, ausgenutzt werden könnte.
Kamanin selbst hielt sich erstaunlich zurück. Er wollte seinem Schützling zumindest im Lazarett keine „Standpauke“ halten, zumal auch Ehefrau Walja dabei war. Dennoch hatte er ihm ins Gewissen geredet. „Danke Gott, dass du noch einmal davongekommen bist, denn es hätte sehr schlecht ausgehen können“, sagte der General. „Ich hoffe, du begreifst nicht schlechter als ich, welche Unannehmlichkeiten du dir, dem Oberkommando, der Partei und dem Volk bereitet hast. Du hast eine sehr wertvolle Lehre erhalten, aus der man Schlussfolgerungen für das ganze Leben ziehen muss.“
Gagarin antwortete kleinlaut: „In diesen Tagen habe ich über vieles nachgedacht. Die Dummheiten, die ich begangen habe, kann ich mir selbst nicht verzeihen. Ich muss mein Verhalten ändern.“
Wie es sich für einen guten Kommunisten gehörte, übte Gagarin natürlich vor dem Parteikollektiv der Kosmonauten die übliche Selbstkritik. Dabei kam es am 14. November im „Sternenstädtchen“ gleich zu einem „Generalaufwasch“. Denn auch Titow musste sich Asche aufs Haupt streuen. Hier ging es aber nicht wie bei Gagarin um eine Frauengeschichte, sondern um Teufel Alkohol. Beide Kosmonauten waren mehrfach dabei erwischt worden, dass sie zu tief ins Glas geschaut hatten.
Titow hatte sich außerdem – und das auch noch im Ausland – eine Disziplinlosigkeit besonderer Art geleistet. Bei seinem offiziellen Besuch in Rumänien war er im offenen Wagen durch Braşov gefahren. Danach sollte er für die Weiterfahrt nach Ploieşti in ein geschlossenes Fahrzeug umsteigen, zumal es auch noch leicht zu regnen begonnen hatte. Zum Entsetzen seines Delegationsleiters General Nikolai Goregljad schwang sich Titow jedoch auf eines der Motorräder der Ehreneskorte und fuhr der Fahrzeugkolonne davon.

Was Gagarin betraf, so ist er, wenn er getrunken hatte, wiederholt nicht gerade fein mit seiner Frau umgegangen, um es höflich auszudrücken. Dabei scherte es ihn herzlich wenig, ob Fremde dabei waren.

Kamanin, der von solchen Auftritten, die man Gagarin eigentlich gar nicht zutraut, immer wieder peinlich berührt war und ihm dies auch unverblümt sagte, akzeptierte im Wesentlichen die Selbstkritik der beiden übermütigen und trinkfreudigen Kosmos-Helden. Sie hätten die „Fälle von Alkoholmissbrauch, leichtfertigen Beziehungen zu Frauen und die anderen Vergehen eingestanden", notierte der General. Gagarin habe zudem die Umstände seiner Verletzung „glaubwürdig" dargelegt.

Allerdings, so fügte Kamanin einschränkend hinzu, habe der Kosmonaut – offenbar um seine Frau nicht zu kränken – betont, nicht gewusst zu haben, dass sich die Krankenschwester in dem Zimmer befand, in das er hineingegangen sei, um sich „aus Jux" vor Walja zu verstecken.

Diese umständliche und nicht sehr überzeugende Erklärung nahm ihm Kamanin natürlich nicht ab. Dennoch ließ er sie gelten und kommentierte sie mit der Bemerkung: „Obgleich auch ich überzeugt war, dass das Motiv für den Besuch des Zimmers ein anderes war, bestand ich nicht darauf." Gagarins Version dürfe allerdings auch nicht gänzlich als „unglaubwürdig" abgetan werden. Sie schwäche das Vorkommnis selbst etwas ab und sei angetan, Familienstreit zu vermeiden, meinte der General versöhnlich.

Dennoch musste natürlich auch der Öffentlichkeit irgendwann einmal plausibel erklärt werden, was es denn mit der frischen Narbe an der Stirn des Kosmonauten auf sich hatte. Diese Gelegenheit bot sich in einem Interview mit Gagarin, das die Gewerkschaftszeitung „Trud" (Arbeit) am 15. November 1961 veröffentlichte. Anlass war seine Auszeichnung mit der FAI-Goldmedaille. Wie das Leben so spielt, war sie ihm kurz nach der bewussten Parteiversammlung im Rahmen eines Vortrages an der Moskauer Staatlichen Universität (MGU) von dem berühmten russischen Testpiloten Kokkinaki überreicht worden.

Die Schrammen-Erklärung fiel ebenso heldisch wie knapp aus. Er habe auf der Krim mit Töchterchen Galja herumgealbert und sei dabei gestolpert, sagte Gagarin dem „Trud"-Reporter Baraschow. Während er die Tochter noch habe auffangen können, sei er selbst mit dem Gesicht auf einen Stein geschlagen. Bis zu Galjas Hochzeit sei sicher alles wieder gut, scherzte Gagarin, möglicherweise aber auch schon früher – „bis zum nächsten Raumflug".

Wie Gagarins Frau auf den missglückten Seitensprung ihres Mannes reagiert hat, ist nie an die Öffentlichkeit gedrungen. Zumindest äußerlich hat sie sich nichts anmerken lassen, immerhin hat sie ihren Mann in der Folgezeit auf vielen seiner Auslandsreisen begleitet. Auch in den beiden Büchern, die in ihrem Namen verfasst wurden, fiel kein böses Wort. Sie verteidigt im Gegenteil mit Stolz und einem gewissen Trotz ihren Mann gegen alle wie auch immer gearteten Attacken. Doch wer weiß schon, wie es im Inneren dieser Frau aussieht, die immer noch zurückgezogen im „Sternenstädtchen" lebt.

DIE MÄR VOM FRIEDLICHEN KOSMOS

Die von den Sowjets gebetsmühlenartig wiederholte Beteuerung, den Kosmos lediglich zu friedlichen Zwecken zu nutzen, kann man getrost in das Reich der Legende verweisen. Sie ist heute nur noch unter der ideologischen Prämisse zu begreifen, dass man sich damals allen Ernstes einbildete, sozialistische Raketen oder Waffen generell seien quasi Friedensboten.

Die mit der Raumfahrt befassten Generäle, allen voran Kamanin, aber auch Koroljow, waren sich lange vor dem Start Gagarins darüber im Klaren, welche strategischen Vorteile die militärische Beherrschung des Weltraums im atomaren Wettlauf mit den USA bot. Sie drängten deshalb die Militärführung, alle diesbezüglichen Aktivitäten unter dem Dach der Luftstreitkräfte zusammenzuführen. Doch die hatte offenbar die Gunst der Stunde noch nicht erkannt. Kamanin führte das nicht zuletzt auf das hohe Durchschnittsalter der Kommandospitze um Marschall Werschinin von über 60 Jahren zurück und begann ernsthaft darüber nachzudenken, ob er sich nicht besser gleich an Chruschtschow persönlich wenden sollte. Ihn verfolge ständig das ungute Gefühl, „dass wir langsam und mit gespreizten Fingern" handeln, schrieb Kamanin am 20. März 1961 in sein Tagebuch.

Koroljow, der schon 1934 von Raketen als „ernstzunehmender Waffe" gesprochen hatte, bemängelte vor allem, dass die Entwicklung der Spionageapparaturen für die Raumschiffe so zögerlich vonstatten ging. Er erhoffte sich generell von einer Konzentration der Mittel und des wissenschaftlichen Potentials unter der Ägide der Luftwaffe einen kräftigen Leistungsschub, der ihn seinem ehrgeizigen Ziel, 1965 einen Menschen zum Mond zu schicken, einen großen Schritt näherbringen würde. Immer wieder versuchte er, Rüstungs-Minister Ustinow, Werschinin, Generalstabschef Sacharow und andere einflussreiche Militärs die Sache anhand der schon erwähnten Spionagefotos unter anderem von einem türkischen Flughafen schmackhaft zu machen.

Kamanin und Koroljow zeigten sich geradezu euphorisch ob der Tatsache, dass vier der Fotos von Ende März, die am Boden stehende Flugzeuge zeigten, nahezu 100-prozentig mit früheren Aufnahmen vom 9. März identisch waren. Für Kamanin war das insbesondere ein Beweis für die Fähigkeit seiner Leute, ein Raumschiff exakt auf einer vorausberechneten Bahn zu halten. Doch vorerst blieb sein Bemühen ohne durchschlagende Wirkung, obwohl sich die senile „Natschalstwo", die Führung also, schon irgendwie von der Qualität der Aufnahmen beeindruckt zeigte.

Kamanin hatte auch am 3. April ein Album mit Kosmos-Fotos bei sich, als er zusammen mit Gagarin, Titow und Neljubow im Stab der Luftwaffe auf Abruf bereitstand, um notfalls ins Zentralkomitee zu fahren, dessen Präsidium an diesem Tag über den Termin für den bemannten Flug entschied.

Für den Fall, dass er dem Präsidium Rede und Antwort zu stehen hatte, wollte er der Parteiführung die Aufnahmen präsentieren, um deren „besonderen Wert als Mittel der Aufklärung", wie er es nannte, zu unterstreichen. Doch dazu kam es nicht. Das ZK-Präsidium entschied, ohne Kamanin oder die drei Kosmonauten-Anwärter anzuhören.

Doch Kamanin ließ nicht locker. Als die Luftwaffe im Juni 1962 eine wissenschaftliche Konferenz „Über die militärische Bedeutung des Weltraums und die nächsten Perspektiven" veranstaltete, witterte er seine Chance. Er beklagte die „sehr bescheidenen" sowjetischen Weltraumerfolge in diesem Jahr und warnte vor der Gefahr, dass das Land 1963 und 1964 von den USA überholt werden könnte.

Dabei nutzte er zur Untermauerung seiner Argumentation geschickt die Botschaft von Präsident John F. Kennedy an den Kongress über die Leistungen von Luft- und Raumfahrt im Jahre 1961 und ließ zudem eigene Erfahrungen einfließen, die er im April/Mai bei seinem Amerika-Besuch zusammen mit Titow gewonnen hatte.

Die Kennedy-Botschaft war natürlich sofort Verteidigungsminister Malinowski vorgelegt worden. Dieser beauftragte Marschall Werschinin, „kurz das Wesen der Frage darzulegen" sowie daraus „Schlussfolgerungen und Vorschläge" abzuleiten und ihm zu unterbreiten. Werschinin wiederum reichte diesen Auftrag an Kamanin weiter. Der war darüber hocherfreut. „Ich werde versuchen, diesen Anlass zu nutzen, um Rudenko, Werschinin, aber hauptsächlich Malinowski von der dringenden Notwendigkeit der Stärkung des militärischen Kosmos und insbesondere des Programms für die bemannten Raumflüge zu überzeugen", schrieb er in sein Tagebuch. Die Amerikaner hätten richtig entschieden, indem sie ausreichend Mittel für die Raumfahrt zur Verfügung stellten, die Arbeiten in der Hand der Nationalen Luft- und Raumfahrtbehörde NASA und der Luftwaffe konzentrierten sowie die Aufmerksamkeit auf die bemannte Raumfahrt und auf die Erschließung des Mondes richteten.

Wenn die USA mit ihrer höher entwickelten Elektronik und Funktechnik nicht dem Automaten, sondern dem Menschen den Vorzug im All gaben, dann müsse auch die Sowjetunion „mit ihrer bislang schwächeren Automatik" die entscheidende Rolle des Menschen bei Raumflügen verteidigen. „Doch entgegen dem gesunden Menschenverstand treten bei uns viele für die Automatik und gegen den Menschen ein", klagte Kamanin. Das sei „befremdlich und dumm" und „das Ergebnis dessen, dass der militärische Kosmos von Leuten geführt wird, die davon keine Ahnung haben".

Als ob es diese These Kamanins bestätigen wollte, lehnte das Verteidigungsministerium im August den Antrag auf den Bau weiterer zehn *Wostok*-Raumschiffe ab. Zugleich wurde mit dem Start von *Kosmos 1* am 16. März 1962 das bislang umfangreichste, aber zugleich geheimnisumwobenste Satellitenprogramm in der Geschichte der Raumfahrt aufgelegt. Bis heute sind rund 2.500 solcher Raumflugkörper aufgestiegen, über die lange Zeit offiziell nichts verlautete, weil ein Großteil davon militärische Aufgaben hatte. So war bereits die Seriennummer 4 vom 26. April 1962 ein Fotospion, und die Nummer 20 diente der Funkaufklärung. Später wurden unter dem Deckmantel dieses Programms auch sogenannte „Killer-Satelliten", militärische

Raumstationen und Raketen-Frühwarnsysteme gestartet oder getestet.
Bitter enttäuscht über die Ablehnung des Ministeriums, beschloss Kamanin Ende August 1962, sich nun wirklich an Chruschtschow zu wenden und einen Brief zu schreiben, den auch die Kosmonauten unterzeichnen sollten. „Vielleicht bringt dieser Schritt den Generalstab und den Minister wenigsten ein bisschen auf Trab", kommentierte Kamanin seine Entscheidung.
Entgegen anderslautenden Behauptungen spielten auch die Kosmonauten eine aktive Rolle bei der Militarisierung des Alls. So berichteten nach Angaben Kamanins am 13. September Andrijan Nikolajew eineinhalb Stunden und Pawel Popowitsch eine halbe Stunde auf einer Sitzung der Wissenschaftlich-Technischen Kommission (NTK) des Generalstabs vor Generälen und Offizieren aller Waffengattungen „ausführlich über die Möglichkeiten von Kosmonauten, im *Wostok*-Raumschiff militärische Aufgaben zu lösen".
„Die Schlussfolgerungen aus ihren Vorträgen lauten: Der Mensch ist in der Lage, im Kosmos alle militärischen Aufgaben analog den Aufgaben der Luftwaffe zu erfüllen (Aufklärung, Abfangen, Angriff); die *Wostok*-Raumschiffe können für die Aufklärung hergerichtet werden, für Abfang- und Angriffsaufgaben müssen schnell neue, vollkommenere Raumschiffe geschaffen werden", resümierte damals Kamanin.
Unmittelbar nach den Vorträgen waren Kamanin, Nikolajew, Popowitsch und auch Gagarin von Generalstabschef Sacharow zu einem 30-Minuten-Gespräch empfangen worden. Daran nahmen auch der Sekretär des Verteidigungsrates, General Semjon Iwanow, und weitere hohe Militärs teil. Sacharow habe bei der Begegnung von allen „die dümmsten Fragen" über die Möglichkeiten des Menschen und der *Wostok*-Schiffe gestellt, militärische Aufgaben im All zu erfüllen, hielt Kamanin in seinem Tagebuch fest. Malinowski entschied darauf: „Die *Wosto*k-Raumschiffe haben keine militärische Bedeutung, wir werden sie deshalb nicht in die Bewaffnung aufnehmen und bestellen. Möge sich damit die Militärindustrie-Kommission befassen."

Kamanin kommentierte diese für ihn völlig unverständliche Entscheidung mit den Worten: „Die Geschichte wiederholt sich: Vor genau 50 Jahren hatten zaristische Generäle etwa genauso die militärischen Möglichkeiten von Flugzeugen eingeschätzt. Malinowski, Gretschko und Sacharow vergeben unsere Möglichkeiten, als erste eine militärische Kosmos-Macht – ich würde sogar sagen, eine absolute Kosmos-Macht – zu schaffen, die zur Bestätigung der Herrschaft des Kommunismus auf der Erde beitragen könnte."

Knapp acht Wochen später, am 9. November, konnte Kamanin jedoch Werschinin für einen Plan gewinnen, der unter anderem den Bau von zehn neuen *Wostok*-Raumschiffen und die Umrüstung von *Wostoks* für militärische Zwecke, das heißt Aufklärung, Abwehr, Angriff, vorsah. Der Marschall schloss sich allen Vorschlägen an und leitete das Papier an Generalstabschef Sacharow weiter, der für Dezember eine Entscheidung versprach. Doch dazu sollte es nicht mehr kommen, weil das *Wostok*-Programm langsam auslief. 1963 umkreisten mit Waleri Bykowski bzw. der ersten Frau im All, Walentina Tereschkowa, an Bord die letzten beiden Raumschiffe dieses Typs die Erde.

Inzwischen nahmen schon die *Sojus*-Kapseln auf den Reißbrettern Gestalt an. Diese Raumschiffe der dritten Generation, die ab 1967 den *Woßchods* folgten, von denen nur zwei – 1964 und 1965 – flogen, waren von Anfang an für Flüge zum Mond und auch für militärische Zwecke vorgesehen.

Die Grundidee bestand darin, einen Raumflugkörper zu bauen, der steuerbar war und auf der Umlaufbahn an einen anderen angekoppelt werden konnte. Damit sollten Langzeitflüge mit wissenschaftlicher und militärischer Aufgabenstellung ermöglicht werden. Einer der maßgeblichen Konstrukteure von *Sojus* war übrigens Konstantin Feoktistow, der im Oktober 1964 zusammen mit Wladimir Komarow und dem Arzt Boris Jegorow in dem ersten mehrsitzigen Raumschiff *Woßchod 1* 24 Stunden lang im All war.

Der *Sojus*-Komplex, dessen Entwurf Kamanin im Januar 1963 in Koroljows Konstruktionsbüro (OKB-1) in Kaliningrad (heute

Koroljow) bei Moskau in Augenschein nahm, bestand aus einem dreisitzigen Raumschiff (*7K*) mit einer Masse von 5,5 Tonnen, einer Rakete (*9K*) mit einer Masse von 18 Tonnen für das Manövrieren auf der erdnahen Umlaufbahn und die Beschleunigung des Schiffes auf die sogenannte „Flucht- oder Entweichgeschwindigkeit“ (rund 11,2 km/s) für eine Mondumkreisung sowie einem Tanker (*11K*) mit einer Masse von fünf Tonnen. Mit ihm sollte der Zwei-Komponenten-Treibstoff zum bemannten *Sojus*-Komplex gebracht werden, der für eine Lebensdauer von drei Jahren konzipiert war, wie wir es dann bei der 1977 gestarteten Raumstation *Salut 6, Salut 7* und später beim Raumlabor *MIR* erlebt haben.
Vom *Sojus*-Raumschiff selbst waren auch eine Abfang- und eine Aufklärungsvariante vorgesehen, die nach der russischen Abkürzung *Sojus-P* (perechwatschik) beziehungsweise *Sojus-R* (raswetschik) hießen.
Wie wir heute von der russischen Seite offiziell wissen, waren *Kosmos 249* (Start: 20.10.1968), *Kosmos 397* (25.2.1971), *Kosmos 910* (23.5.1977) und *Kosmos 1397* (29.7.1982) solche Abfang- oder „Killer“-Satelliten, wie sie im Westen genannt wurden. Als „Zielscheiben“ dienten unter anderem *Kosmos 185* (27.10.1967), *Kosmos 291* (6.8.1969), *Kosmos 394* (9.2.1971) und *Kosmos 1241* (21.1.1981).
Am 13. und 14. Dezember 1962 hatte sich eine Militärwissenschaftliche Konferenz an der Shukowski-Akademie, an der auch Gagarin und die meisten anderen Kosmonauten studierten, mit Fragen der militärischen Nutzung „kosmischer Flugapparate“, wie es damals hieß, befasst. Dabei ging es unter anderem um die Entwicklung von Quantengeneratoren, sogenannten Orbitalflugzeugen und Raketenstarts aus der Luft. Einer der Redner, der legendäre Flugzeugchefkonstrukteur Viktor Bolchowitinow, legte Berechnungen vor, nach denen Orbitalflugzeuge ballistischen Raketen ökonomisch und militärisch überlegen sein sollten, wenn es um die Bekämpfung kleiner strategischer Ziele ging, zum Beispiel von U-Booten und Raketensilos. Anstelle von neun solcher Raketen, so rechnete Bolchowitinow dem Auditorium vor, seien lediglich zwei Orbitalflugzeuge erforderlich.

Nach Ansicht von Kamanin war die Konferenz insgesamt „zufriedenstellend“ verlaufen. Der General bemängelte aber, dass es zwar „viel Agitation für die Militarisierung des Kosmos“ gegeben habe, aber wenig über konkrete Maßnahmen dafür gesprochen worden sei. Er forderte, „schon jetzt“ konkrete Fragen der Zweckbestimmung, Anwendung und Ausrüstung der verschiedenen kosmischen Flugapparate zu erörtern und zu entscheiden. Eine wichtige Entscheidung in diese Richtung traf Kamanin bald darauf selbst. Auf einer Wahlberichtsversammlung der KP im „Sternenstädtchen“, an der neben Gagarin und Titow auch Vertreter der Luftwaffe und der Politischen Hauptverwaltung der Streitkräfte teilnahmen, erteilte er der Parteiorganisation unter anderem den Auftrag, die Möglichkeiten der militärischen Anwendung von kosmischen Apparaten „tiefschürfend zu untersuchen“ und „in die Praxis jedes Fluges Elemente der Kampfanwendung einzuführen“.

Inzwischen hatte offenbar auch Generalstabschef Sacharow so langsam begriffen, worum es ging. Auf einer militärwissenschaftlichen Konferenz des Verteidigungsministeriums sprach er vor praktisch der gesamten Militärführung von der „entscheidenden Bedeutung“ der Kernwaffen und strategischen Raketen beim militärischen Erstschlag. Kamanin bemerkt dazu in seinem Tagebuch, der Hauptinhalt des Vortrages sei „richtig“ gewesen, mehrfach sei die Rede vom Kosmos als dem „wahrscheinlichen Schauplatz militärischer Aktionen der nahen Zukunft“ gewesen. Er vermisse aber erneut „entschiedene Empfehlungen zur organisatorischen Umsetzung der neuen Ziele“, etwa für den Umbau der Führungsstruktur. Logisch wäre beispielsweise, die Raketentruppen „unablässig zu verstärken“ und dafür andere Teilstreitkräfte zu reduzieren. Doch Wassili Tschuikow, der Held von Stalingrad, und andere Generäle hätten die Infanterie „grimmig“ verteidigt.

Letztlich konnte Kamanin auf der Konferenz doch noch einen großen Erfolg verbuchen: Zum ersten Mal hielten die Kosmonauten in einen Rechenschaftsbericht des Oberkommandierenden der Luftwaffe, Marschall Werschinin, Einzug. In seinem Bericht über die Ergebnisse bei der Gefechtsausbildung im Jahr

1962 und die Aufgaben für 1963 erwähnte er „den ersten Gruppenflug von Nikolajew und Popowitsch, die ersten Experimente zur Gefechtsanwendung der Raumschiffe und den Abschluss der Rekrutierung einer neuen Kosmonauten-Gruppe“, notierte Kamanin erfreut. Allerdings sei vom „Kampf um den Kosmos“ keine Rede gewesen.
Von Kamanin kommt auch der Vorschlag an Werschinin, die Raumschiffstarts voll in die Hände der Militärs zu legen. Als Hauptargument führte er ins Feld, dass „Dutzende“ Chefkonstrukteure wie Koroljow, Gluschko und Piljugin „monatelang“ auf dem Kosmodrom leben müssten und somit keine Möglichkeiten hätten, an der Vervollkommnung ihrer Systeme zu arbeiten, solange die Industrie das Sagen habe.
Kamanin schlug vor, eine Spezialeinheit von 200 bis 300 Offizieren aufzustellen. Diese sollten zwei bis drei Monate lang in Koroljows Konstruktionsbüro und am Startplatz selbst ausgebildet werden und schon 1964 die volle Verantwortung für die Vorbereitung und Durchführung des Starts übernehmen. Damit hätte quasi die Geburtsstunde der Weltraumstreitkräfte geschlagen, die dann noch bis 10. August 1992 auf sich warten ließ. Werschinin stimmte dem Vorschlag zwar im Prinzip zu, drückte sich dann aber einmal mehr um die konkrete Entscheidung – aus Angst vor dem Neuen und dem Risiko, wie Kamanin meinte.
„Denn der Kosmos bedeutet nicht nur große Siege, sondern auch Risiken und Verantwortung sowie mögliche große Unannehmlichkeiten“, schrieb er dazu in sein Tagebuch.
Auch Verteidigungsminister Malinowski war nicht bereit, in dieser Frage das entscheidende Wort zu sprechen. Wenn die Luftstreitkräfte die volle Verantwortung für die Starts übernehmen und dafür auch eine spezielle Abteilung schaffen wollten, so sollten sie das tun, ließ er wissen. Doch zusätzliche Planstellen werde er dafür nicht genehmigen. Außerdem gehe es Koroljow offenbar nur darum, die Verantwortung auf die Militärs abzuwälzen, wenn etwas passieren sollte. Dann könne er sagen: Seht mal, solange ich die Sache in der Hand hatte, ist alles in Ordnung gegangen. Und nun, da die Militärs die Führung haben, geht alles schief.

Kamanin kommentierte die wankelmütige Haltung seines Ministers mit den Worten: „Wer sich vor der Verantwortung fürchtet, kann und soll nicht führen. Für Malinowski ist es schon lange Zeit, in den Ruhestand zu treten, und je schneller er das begreift, desto besser ist das für die Verteidigung des Landes und die Erschließung des Kosmos." Die militärischen Führer seien „alt" geworden und hätten nichts mehr von dem „ehemaligen Scharfsinn" und der einstigen Fähigkeit, „kühne Entscheidungen zu treffen".

Auch Rudenko kam nicht besser weg. Er sei „eine Nachtigall, die für sich selbst singt und alles behindert", schreibt Kamanin etwas verquast.

Während der Streit um die Kosmos-Zuständigkeiten zwischen Verteidigungsministerium, Luftwaffe und der entsprechenden ZK-Abteilung hinter den Kulissen weiterging, arbeitete Kamanin mit eben jenem Rudenko vorsichtshalber schon einmal einige Varianten für die Leitung der Kosmos-Aktivitäten in der Luftwaffe aus. Sie entschieden, beim Staatlichen Wissenschaftlichen Rotbanner-Forschungsinstitut (GKNII) eine 300 Personen starke Abteilung zu gründen. Sich selbst brachte Kamanin als Gesamt-Verantwortlichen für die Raumfahrt ins Spiel. Dazu sollte, wie er vorschlug, seine Dienststellung in „Gehilfe des Oberkommandierenden für Kosmos-Fragen" umbenannt werden.

Mit diesem Handstreich kam Kamanin vielen anderen Generälen zuvor, die Ruhm und Ehre witterten, plötzlich ihre Liebe für das Raumfahrtprogramm entdeckten und ihren Anspruch auf den lukrativen Chef-Posten anmeldeten.

Wie immer, wenn es in einer Sache nicht recht vorwärts geht, wurde eine Kommission gebildet, in diesem Fall beim Verteidigungsministerium. Sie sollte unter Leitung von Werschinin Vorschläge für das weitere *Wostok*-Programm erarbeiten.

Dabei ging es um folgende Fragen:

1. Welche Aufgaben militärischen oder militärwissenschaftlichen Charakters können mit Hilfe von Raumschiffen des

Typs *Wostok 3A* bei der bestehenden Geräte-Ausrüstung gelöst werden?

2. Welche zusätzlichen Kampfaufgaben können mit Hilfe welcher Apparatur bei einer Modernisierung des Raumschiffes *Wostok 3A* unter Berücksichtigung der zulässigen Masse und Abmessungen gelöst werden?

3. Welchen Platz können bereits existierende und modernisierte Raumschiffe des Typs *Wostok 3A* im System der kosmischen Rüstung unter Berücksichtigung der Arbeiten an dem Nachfolgerraumschiff *Sojus* einnehmen?

4. Müssen die Aufträge für die Raumschiffe *Wostok 3A* dem Verteidigungsministerium übertragen werden, oder ist es zweckmäßig, die bisherige Bestellweise beizubehalten?

5. Welche Anzahl *Wostok 3A*-Raumschiffe müssen in den Jahren 1963 – 1964 für das Verteidigungsministerium neben den Aufträgen für Objekte des Typs *Zenit* unter Berücksichtigung ihrer gemeinsamen Produktionsbasis gebaut werden?

6. Muss das Verteidigungsministerium anstelle der Staatlichen Kommission die Leitung bei den Starts der *Wostok 3A*-Raumschiffe übernehmen?

7. Welche organisatorisch-technischen Maßnahmen müssen vom Verteidigungsministerium durchgeführt werden, wenn ihm die Organisation der Arbeiten am Raumschiff *Wostok 3A* inklusive Aufträge, Starts, Flugleitung, Landung usw. übertragen wird?

Kamanin war sichtlich zufrieden mit dem Katalog, wurden die von ihm aufgeworfenen Probleme doch erstmals offiziell festgeschrieben. Der General notierte deshalb in seinem Tagebuch: „Die letzte Frage ist die wichtigste. Die Aufträge, die Entgegennahme und die Nutzung der *Wostok 3A-, Sojus-* und anderen

Raumschiffe müssen unbedingt den Luftstreitkräften übertragen und alles für dieses Ziel Erforderliche geschaffen werden (Leitung, Unterabteilungen, zentraler Apparat und vieles andere mehr, was für den Gang der weiteren Entwicklung bemannter Raumflüge erforderlich ist)."

Der erste Entwurf des Berichts der Kommission für den Minister und schließlich das ZK, den Kamanin maßgeblich mit formuliert hat, kulminierte in dem Vorschlag, der Luftwaffe die Verantwortung für die Ausarbeitung der taktisch-technischen Aufgaben sowie für die bemannten Raumschiffe und deren militärische Nutzung zu übertragen. Das wurde von den Vertretern des Generalstabs und der Strategischen Raketentruppen strikt abgelehnt. Sie stimmten zwar dem Bau weiterer vier *Wostok*-Raumschiffe zu, waren aber zu keinerlei weiteren Zugeständnissen an die Luftwaffe zu bewegen.

Fünf verschiedene Entwurfs-Varianten wurden auf diese Weise abgeschmettert, wobei sich die Raketentruppen als besonders hartnäckige Gegner der Vorstellungen Kamanins erwiesen. Doch dieser gab nicht auf. Unerwartet deutliche Rückendeckung erhielt er dabei von der Industrie und der Wissenschaft, allen voran Koroljow, Keldysch, Mischin, Buschujew, Tschertok, Bogomolow und Ischlinski. Koroljow und Keldysch plädierten ferner dafür, *Wostok* als „erstes Lehr- und Trainingsraumschiff" in die Bewaffnung der Luftstreitkräfte aufzunehmen. Kamanin war darüber natürlich hocherfreut und wertete das als Beweis für den „neuen Kurs Koroljows zur Stärkung der Beziehungen zu den Luftstreitkräften".

Im Juni 1963 zeigte Koroljow, dass es ihm mit seinem Kurswechsel ernst war. Unmittelbar nach der glücklichen Landung von Walentina Tereschkowa sagte er zu Kamanin: „Nehmen Sie das auf Ihr Konto, Nikolai Petrowitsch. Die Kosmonauten sind von euch, Leute, die sich auskennen, habt ihr genug – also leitet auch die Raumflüge. Und ich werde euch aus Moskau mit meinem Rat zur Seite stehen."

Koroljow hat mit diesem Schritt Kamanins Position enorm gestärkt. Damit schien sich auch das Verhältnis zwischen beiden Männern, das lange Zeit von Spannungen bestimmt gewesen war, endgültig zu entkrampfen. Was Koroljow angeht, so mag ihm die ausdrückliche Zustimmung Kamanins zu seinen Plänen, neue, steuerbare *Sojus*-Raumschiffe zu bauen und damit auch zum Mond zu fliegen, die schwere Entscheidung erheblich erleichtert haben.

Indessen zog sich die Entscheidung Malinowskis über das organisatorische Schicksal der Raumfahrt weiter hin. Mehr noch: Auf den x-ten Vorschlag des Generalstabs, sie nun endlich der Luftwaffe zu unterstellen, schrieb der Minister Ende November 1963: „Alles so belassen, wie es ist."

Kamanins Kommentar dazu klingt bissig und bitter. Die Weigerung Malinowskis, diesen vernünftigen Vorschlag zu akzeptieren, „kann man nur als Dummheit und Unvermögen qualifizieren, über die eigene Nasenspitze hinauszublicken", schrieb er. Die Kosmos-Angelegenheiten verbesserten sich damit nicht. „Und die Sache der Eroberung des Kosmos erleidet sichtbar Schaden; wir bleiben hinter den Amerikanern zurück, und dieses Zurückbleiben wird bald für alle sichtbar werden."

Zum wiederholten Male erwog Kamanin, das ZK und Chruschtschow persönlich in die Sache einzuschalten und dabei auch die Autorität der Kosmonauten zu nutzen. Doch dann nahm er davon wieder Abstand, weil er befürchtete, zu viel Wirbel zu machen, was letztendlich den Kosmonauten und auch ihm nur schaden würde.

Ungeachtet dessen wurde weiter fleißig an dem streng geheimen *Zenit 2*-Programm gearbeitet.

Der Startversuch des ersten sowjetischen Satelliten für die „Fotoaufklärung" am 11. Dezember 1961 war missglückt, doch beim zweiten Himmelsspion am 26. April 1962 klappte es. Nach Abschluss des Erprobungsprogramms – von insgesamt 13 Starts schlugen drei fehl – wurden die *Zenit 2* schließlich in die Bewaffnung aufgenommen.

Zenit 2, mit dessen Entwicklung Koroljow noch vor dem Start von *Sputnik 1* begonnen hatte, war ein komplexer Spionagesatellit. Er hatte drei Fotoapparate SA-20, die topografische Kamera SA-10 sowie die Funkaufklärungsapparatur KUST 12M an Bord. Die höchste Auflösung betrug 10 bis 12 Meter, und jede

Kamera konnte 1.500 Aufnahmen machen. Das belichtete Filmmaterial wurde mit einer kleinen Kapsel zur Erde gebracht. Der Satellit war der Form nach im Wesentlichen mit *Wostok* identisch. Allerdings hatte man unter anderem das Lebenserhaltungssystem, den Katapultsessel für den Kosmonauten, das Steuerpult, die Handsteuerung, die Funkanlage und das TV-System ausgebaut.

Dafür wurden die Fotoapparate und Kameras, ein spezielles funktelemetrisches System, das Funksystem „Majak" (Leuchtturm), eine Kommando- und EDV-Anlage, ein Steuerungssystem sowie eine Einrichtung eingebaut, mit der der Satellit automatisch gesprengt werden würde, sollte er von seiner vorausberechneten Bahn abkommen.

1968 wurde die modernisierte Variante *Zenit 2M* in Dienst gestellt, und 1992/93 wurde die *Zenit*-Klasse schrittweise aus der Bewaffnung genommen. Der letzte derartige Fotospion verbarg sich unter der unverfänglichen Bezeichnung *Kosmos 2281*.

Auch die Besatzungen der *Wostok-, Woßchod- und Sojus*-Raumschiffe hatten immer wieder mal militärische Aufgaben zu lösen. Eine militärische Standardausrüstung hatten sie dafür allerdings nicht. Auch bei den bemannten Mond-Expeditionen waren militärische Aktivitäten vorgesehen.

Dagegen waren die bis Anfang der 90er Jahre streng geheimen Raumstationen *Almas* (Diamant) reine Militärobjekte. Für die breite Öffentlichkeit hießen sie *Salut 2, Salut 3 und Salut 5* und wurden 1973, 1974 beziehungsweise 1976 gestartet. Die Stationen hatten ausschließlich militärische Besatzungen und flogen tiefer als die zivilen Stationen *Salut 1, Salut 4, Salut 6 und Salut 7,* um die Erde besser ins Visier nehmen zu können.

Die *Almas*-Stationen, die rund 19 Tonnen wogen, waren als kosmische Beobachtungs-Stützpunkte für zwei- bis dreiköpfige Besatzungen ausgelegt und hatten die entsprechenden Apparaturen an Bord.

Dazu gehörten Großformatkameras, Teleskope, Periskope für die Rundumbeobachtung und Anlagen für die Entwicklung der Filme. Das Spionagematerial wurde mit einer Spezialkapsel zur

Erde zurückgeführt. Eilige Fotos konnten direkt zur Erde gefunkt werden.
Die Stationen verfügten zudem über ein spezielles Lageregelungssystem, um sie exakt auf Kurs zu halten. Der Funkverkehr erfolgte über verschlüsselte Militärkanäle.
Zur Abwehr von „feindlichen“ Abfangsatelliten und Abschleppraumschiffen gab es eine Nudelman-Schnellfeuerkanone, wie sie sonst Flugzeuge an Bord haben. Als Zubringer dienten die von Koroljow entwickelten Raumschiffe *Soju*s. Das bemannte *Almas*-Programm wurde am 19. Dezember 1981 beendet.
Fortan orientierte man sich auf identische unbemannte automatische Stationen, die nur noch zu Wartungs- und Reparaturzwecken angeflogen werden sollten.
Die *Almas*-Stationen waren zentraler Punkt eines „kosmischen Achtjahresplanes“, der im September 1967 von Werschinin gebilligt und dann dem Generalstab vorgelegt wurde. Er sah bis 1975 vor, 20 solcher militärischen Erdaußenposten, 50 militärische Forschungsraumschiffe S*ojus*, 200 sogenannte „Schulraumschiffe“ (utschebnyje kosmitscheskije korabli) und rund 400 Zubringerraumschiffe zu bauen.
Der Plan ging davon aus, dass die *Almas*-Besatzungen alle 15 Tage ausgewechselt werden würden. Dafür brauchte man 48 Raumschiffe pro Jahr und nicht weniger als 30 Besatzungen zu je drei Mann, wenn man in Betracht zog, dass statistisch gesehen jeder Kosmonaut eineinhalb Mal im Jahr flog. Zudem kamen Hunderte Frachter für die Versorgung der Stationen mit Treibstoff, Wasser, Lebensmitteln und Ersatzteilen hinzu. Der Gesamtbedarf an Raumschiffen und Trägerraketen für das militärische und zivile Raumfahrtsprogramm zusammen wurde für den Planungszeitraum auf jeweils rund 1.000 beziffert, darunter waren 800 *R-7*, mehr als 100 *UR-500K* (die heutige *Proton*) und zehn bis zwölf Mondraketen *N-1*.
Ferner mussten bis 1975 400 Kosmonauten ausgebildet sowie zwei bis drei Luft- und Raumfahrtbrigaden und zehn Fliegerregimenter für die Kosmonauten-Ausbildung und die Bergungsmannschaften aufgestellt werden.

Zudem hätte auch die Forschungsbasis verstärkt und das Kosmonauten-Ausbildungszentrum erheblich erweitert werden müssen. Der Gesamtpersonalbedarf für die materiell-technische Sicherstellung des Programms wurde auf 20.000 bis 25.000 Mann veranschlagt, die Kosten allein im Verantwortungsbereich der Luftstreitkräfte auf mehr als 250 Millionen Rubel.
Glücklicherweise ist es nicht zur Verwirklichung des militärischen Programms in diesem Ausmaß gekommen, weil sich Anfang der 70er Jahre die internationale Lage deutlich entspannte und den Sowjets auch die Kosten über den Kopf wuchsen, von den technischen Problemen etwa mit der *N-1* ganz zu schweigen.
Das bedeutet allerdings nicht, dass die Russen bei ihren bemannten Missionen fortan nur noch friedliche Forschung betrieben. Auch die Besatzungen der Orbitalstationen der zweiten und dritten Generation, *Salut 6/Salut 7 und MIR,* sowie die Raumfähre *Buran* und die Superrakete *Energija* hatten militärische Aufträge zu erfüllen. Ähnliches hat Präsident Putin Ende 2014 auch nach dem erfolgreichen Erststart der neuen schweren Trägerrakete *Angara-A5* angekündigt.
So wurde die Laserstation *Skif-DM* – offiziell hieß sie *Poljus* – für die Vernichtung kosmischer Objekte im niedrigen Erdorbit entwickelt. Die Waffe war 37 Meter lang, hatte einen Durchmesser von 4,1 Metern und wog rund 80 Tonnen. Sie wurde am 15. Mai 1987 huckepack mit der *Energija* ins All geschossen, erreichte aber ihre Umlaufbahn nicht und fiel ins Meer. Die offizielle Nachrichtenagentur TASS meldete damals, das Modell der Station sei im Stillen Ozean „gewassert“. Daraufhin wurde das Programm geschlossen.
Damit war auch das Schicksal der *Almas*-Gruppe besiegelt. Dahinter verbarg sich anfangs eine fünfköpfige Gruppe von Militärkosmonauten, die im September 1966 im Kosmonautenausbildungszentrum unter Leitung von Pawel Beljajew, dem Kommandanten von *Woßchod 2*, gebildet worden war. Ihr gehörten auch die Kosmonauten Lew Djomin und Wassili Lasarew an. 1968 kamen unter anderen noch Waleri Roshdestwenski, Witali Sholobow und Georgi Dobrowolski hinzu.

Anfang 1969 wurde eine zweite Gruppe Militärkosmonauten unter Leitung von Pawel Popowitsch gegründet. Der wurde im Februar 1970 von Georgi Schonin abgelöst, weil er zum stellvertretenden Chef des Kosmonautenausbildungszentrums befördert wurde. Zu dieser Gruppe stießen dann neben anderen auch noch die Kosmonauten Juri Glaskow, Wjatscheslaw Sudow, Gennadi Sarafanow, Boris Wolynow, Wiktor Gorbatko, Jewgeni Chrunow und Juri Artjuchin. Schließlich gab es 28 Militärkosmonauten, die auf die einzelnen Besatzungen aufgeteilt wurden. Mit dem Ende des *Almas*-Programms 1981 wurde auch diese geheime Spezialeinheit bis auf einen Rest von sechs Veteranen langsam aufgelöst und zerfiel letztendlich 1985.
Öffentlich gesprochen wurde über die militärischen Aspekte der sowjetischen Raumfahrt natürlich nicht. Nur ein- oder zweimal gab es eine Reaktion von offizieller Seite dazu. So begründete *MIR*-Chefkonstrukteur Juri Semjonow noch im März 1990 die militärische Komponente der Station mit der Bemerkung, dass die USA schließlich ihre Strategische Verteidigungsinitiative (SDI) auch noch nicht aufgegeben hätten.

VON STALINS GEFANGENEM ZUM „VATER DER MODERNEN SOWJETISCHEN RAUMFAHRT“

Von Adshubej stammt die bemerkenswerte Feststellung, dass „in der Rakete, die Juri Gagarin ins All trug, leider die aufopferungsvolle Arbeit vieler Wissenschaftler und Ingenieure – ehemaliger Gefangener – steckte“. Nachzulesen ist dieser Satz auf der Titelseite der damaligen Regierungszeitung „Iswestija“ vom 11. April 1991 in einem Kommentar des Chruschtschow-Schwiegersohns unter der Schlagzeile „Heldentat im Kosmos und Drama auf der Erde“.

In der Tat: Die meisten jener Männer, denen die UdSSR ihren atomaren „Raketenschild“ und später die Raumfahrterfolge verdankt, wurden 1937/38 während der Massenrepressionen grundlos verhaftet und gingen durch die Hölle der Stalinschen Straflager.

Der Diktator im Kreml verfuhr dabei nach dem zynischen Motto „Einsitzen und arbeiten“. Viele überlebten diese Hölle allerdings nicht.

Einer der wenigen, die dieser Hölle durch glückliche Umstände gleich zweimal entkamen, war Koroljow, der später zu Recht als „Vater der modernen sowjetischen Raumfahrt“ in die Geschichte einging. Leider konnte er diesen Ruhm zu Lebzeiten nicht mehr genießen, denn sein Name durfte auch unter Stalins Nachfolgern Chruschtschow und Breshnew bis unmittelbar vor seinem frühen Krebstod im Januar 1966 nicht genannt werden – aus Geheimhaltungsgründen.

Koroljow war am 27. Juni 1938 von Stalins Geheimpolizei NKWD verhaftet worden. Man beschuldigte ihn, Mitglied einer antisowjetischen konterrevolutionären Organisation zu sein. Am 27. September wurde ihm der Prozess gemacht. Das Militärkollegium des Obersten Gerichts der UdSSR unter Vorsitz eines Richters mit dem deutschen Namen Ulrich verurteilte ihn nach nur kurzer Verhandlung aufgrund einer Denunziation als

„Volksschädling“ zu zehn Jahren Gefängnis. Die Anklage stützte sich im Wesentlichen auf einen verleumderischen Brief des Ingenieurs Andrej Kostikow aus dem Raketenforschungsinstitut (RNII), dessen stellvertretender Direktor Koroljow zeitweilig war.
Am 10. Oktober wurde Koroljow in das Gefängnis von Nowotscherkassk eingeliefert, wo er acht Monate einsaß. Im August 1939 wurde er in das Übergangslager „Wtoraja retschka“ (Zweites Flüsschen) und von dort mit dem Motorschiff „Dalstroj“ in die Nagajew-Bucht gebracht, an der auch die Stadt Magadan liegt. Von hier wiederum führte ihn sein Leidensweg weiter auf dem sogenannten Kolyma-Trakt zu schwerster Zwangsarbeit in der Goldgrube Maljdjak.
Koroljows Mutter Marija Nikolajewna ließ nichts unversucht, um ihren Sohn aus den Klauen des NKWD zu retten. Kurz nach seiner Verhaftung schickte sie sogar ein Telegramm an Stalin und riskierte damit ihr eigenes Leben. „Mein Sohn, der kürzlich bei der Erfüllung seiner dienstlichen Pflichten verletzt wurde und eine Gehirnerschütterung erlitten hat, befindet sich im Gefängnis, was sich tödlich auf seine Gesundheit auswirkt“, schrieb sie. „Ich flehe Sie an, retten Sie meinen einzigen Sohn, der ein junger talentierter Spezialist, Raketeningenieur und Flieger ist.“ Die Hoffnung auf eine baldige Freilassung des Sohnes erfüllte sich jedoch nicht.
Mehr Erfolg hatten dagegen die Eingaben zweier Freunde Koroljows, der legendären Piloten Walentina Grisodubowa und Michail Gromow. In selbstloser Weise warfen sie ihr ganzes Prestige als Volkshelden und Parlamentsabgeordnete in die Waagschale und erreichten schließlich die Wiederaufnahme des Verfahrens. Dieses fand am 10. Juli 1940 in Abwesenheit Koroljows statt. Das Gericht verringerte die Strafe auf „nur noch“ acht Jahre Gefängnis.
Eine nicht unwesentliche Rolle spielte dabei der Umstand, dass Berija, der Ende der 30er Jahre Jeshow auf dem Posten des NKWD-Chefs abgelöst hatte, dessen Terrorregime etwas lockerte, um sich selbst den Anstrich eines gerechten und humanen Menschen zu geben. Auf einer Sondersitzung des NKWD, die

Berija persönlich leitete, wurde daraufhin auch Koroljow vom „Mitglied einer antisowjetischen konterrevolutionären Organisation“ zu einem „Schädling auf dem Gebiet der Militärtechnik“ heruntergestuft.
Koroljow selbst hatte die ganze Zeit über ebenfalls um die Wiederherstellung seiner Ehre gekämpft und zahllose Briefe an das ZK und die Generalstaatsanwaltschaft geschickt, die allerdings unbeantwortet blieben.
Übrigens hatte Koroljow an dem Wiederaufnahmeverfahren teilnehmen sollen, das in Wladiwostok stattfand. Er hatte jedoch den Dampfer „Indigirka“ verpasst, der ihn von der Kolyma-Halbinsel dorthin bringen sollte, wie er viel später seiner zweiten Frau Nina Iwanowna anvertraute. Das Zuspätkommen hat ihm das Leben gerettet, denn der Dampfer, auf dem sich einige hundert Leidensgenossen Koroljows befanden, war aus ungeklärter Ursache gesunken.
Am 13. September 1940 wurde Koroljow, für ihn völlig unerwartet, als Strafgefangener aus der mörderischen Goldgrube im Fernen Osten in das Besondere Technische Büro (OTB) beim NKWD nach Moskau abkommandiert. Hier arbeitete er im Zentralen Konstruktionsbüro 29 (ZKB-29), das von dem ebenfalls inhaftierten und später weltberühmten Flugzeugkonstrukteur Andrej Tupolew geleitet wurde.
Tupolew, der damals mit der Konstruktion seines Bombenflugzeuges *S-103* (der späteren *Tu-2*) befasst war, brauchte für den schnellen Abschluss der Arbeiten dringend Spezialisten, von denen sich einige, wie er wusste, in Haft befanden. Er erstellte daraufhin eine Liste mit den Namen von Flugzeugingenieuren, die ihm geeignet schienen, und übergab sie dem NKWD. Einer der Namen war der von Koroljow, den man schließlich in der Goldmine ausfindig machte.
Das Büro von Tupolew, bei dem Koroljow 1930 seine Diplomarbeit – ein zweisitziges leichtes Motorflugzeug – verteidigt hatte, lag in der Radio-Straße. Die oberen Stockwerke des sechsgeschossigen Baus dienten als Gefängnis, in den unteren befanden sich die Arbeitsräume.

Koroljow, der von seinem alten Lehrer mit „ungewöhnlicher Wärme“ empfangen wurde, wie sich Augenzeugen erinnern, war damals am Ende seiner Kräfte. „Noch zwei, drei Monate, und ich hätte es nicht mehr ausgehalten“, sagte er.
Mit dem Überfall der deutschen Wehrmacht auf die Sowjetunion wurde das Konstruktionsbüro in die sibirische Stadt Omsk verlegt, wo ein neues Flugzeugwerk entstanden war. Doch lange sollte Koroljow dort nicht bleiben. Bereits 1942 wurde er nach Kasan an der Wolga ins OKB-16 zu dem Triebwerksbauer Walentin Gluschko, seinem Kollegen aus RNII-Zeiten, beordert. Gluschko, der seinerzeit als Erster im Institut verhaftet worden war und hier seine Haftzeit „abarbeitete“, hatte Koroljow dringend angefordert. Er brauchte ihn für die Entwicklung von Zusatzraketentriebwerken für die Frontflugzeuge. Sie sollten den in der Luftwaffe existierenden Kampfmaschinen eine höhere Geschwindigkeit und bessere Steigleistung verleihen.
Die erste Beschleunigeranlage (*ARU-1*) wurde bereits am 11. Oktober 1943 mit einer *Pe-2* erfolgreich getestet. Koroljow hatte es sich nicht nehmen lassen, als Bordingenieur mitzufliegen.
1944 befasste sich Koroljow auch ausführlich mit theoretischen Fragen. Der Gedanke an den Düsenantrieb von Flugzeugen ließ ihn nicht los. So schrieb er eine „erläuternde“ Einschätzung zur Ausrüstung des Jagdflugzeuges Lawotschkin *5WI* mit Zusatzraketen des Typs *RD-1 und RD-3.* Daneben wandte er sich auch wieder verstärkt den Raketen zu. Veranlasst dazu haben ihn nicht zuletzt die sich häufenden Nachrichten über den Bau der *V-1* und der *V-2* in Deutschland.
Wie zur Selbstverständigung verfasste Koroljow einen kurzen Abriss über die Arbeiten des RNII an Flügelraketen in den Jahren 1932 bis 1938. Dann zog er seine Schlussfolgerungen. Er wendete sich mit dem Vorschlag an die Staatsführung, Raketen für Verteidigungszwecke zu entwickeln, denn Koroljow war schon früher als allen anderen klar, dass Raketen die Waffen von morgen sein würden. Der Bau von starken Raketenmotoren für die Luftwaffe war deshalb für ihn eine wichtige und nützliche Zwischenetappe auf dem Weg dorthin.

Bestätigt in seinen Ideen sah sich Koroljow durch die Entscheidung des Volkskommissariats (Ministeriums) für die Flugzeugindustrie von Mitte 1944, in seinem Wissenschaftlichen Forschungsinstitut (NII-1) eine Unterabteilung „Rakete" zu bilden. Sie sollte die wissenschaftliche Begründung für die Zweckmäßigkeit und Möglichkeit des Einsatzes von Raketen im Rahmen des Verteidigungspotenzials des Landes beliefern.
Die wissenschaftliche Leitung der Unterabteilung, in der die *BI-1* (nach den Anfangsbuchstaben der Konstrukteure Beresnjak und Issajew) als erstes sowjetisches Düsenflugzeug gebaut wurde, lag in den Händen von Wiktor Bolchowitinow. Außerdem gehörten ihr alte Mitarbeiter und Freunde Koroljows aus der Gruppe zum Studium der Rückstoßbewegung (GIRD) und dem Raketeninstitut an, darunter Tichonrawow, Pobedonoszew, Spezialisten verschiedener Disziplinen wie Piljugin, Mischin, Woskressenski und Tschertok sowie Vertreter der Streitkräfte.
Gegen Ende des Jahres bekam die Unterabteilung „Rakete" erstmals Teile der „Wunderwaffe" *V-2*, die von vorrückenden Truppen der Roten Armee auf dem SS-Übungsgelände Blizna („Heidelager") nordöstlich von Krakau im heutigen Polen sichergestellt worden waren. Koroljow und die anderen Spezialisten machten sich mit Feuereifer an das Studium der Beutestücke. Im November 1944 legte die entsprechende Kommission ihren Bericht über das Ergebnis der Untersuchungen vor. Das Material reichte aber bei Weitem nicht aus, um die deutsche Waffe in wissenschaftlicher wie technischer Sicht abschließend zu beurteilen und möglicherweise sogar noch Schlussfolgerungen für den Bau einer eigenen Variante zu ziehen.
Deshalb entschied der Volkskommissar (Minister) für Rüstung, Dmitri Ustinow, dem die Raketentechnik zwischenzeitlich unterstellt worden war, die deutsche Raketentechnik systematisch und gründlich zu untersuchen. Dazu wurde Mitte 1945 die sogenannte Technische Kommission unter Leitung von Lew Gaidukow, dem Konstrukteur der „Stalinorgeln", geschaffen. Ihre Aufgabe bestand darin, alle Reste der deutschen Raketenproduktion, die die Amerikaner zurückgelassen hatten, zu sichern und

in die UdSSR zu verbringen sowie die übrig gebliebenen deutschen Spezialisten dafür zu rekrutieren.

Das Jahr 1944 brachte für Koroljow persönlich noch eine wichtige Entscheidung. Er wurde am 27. Juli auf Antrag des NKWD vom Präsidium des Obersten Sowjets der UdSSR vorzeitig aus der Haft entlassen. Und wie das Leben so spielt: etwa zum gleichen Zeitpunkt wurde sein Denunziant Kostikow, der inzwischen, hochgeehrt, zum Direktor des RNII avanciert war, wieder seines Postens enthoben, weil er die Erwartungen, die man in ihn gesetzt hatte, nicht erfüllte.

Die vorzeitige Haftentlassung Koroljows bedeutete allerdings noch nicht seine volle Rehabilitierung. Diese ließ bis 1957, dem Jahr des Starts von *Sputnik 1*, auf sich warten. Erst zu diesem Zeitpunkt schloss das Militärkollegium des Obersten Gerichts der UdSSR die Akte. Das Gericht befand, dass von Seiten Koroljows kein Verbrechen vorgelegen hatte.

Im September 1945 wurde auch Koroljow nach Deutschland abkommandiert, um die bereits vor Ort befindlichen sowjetischen Raketenspezialisten zu unterstützen und die deutsche Raketentechnik zu studieren. Man hatte ihn dazu in eine Offiziersuniform ohne Orden und Ehrenzeichen gesteckt.

Am 12. Oktober erlebte er, als Fahrer eines Generals getarnt, in der Nähe von Cuxhaven den Demonstrationsstart einer *V-2* durch die britischen Verbündeten. Koroljow war von der Rakete, die er das erste Mal in voller Größe sah, gleichermaßen beeindruckt und erschüttert. Er hatte aber auch sofort einen „Verbesserungsvorschlag" parat. Er begreife nicht, warum Wernher von Braun die Tanks der Rakete nicht als tragende Konstruktion konzipiert habe, sagte er nach der Rückkehr aus Cuxhaven.

Hier in Deutschland entwickelte Koroljow auch schon erste Gedanken, wie er den Bau einer eigenen Rakete in Angriff nehmen würde, die noch größer und stärker wäre als die *V-2*. Dazu bedürfe es Tausender Spezialisten, völlig neuer Technik und auch ganzer neuer Industriezweige, sagte Koroljow zu Rüstungsminister Ustinow, mit dem er mehrfach in Thüringen zusammentraf. Als Koroljow Anfang 1947 wieder nach Moskau zurückkehrte, um sich an die Arbeit zu machen, hatte er neben den

V-2-Teilen noch ein ganz besonderes „Souvenir" dabei: Einen himbeerfarbenen PKW der Marke „Horch".

Im September 2008 hatte ich übrigens in Peenemünde und Neubrandenburg Gelegenheit, ausführlich mit Koroljows Tochter Natalja über ihren Vater zu sprechen. Sie hatte ihn als Kind nach Kriegsende in Deutschland besucht. Nun wandelte sie quasi auf seinen Spuren in Thüringen und Mecklenburg-Vorpommern. Dabei warb sie auch für ihr gerade erschienenes dreibändiges Werk „Otez" (Der Vater), für das sie zahlreiche bis dato unveröffentlichte Dokumente aufbereitet hatte, die aus „17 Geheimarchiven" stammten, wie sie mir sagte.

Doch zurück zur Chronologie. Bereits am 9. August 1946 war Koroljow zum Chefkonstrukteur jener NII-Abteilung ernannt worden, deren Hauptaufgabe darin bestand, eine eigene leistungsstarke ballistische Rakete zu bauen. Diese wurde unter der Bezeichnung *R-1* am 18. Oktober 1947 in Kapustin Jar an der Wolga gestartet. Den Startplatz hatte Stalin persönlich ausgewählt. Zum Leidwesen Koroljows war die *R-1* aber im Grunde genommen noch mit der *V-2* identisch. Ustinow hatte nämlich angeordnet, zuerst einmal die deutsche Großrakete nachzubauen, um sich die entsprechenden Technologien anzueignen. Am 14. April 1947 hatte Koroljow seine erste von insgesamt zwei persönlichen Begegnungen mit Stalin, dessen sogenannte Startanweisung vom 13. Mai 1946 als Geburtsstunde der sowjetischen Raketenindustrie gilt. Koroljow, gerade aus Deutschland zurückgekehrt, nahm an einer großen Beratung im Kreml teil, bei der es um die Perspektiven der Raketentechnik und speziell um die Entwicklung einer eigenen Rakete ging, die sich von der *V-2* vor allem durch eine größere Reichweite und einen abtrennbaren Nutzlastteil unterscheiden sollte. Koroljow durfte die Mappe mit den Konspekten für seinen Vortrag aber nicht mit ins Arbeitszimmer des Kremlherrschers nehmen. Auch war es ihm verboten, irgendwelche Fragen zu stellen.

Am Ende der Beratung, als alles aufbrach, wandte sich Stalin völlig unerwartet an Koroljow: „Aber Sie, Genosse Koroljow, bitte ich zu bleiben." Dann setzte er sich zu Koroljow und sagte auf seine bedächtige Art: „Ich möchte, dass Sie mir ausführlicher über Raketen, ihre Möglichkeiten und Nutzungsperspektiven erzählen …"

Ein zweites Mal traf Koroljow Stalin im Oktober desselben Jahres auf einer Beratung, bei der es um den Fortgang der Arbeiten am atomaren Raketenschutzschild der UdSSR ging. Er habe Stalin über die Entwicklung neuer Raketen berichtet, erinnerte sich Koroljow später. Stalin habe ihm dabei anfangs schweigend zugehört und dabei fast die ganze Zeit über seine Pfeife im Mund behalten.

Im Verlauf des Berichtes habe ihn Stalin dann später einige Male unterbrochen und kurze Fragen gestellt. Dabei habe er, Koroljow, gespürt, dass sich Stalin vollauf darüber im Klaren gewesen sei, worum es bei den Raketen ging. „Ihn interessierten die Geschwindigkeit, die Flugweite und -höhe sowie die Nutzlast, die sie tragen konnten." Besonders ausführlich habe er nach der Zielgenauigkeit gefragt.

In der Folgezeit wurde Koroljow, der sich durch Stalin bestärkt sah, zum Dreh- und Angelpunkt der sowjetischen Raumfahrt. Unter seiner Federführung wurden alle wichtigen Trägerraketen, Apparate für die bemannte Raumfahrt und die Erforschung anderer Planeten sowie künstlichen Erdsatelliten für wissenschaftliche, volkswirtschaftliche und militärische Ziele gebaut. Mit seinem Namen sind die *R-2*, der erste „russifizierte" Träger, die *R-5M*, die erste Atomrakete der Welt, und die legendäre *R-7* (Semjorka), die *Sputnik* 1 und Gagarin ins All brachte, ebenso verbunden wie die Raumschiffe *Wostok, Woßchod und Sojus* oder jene Sonden, die weich auf anderen Planeten landeten. Doch Koroljow brachte nicht nur die Ideen ein, sondern organisierte in Personalunion mit beispielloser Energie auch deren Umsetzung, sobald sie „von oben" abgesegnet waren. Dabei bediente er sich in erster Linie des Rates der Chefkonstrukteure, dem er bis zu seinem Tode 1966 vorstand.

Kurz nach dem Zweiten Weltkrieg sah sich Koroljow übrigens einem erneuten Versuch ausgesetzt, ihn zu denunzieren. Diesmal war es der Leiter des Wissenschaftlichen Forschungsinstituts des Verteidigungsministeriums (NII MO), Alexej Nesterenko, der ihn anschwärzen wollte.

Die Sache an sich wäre nicht so erwähnenswert, gäbe es da nicht die „deutsche“ Begründung. In einem Bericht an das Zentralkomitee schrieb Nesterenko nämlich, Koroljow befasse sich mit dem Bau einer Rakete nach dem Vorbild der *V-2*. Damit betreibe er „ökonomische Diversion“, denn bekanntlich sei einer der Gründe für die Niederlage Deutschlands im Zweiten Weltkrieg darin zu suchen, dass es viel Geld für diese Rakete ausgegeben habe, die letztlich keinerlei Nutzen gebracht habe. Die Treffgenauigkeit dieser Rakete sei „schlecht“, folglich lohne es nicht, sich mit ihr zu befassen. All jene, die das dennoch täten, gerieten in eine Sackgasse …

Koroljow bekam zufällig eine Kopie dieses Schreibens in die Hand und stellte Nesterenko zur Rede. Dieser versuchte sich zwar herauszureden, doch Koroljow war außer sich. Immerhin war er schon einmal auf hinterhältigste Weise denunziert worden, und das bei denselben Leuten: Stalin und Berija. Auch Rüstungsminister Ustinow erkannte den Ernst der Lage und schaltete sich vermittelnd in die Affäre ein, die schließlich für Koroljow keine weiteren Folgen hatte.

Das Verhältnis Koroljows zu Nesterenko war fortan frostig. Doch wie das Leben so spielt: Beide Männer begegneten sich später auf dem Kosmodrom Baikonur wieder, dessen erster Chef von 1955 bis 1958 Nesterenko im Range eines Generaloberst war. Nach Möglichkeit gingen sich die beiden aber aus dem Weg.

KOROLJOW LEIDET UNTER DER ANONYMITÄT

Koroljow hat unter der ihm staatlich verordneten Anonymität sehr gelitten. Zu gerne hätte er gesehen, dass seine Leistungen auch öffentlich anerkannt würden. Und er wäre auch gern einmal zu internationalen Kongressen gefahren, um sich mit seinen ausländischen Fachkollegen und Antipoden auszutauschen. Doch das ließ die Kremlführung nicht zu. So ist es auch nie zu einer Begegnung mit Wernher von Braun gekommen, der das vollbrachte, was auch Koroljow anstrebte, aber nicht schaffte, nämlich den ersten Menschen auf den Mond zu bringen.

Offiziell hatten also die sowjetischen Raumfahrterfolge keinen „Vater“. Auf die drängenden Fragen der internationalen Öffentlichkeit, wem denn etwa der *Sputnik*, die Mondsonden oder *Wostok* zu verdanken seien, hieß es immer wieder stereotyp:

Dem ganzen Sowjetvolk!

Dahinter verbarg sich besonders zu Chruschtschows Zeiten dessen schlecht verschleierte Anmaßung, auch hier persönlich die führende Rolle zu spielen. Da man das nicht offen sagen oder zugeben wollte, kam es dazu, dass vielfach der Beitrag der als Nationalhelden gefeierten jungen Kosmonauten zur Raumfahrt unvergleichlich höher eingeschätzt wurde als jener des namenlosen Wissenschaftler- und Technikerheeres.

Die frischgebackenen Kosmonauten dankten dann auch bei jeder sich bietenden Gelegenheit immer der Kommunistischen Partei und ihrem jeweils führenden Kopf, und die Partei dankte ihrerseits bestenfalls irgendwelchen nicht näher bezeichneten „Kollektiven“. Allerdings wissen wir inzwischen, dass Gagarin der erste Kosmonaut war, der die Tragödie Koroljows erkannte und mit ihm litt. Er hat deshalb auch bei seinen Auftritten im In- und Ausland immer wieder versucht, im Sinne seines „kosmischen Vaters“ zu sprechen und ihm damit eine Stimme zu geben. Dass das nicht immer gelang, weil er in der Regel vorgeschrieben bekam, was er sagen durfte, hat Gagarin erstaunlich deutlich als schwerwiegenden Eingriff in seine persönliche Freiheit bezeichnet.

Boris Tschertok vermerkt zu diesem dunklen Kapitel der sowjetischen Geschichte mit Bitterkeit in seinen Memoiren: „Nach unseren ungeschriebenen Gesetzen des ‚Kalten Krieges‘ durfte kein Wissenschaftler, der mit Raketen- und Raumfahrttechnik zu tun hatte, im Ausland bekannt sein und hatte auch kein Recht auf Ruhm in seinem Land.“

Eine Kuriosität am Rande: mit Keldysch gab es einen führenden Wissenschaftler, der offiziell ein Doppelleben führen musste. Wenn es um Raumfahrt ging, war stets nur vom „Cheftheoretiker“ die Rede. Als er aber nach dem Flug von Gagarin Präsident der Akademie der Wissenschaften der UdSSR wurde, durfte er natürlich mit Klarnamen auftreten. Viele Jahre hindurch wussten aber nur Eingeweihte, dass der „Cheftheoretiker“ mit Keldysch identisch war.

Von seinem Fahrer befragt, wann denn endlich die Menschen von ihm erfahren würden, antwortete Koroljow einmal sarkastisch: „Wenn ich sterbe, werden es alle erfahren.“ Wie Recht er damit hatte, sollte sich schon bald zeigen. Im Nachruf von Partei und Regierung zu seinem überraschenden Tod im Januar 1966 wurde er erstmals mit vollem Namen genannt. Bis dahin durfte er nur unter dem Pseudonym „Professor Sergejew“ Artikel für die „Prawda“ schreiben.

Auch die Kosmonauten verstanden die Geheimniskrämerei nicht. Sie empfanden das als große Ungerechtigkeit gegenüber ihrem Chef. Doch ändern konnten auch sie nichts, obwohl sich speziell Gagarin mehrfach dafür einsetzte.

Koroljow selbst hat sich öffentlich nie über die Demütigung beklagt. Nur ganz selten ließ er in kleinem Kreis Unmut darüber anklingen. Zumeist flüchtete er sich in die Schutzbehauptung, inkognito besser und ruhiger arbeiten und leben zu können. Als Mensch, der sein ganzes Leben mit Militärtechnik befasst war, sah er zudem die Geheimhaltung auch als eine soldatische Pflicht an. Ihm wäre deshalb nicht einmal in den schwersten Tagen seiner Verbannung und Erniedrigung in den Sinn gekommen, diesen Grundsatz zu verraten.

Sein Biograf Jaroslaw Golowanow glaubt zu wissen, dass es Koroljow manchmal sogar gefallen habe, mit der Aureole des Geheimnisvollen umgeben zu sein. Das habe ihn von anderen abgehoben. Auch habe es ihm Freude bereitet, wenn Journalisten und Politiker gerätselt hätten, wer sich denn nun hinter der geheimnisvollen Bezeichnung „Chefkonstrukteur" verberge. Zugleich aber habe er im Stillen auch jene beneidet, die mit ihrem richtigen Namen genannt werden durften und nicht selten seinen, Koroljows, Ruhm eingeheimst haben, wie etwa Professor Leonid Sedow, der offiziell als Vertreter der Akademie der Wissenschaften der UdSSR die Glückwünsche zum *Sputnik*-Erfolg entgegengenommen habe, obwohl gerade die Akademie zu *Sputnik 1* nichts beigesteuerte, sodass Koroljow zu improvisieren gezwungen gewesen sei. *Sputnik 1* wurde dadurch zum „*PS*", das ist die russische Abkürzung von „prostejschij sputnik" (zu Deutsch etwa: der einfachste oder, wenn man so will, primitivste *Sputnik*).
Die für *Sputnik 1* geplante Akademieapparatur kam nämlich erst im dritten künstlichen Erdsatelliten zum Einsatz, weil sie nicht rechtzeitig zur Verfügung stand. Die Presse, allen voran die „Prawda", hat übrigens trotz aller Hinweise der Wissenschaftler die Abkürzung „*PS*" stets mit „perwyj sputnik" (zu Deutsch: erster *Sputnik*) übersetzt. Ihr war offensichtlich die richtige Variante peinlich.
1963 sah es einmal für kurze Zeit so aus, als würde die Identität Koroljows gelüftet. Die Schwedische Akademie der Wissenschaften hatte sich mit dem Vorschlag an Keldysch gewandt, jenem Menschen, der den Start des ersten künstlichen Erdsatelliten geleitet hat, den Nobelpreis zu verleihen. Doch dazu müsse man wenigstens wissen, wer dieser Mensch ist.
Der Vorschlag der Schweden war unverzüglich Partei- und Regierungschef Chruschtschow zugeleitet worden. Dieser löste, wie oben beschrieben, das Problem auf seine Weise: „Der Erfinder des *Sputniks*? Das ganze sowjetische Volk!" Auf ähnliche Weise erfuhr auch ein französischer Winzer erst mit vielen Jahren Verspätung, wem die Welt die ersten Fotos von der Rückseite des Mondes verdankte, die die *Luna*-Sonde im Oktober 1959

gemacht hatte. Der Mann hatte dem ihm namentlich nicht bekannten sowjetischen Konstrukteur dafür 1.000 Flaschen Wein geschickt.

Die Sendung kam auch bei Koroljow an, doch persönlich bedanken konnte er sich damals nicht. Allerdings hat er den Wein sehr genossen und nur einem handverlesenen Kreis davon hier und da eine Flasche als besondere Prämie zukommen lassen. Der Tod Koroljows bei einer Krebsoperation am 14. Januar 1966 versetzte Moskaus Raumfahrt einen Schlag, von dem sie sich bis heute nicht erholt hat. Mit Koroljow verlor sie nämlich nicht nur den geistigen Vater, sondern auch den kongenialen Organisator aller ihrer spektakulären Erfolge.

Als besonders tragisch muss dabei angesehen werden, dass Koroljow durchaus hätte gerettet werden können. Fachleute sind sich darin einig, dass die Operation auf „unverantwortliche Weise organisiert und durchgeführt" worden ist. Korolojows Tochter Natalja, die selbst Chirurgin ist, sagte mir zudem, dass auch die Diagnose nicht exakt gewesen sei.

Eigentlich war der Routineeingriff erfolgreich verlaufen, obwohl man nicht gerade die besten Ärzte aufgeboten hatte, wie es sonst bei der Nomenklatura üblich war. Koroljow starb, weil man ihn in der postoperativen Phase nicht schnell genug intubieren konnte, als Komplikationen auftraten.

Man hatte übersehen, dass sein Unterkiefer nicht so beweglich war wie bei normalen Menschen – ein „Markenzeichen" übrigens nahezu aller Überlebenden der Stalinschen Folterhöllen.

Gagarin versprach damals, Koroljow, bei dem Triumph und Tragik so nahe beieinander lagen, damit zu ehren, dass er einen Teil seiner Asche auf den Mond bringen lassen werde. Doch dazu ist es nicht gekommen, obwohl es den Kosmonauten tatsächlich gelang, sich etwas Asche zu beschaffen.

Zum einen fand die Witwe die Idee, die Asche ihres Mannes zu teilen, unchristlich, und dann verunglückte der erste Kosmonaut der Welt nur zwei Jahre später tödlich, sodass das Vorhaben im Sande verlief.

GAGARIN DRÄNGT AUF ZWEITEN FLUG

Schon auf der Pressekonferenz 1961 in Moskau hatte Gagarin keinen Zweifel daran gelassen, dass er sich nicht mit einem einzigen Raumflug abfinden werde. Er wolle zum Mond und zu anderen Planeten fliegen, hatte er gesagt. Auch wenn das für manchen etwas rhetorisch klang, so verbarg sich dahinter, wie wir heute wissen, der ehrliche und hartnäckige Wunsch nach einer zweiten Mission. Schließlich war Gagarin mit Leib und Seele Flieger und konnte sich ein Leben ohne Flugzeuge und nun auch ohne Raumschiffe einfach nicht mehr vorstellen. Diese Vorstellung lief natürlich dem Trachten der Kreml-Führung zuwider, ihren einzigartigen Helden keiner wie auch immer gearteten Gefahr auszusetzen. Und so erhielt Gagarin ein striktes Flugverbot. Er durfte sich fortan nicht einmal mehr an den Steuerknüppel eines Flugzeuges setzen, und von einem neuen Raumflug konnte schon überhaupt nicht die Rede sein. Außerdem gab es genügend andere junge Offiziere, die jetzt erst einmal an der Reihe waren.

Koroljow konnte seinen Schützling aber verstehen. Er riet ihm deshalb noch einmal kurz vor seinem Tod auf dem Krankbett, in seinem Wunsch nicht nachzugeben: „Bleib hartnäckig! Schließlich kommen bald die neuen *Sojus*-Raumschiffe.“ Koroljow spielte damit auf eine schon im Januar 1962 von Gagarin mehr im Scherz vorgebrachte Bitte an, ihn auch das erste *Sojus*-Kapsel testen zu lassen, die damals gerade – nicht zuletzt mit Blick auf den bemannten Flug zum Mond – angedacht war. Im März 1963 brachte sich Gagarin gesprächsweise erneut für einen Flug ins Spiel. Doch Kamanin lehnte kategorisch ab. Ein zweiter Flug des Kosmonauten sei „äußerst problematisch“, sagte er. Er werde aber Gagarins Wunsch unterstützen, wenigstens wieder auf modernen Kampfflugzeugen zu fliegen. Auch werde er sich bemühen, ihn in eine Trainingsgruppe für neue Flüge einzubauen, damit er während seines Studiums an der „Shukowski“-Akademie nicht den Kontakt zur Raumfahrt verliere.

Ein Flug aber komme derzeit auf keinen Fall infrage, diese Ansicht teile auch die Regierung.
Im August 1964, Gagarin war inzwischen schon längst Oberst, griff Verteidigungsminister Malinowski persönlich in die Diskussion ein. „Ihr Leben, Juri Alexejewitsch, ist der ganzen Menschheit teuer und sollte keinem Risiko ausgesetzt werden“, sagte er versöhnlich. Gagarin jedoch antwortet vieldeutig mit einer Gegenfrage: „Kann es aber nicht so sein, dass auch ein Flugverbot ein Risiko ist?“ Malinowski antwortet auf diese Frage nicht.
Gleich Anfang 1965 ging Gagarin, dessen Zivilcourage proportional zu seinem Weltruhm zunahm, weiter in die Offensive. Auf eine Frage der Presseagentur „Nowosti“ (APN – heute RIA Nowosti) zu seinen weiteren Plänen stellte er unumwunden auch für seine Kosmonautenkollegen klar: „Wir sind nicht in den Weltraum geflogen, um unser Kosmos-Training danach abzubrechen. Ich selbst gehe davon aus, auch künftig im Weltraum zu sein, neue Flüge durchzuführen und, wenn möglich, nicht nur einmal.“
Wer wann fliege, sei schwer zu sagen, räumte Gagarin ein. Zudem sei aber eines klar: „Es kommt der Tag, da Raumschiffe den Menschen zu anderen Himmelskörpern tragen.“ Da war er wieder, der innige Wunsch des ersten Kosmonauten der Welt.

Es bedurfte fast fünf Jahre, um Kamanin dazu zu bewegen, Gagarin wenigstens wieder Trainingsflüge auf Düsenmaschinen zu erlauben. Allerdings wurde dem Kosmonauten weiterhin verboten, das Fallschirmtraining wieder aufzunehmen. Damit tat man ihm allerdings nicht weh, denn wie die meisten Flieger hatte er die Fallschirmabsprünge, die nun mal dazugehörten, immer als lästige Pflichtübung angesehen. Das Fallschirmtraining sollte erst zwei oder drei Monate vor einem eventuellen zweiten Flug wieder ein Rolle spielen, der, wenn überhaupt, theoretisch frühestens für 1967 ins Auge gefasst werden könne. Doch vorerst mussten die neuen *Sojus*-Raumschiffe einmal fliegen lernen, und das ließ auf sich warten.

Dann kam endlich im April 1966 die Wende. Auf einer Beratung der Führung des Kosmonautenausbildungszentrums (ZPK) über die Vorbereitung der Flüge mit dem neuen „Erzeugnis *7KOK*“, so die Werksbezeichnung für *Sojus*, fiel auch der Name Gagarins, der damals stellvertretender ZPK-Chef war. Allerdings sollte er beim Erstflug nicht Kommandant, sondern nur Double sein. Als Kommandant sollte der mit Abstand älteste und technisch erfahrenste Kosmonaut fungieren: Wladimir Komarow.
Gemeinsam mit ihnen nahmen Andrijan Nikolajew, Waleri Bykowski, Jewgeni Chrunow, Wiktor Gorbatko, Waleri Kubassow, Alexej Jelissejew, Anatoli Woronow und Pjotr Kolodin das Training für den zweiten *Sojus*-Flug auf, der einen Tag nach *Sojus 1* beginnen sollte. Ziel war ein Annäherungs- und Kopplungsmanöver der beiden Raumschiffe, die im Unterschied zu ihren Vorgängern *Wostok* und *Woßchod* auf der Umlaufbahn steuerbar waren.
Am 27. Oktober wurde Komarow zum Kommandanten von *Sojus 1* ernannt. Er hatte zusammen mit Gagarin die besten Vorbereitungsnoten erhalten. Gagarin nahm die Entscheidung mit Würde auf.
Natürlich würde er als „professioneller Kosmonaut“ gern selbst als Erster das neue Raumschiff fliegen, sagte er. Doch als Freund gönne er Komarow diesen Platz. Er glaube sogar, „dass Wolodja sich seiner Aufgabe besser als ich entledigen wird“.
Die Aufgabe, *Sojus* das Fliegen zu lehren, erwies sich schwieriger als erwartet. Beim ersten Probestart am 28. November, der unter dem Deckmantel des Satelliten *Kosmos 133* in die Raumfahrtgeschichte einging, gab es Probleme mit der Landung. Gut zwei Wochen später, am 14. Dezember, explodierte die neue *Sojus*-Trägerrakete auf der Startrampe. Der bemannte Start verzögerte sich dadurch um Monate.
Im März 1967 brauten sich erneut dunkle Wolken über Gagarin zusammen. Einige Mitglieder der Staatlichen Kommission für die bemannten Flüge, die nach dem Tod Koroljows neu gebildet worden war, hatten im letzten Augenblick offenbar doch Bauchschmerzen bekommen. Sie änderten ihre Meinung und sprachen

sich erneut gegen einen zweiten Flug Gagarins aus. Auch diesmal war das Argument ähnlich: „Wir dürfen Gagarin keinem Risiko aussetzen, und jeder neue Flug ist ein Risiko."
Dass Gagarin dennoch kein neues Flugverbot erhielt, hatte er in erster Linie der Hartnäckigkeit von Kamanin zu verdanken. Viermal meldete sich der General in der hitzigen Debatte zu Wort und setzte sich schließlich durch – ein Sieg, der Gagarin fast zum Verhängnis wurde, wie sich schon bald erweisen sollte. Geholfen haben mag Kamanin auch, dass mit Vize-Rüstungsminister Georgi Tjulin als Kommissionsvorsitzendem und Keldysch als einem der Stellvertreter zwei alte Freunde von Koroljow in dem 17-köpfigen Gremium das entscheidende Wort hatten. Tjulin war übrigens auch schon Komarows „Pate" bei dessen erstem Flug als Kommandant von *Woßchod 1* im Oktober 1964 gewesen.

ES HÄTTE AUCH GAGARIN TREFFEN KÖNNEN

Komarow war oft der Erste – aber leider nicht nur im Leben, sondern auch im Tod. Wie bereits erwähnt, testete er am 12./13. Oktober 1964 als Erster das neue, dreisitzige Raumschiff *Woßchod.* Während Konstantin Feoktistow und Weltraumarzt Boris Jegorow bei dem 24-Stunden-Flug geophysikalische und medizinische Experimente vornahmen, prüfte der Diplomingenieur alle Systeme des Raumschiffes auf Herz und Nieren und brachte es sicher zur Erde zurück.

Nach einem kurzen Intermezzo als Chef der Technischen Abteilung des Kosmonautenausbildungszentrums vertraute man nun dem inzwischen 40-Jährigen mit *Sojus* erneut ein neues Raumschiff an – eine Aufgabe, für die wirklich niemand besser geeignet war als er.

Mit dem Start am 23. April 1967 war er zugleich der erste Mensch, der zum zweiten Mal ins All flog. Doch die Mission, bei der auch mit *Sojus 2*, das einen Tag später starten sollte, die erste Kopplung zweier bemannter Raumschiffe geplant war, endete tragisch. Das Raumschiff, das noch heute in der inzwischen fünften, voll digitalisierten *TMA-M*-Version im Einsatz ist, stürzte bei der vorzeitigen Rückführung am 24. April ab, weil der Hauptfallschirm versagte. Aufgrund eines technologischen Fehlers war er in seinem Container angeklebt. Beim Auftragen von Epoxidharz als Hitzeschutz auf die Landekapsel hatte man im Herstellerwerk vergessen, den Container abzudecken. Auch der Ersatzschirm entfaltete sich nicht richtig, und so schlug die tonnenschwere Kapsel ungebremst auf, explodierte und brannte aus.

Damit hatte die internationale Raumfahrt zugleich ihren ersten Toten bei einer bemannten Mission zu beklagen. Die sterblichen Überreste Komarows wurden an der Moskauer Kreml-Mauer beigesetzt.

Über Jahrzehnte verschwieg die Sowjet-Propaganda die exakten Umstände des Absturzes, der in der ganzen Welt Entsetzen auslöste. Nur langsam kam die Wahrheit an den Tag, und die ist mehr als erschütternd. So gelang es Komarow während des gesamten Fluges nicht, das neue Raumschiff unter Kontrolle zu bringen und zu stabilisieren, weil sich eine Sonnenbatterie nicht entfaltete und das Orientierungssystem wegen Energiemangels versagte. *Sojus 1* drehte sich mit immer größerer Geschwindigkeit um die eigene Achse, sodass der Kosmonaut über Übelkeit klagte und schließlich mehrfach nachfragte, wann man ihn denn endlich zurückhole. Alle seine Versuche, den oder besser die technischen Fehler zu beheben, misslangen. Auch Instruktionen aus dem Flugleitzentrum (FLZ) brachten keine Abhilfe. So leitete man die vorzeitige Rückführung des Raumschiffes ein. Die Sowjets verschwiegen auch bis Ende der 80er Jahre, dass nach *Sojus 1* noch ein zweites solches Raumschiff für ein Rendezvous- und Umstiegs-Manöver aufsteigen sollte, diesmal mit drei Mann Besatzung. Mehr noch: die Tatsache, dass Komarows Double kein geringerer als Juri Gagarin war, wurde ebenfalls erst zu diesem Zeitpunkt publik und verschlug nicht nur der Fachwelt den Atem, denn die Möglichkeit, dass Gagarin statt Komarow in dem Raumschiff gesessen hätte und somit von dessen Schicksal ereilt worden wäre, war so gering nicht.
Komarow hatte nämlich erhebliche gesundheitliche Probleme, die schon fast seinen ersten Flug verhindert hätten: Er litt an angeborenen Herzrhythmusstörungen. Eine kleine Abweichung von den zulässigen Werten oder gar nur ein profaner Schnupfen – und schon hätte Gagarin einspringen müssen.
Mit Sicherheit retteten die Probleme, die sich bei Komarows Flug schon in der Anfangsphase offenbarten, auch Waleri Bykowski, Jewgeni Chrunow und Alexej Jelissejew das Leben, die mit *Sojus 2* fliegen sollten. Ihr Raumschiff war mit demselben Fallschirmsystem ausgerüstet wie das Komarows. Hätte dieser nicht vorzeitig seinen Flug beenden müssen, sondern wäre auf der Umlaufbahn geblieben, wäre dieser fatale Fehler nicht entdeckt worden. *Sojus 2* wäre gestartet, und dann hätte es mit größter Wahrscheinlichkeit vier Tote gegeben.

Die *Sojus 2*-Mannschaft war sich offenbar der Gefahr, in der sie schwebte, lange gar nicht bewusst, denn wie mir Bykowski bestätigte, sei ihr Start mit Hinweis auf starken Regen abgesagt worden.
Noch 1987 war behauptet worden, *Sojus 1* habe „folgsam" alle Kommandos seines Kommandanten ausgeführt. Allerdings habe sich der Fallschirm nicht „mit Luft gefüllt", weil die Fangleinen verheddert gewesen seien. Aber davon kann gar keine Rede sein. In Wahrheit konnten sich die Fangleinen gar nicht verheddern, weil der Fallschirm seinen Container gar nicht verlassen hatte.
Doch der Reihe nach. Im Landeapparat von *Sojus* gab es zwei Container in Form eines elliptischen Zylinders für die Fallschirmsysteme. Der große Container war für das Haupt-, ein kleiner für das Reservefallschirmsystem bestimmt. Die Fallschirmpakete waren regelrecht in die Container hineingepresst worden. Als schließlich in rund 9,5 Kilometern Höhe die Abdeckluke abgesprengt wurde, war der kleine Hilfsfallschirm nicht in der Lage, den zusammengepressten und angeklebten Hauptfallschirm aus seinem engen Container zu ziehen, in dem zudem noch Unterdruck herrschte. Darauf wurde zwar der Reserveschirm aktiviert, aber auch er funktionierte nicht.
Nach detaillierten Untersuchungen wurden die Fläche des Hilfsfallschirms vergrößert und die Fallschirmcontainer verändert. Sie erhielten statt der elliptischen eine konische Form. Zudem wurden fortan die Wände poliert. Überdies wurde jetzt auch auf die Einhaltung der technologischen Disziplin beim Auftragen der Expoxidharzes geachtet.

Neben dem linken Sonnensegel, das sich an der Schutzhülle verhakt hatte, waren auch noch das Ionensystem sowie ein Sonnen- und Stern-Sensor ausgefallen. Komarow hatte daraufhin den Befehl erhalten, das Raumschiff auf „Fliegerart" per Hand zu orientieren und bei der 19. Erdumkreisung ebenfalls handgesteuert zu landen. Dazu musste er das Bremstriebwerk per Hand für rund 150 Sekunden zünden, was ihm auch mit 146 Sekunden fast exakt gelang. Der Landeapparat ging rund 54 Kilometer östlich der Stadt Orsk nieder. Örtliche Bewohner waren als erste am Landeort. Sie fanden eine geborstene und brennende Kapsel vor, die sich eineinhalb Meter tief in den Boden gebohrt hatte. Nachdem es gelungen war, das schwer angeschlagene Raumschiff Komarows auf eine Abstiegsbahn zu bringen, waren übrigens alle fest davon ausgegangen, dass damit die Pannen-Mission zu einem glücklichen Ende gebracht würde. Im Flugleitzentrum wurde schon mit Sekt gefeiert, in Baikonur gab es eine Sonderzuteilung grusinischen Weinbrands. Auch Gagarin, der sich während des Fluges in der Bahnverfolgungsstation Jewparorija auf der Krim aufgehalten hatte, freute sich, dass alles noch einmal glimpflich abgelaufen war. Doch als er am Landeort eintraf, teilte ihm Kamanin die traurige Nachricht mit. Gagarin war wie versteinert. Freunde sagten später, sie hätten ihn zum ersten Mal weinen sehen.

In einem Interview der Jugendzeitung „Komsomolskaja Prawda“ sagte er, trotz des Todes von Komarow dürften die Raumflüge nicht eingestellt werden. Schließlich handele es sich dabei nicht um die „Beschäftigung“ eines Einzelnen oder nur einer Gruppe von Menschen, sondern um einen „historischen Prozess, zu dem die Menschheit in ihrer Entwicklung planmäßig gelangt ist“. Komarow habe eine wichtige Arbeit geleistet, indem er das neue Raumschiff erprobte. Zudem lehre sein Schicksal, „noch aufmerksamer“ an alle Etappen der Überprüfung und Erprobung heranzugehen und bei der „Begegnung mit dem Unbekannten noch wachsamer“ zu sein. Kamarows Tod habe auch gezeigt, wie steinig der Weg ins All sei. Dann versprach der erste Kosmonaut der Welt seinem toten Freund: „Wir werden *Sojus* das Fliegen beibringen. Das sehe ich als unsere Pflicht, die Pflicht seiner Freunde zum Gedenken an Wolodja an.“

Als Gagarin das sagte, war er längst schon wieder mit einem Flugverbot belegt und zudem aus dem Kosmonautentraining genommen worden.

Den tieferen Sinn seiner Worte habe ich erst viel später erfahren. Was wir damals nicht wussten, ist, dass Gagarin Himmel und Hölle in Bewegung gesetzt hatte, um diesen Flug zu verhindern. Das Raumschiff war einfach noch nicht ausgereift, um schon

bemannt zu fliegen. Gagarin hat sich sogar angeboten, den Erstflug selbst zu übernehmen, um seinen Freund zu retten, von dem nicht wenige sogar meinen, er sei der erste Kosmonaut, der bewusst in den Tod geschickt wurde.
Die Kremlführung schlug jedoch alle Warnungen in den Wind. Sie wollte auf Biegen und Brechen den bevorstehenden 50. Jahrestag der Oktoberrevolution vor aller Welt mit einem spektakulären Weltraumerfolg feiern.

GAGARIN PROBT DEN AUFSTAND

Nach dem *Sojus*-Debakel lautete der neue Auftrag Kamanins für Gagarin: volle Konzentration auf das Studium, das er noch 1961 an der „Shukowski"-Ingenieurakademie aufgenommen hatte, und schnellstmöglicher Abschluss seiner Diplomarbeit. Erst wenn dies geschehen sei, könne man eventuell wieder ans Fliegen denken. Der Traum von einem zweiten Raumflug sei allerdings ein für alle Mal vorbei. Dass Gagarin ein Jahr später schon nicht mehr leben würde, daran dachte damals natürlich niemand. Gagarin hat sich in der Tat in der Folgezeit nahezu ausschließlich auf sein Studium konzentriert, denn erstens wollte er es nach damals fast sechs Jahren endlich abschließen, und zweitens lockte ihn natürlich das – wenn auch noch vage – Versprechen, dann wenigstens wieder in ein Flugzeug steigen zu dürfen. Der Kosmonauten-Chef hatte diese Entscheidung voll auf die eigene Kappe genommen. Was ihn dazu bewogen haben mochte, lässt sich nur erahnen. Eine entscheidende Rolle dürfte gespielt haben, dass er als Flieger nur zu gut den Wunsch Gagarins nachvollziehen konnte. Eine andere Überlegung war offenbar, dass er vorhatte, Gagarin zum Chef des „Sternenstädtchens" zu machen. Und was wäre der Leiter einer solchen Institution, wenn er nicht selbst flöge?

Kamanin mahnte Gagarin allerdings eindringlich zu äußerster Vorsicht. Doch dieser fragte nur zurück: „Welche Vorsicht? Ich kann auf das Fliegen nicht verzichten … Ich bin Flieger und kann nicht leben, ohne zu fliegen. Ich habe selbst nicht einmal das Recht, das zu lassen."

Um sich neben dem Studium auch voll auf das Flugtraining konzentrieren zu können, bat Gagarin seinen Chef, ihn von allen anderen Aufträgen, Auslandsbesuchen und öffentlichen Auftritten zu befreien. Kamanin kam dem weitgehend nach, denn das Problem war für ihn nicht neu. Durch solche „gesellschaftlichen Maßnahmen", wie sie damals hießen, war Gagarin in einem einzigen Jahr die unglaubliche Zahl von 50 Studientagen verloren gegangen.

Zudem ging Gagarin, der alles andere als ein Kind von Traurigkeit war, die, wie er es selbst einmal ausdrückte, übliche Sauferei bei diesen Veranstaltungen absolut gegen den Strich. Viele Treffen fanden ja eigentlich nur statt, damit sich irgendwelche untergeordneten Provinz-Funktionäre produzieren konnten. Und bei den anschließenden „prasdniks", den Empfängen, floss der Wodka in Strömen, sodass es selbst dem trinkfesten Kosmonauten auf die Dauer zu viel wurde.

Ende November 1967 erhielt Gagarin zu seiner Überraschung vom Verteidigungsministerium die Erlaubnis, wieder zu fliegen, und das sogar allein. Die Generalität hatte sich zwar zuvor mit Kamanin beraten, dessen Einwand aber nicht gelten lassen, dass es zum Alleinflug noch zu früh sei.

Kamanin wollte, dass Gagarin erst wieder in zweisitzigen Übungsmaschinen unter Anleitung erfahrener Instrukteure seine alte Flugroutine zurückgewinnt. Als hätte der Wettergott dieses Argument erhört, ließ er an diesem Tag und auch an den folgenden Tagen starke Bewölkung und Regen aufziehen, sodass Gagarin zu dem versprochenen ersten Alleinflug seit Jahren nicht aufsteigen konnte. Kamanin nutzte die Gelegenheit, seinem Schützling eindringlich klarzumachen, dass es von Vorteil sei, sich noch etwas in Geduld zu üben.

Gagarin jedoch sah das partout nicht ein. Er drohte sogar damit, aus Protest von seinem Posten als stellvertretender Chef des Kosmonautenausbildungszentrums zurückzutreten – ein für damalige Verhältnisse nahezu unglaublicher Vorgang. Nur mit Mühe konnte Kamanin diesen Eklat verhindern, bei dem auch er nicht ungeschoren davongekommen wäre.

Gagarin rang Kamanin aber das feste Versprechen ab, nach erfolgreichem Abschluss der Akademie endlich wieder fliegen zu dürfen. Der war aber für den Sommer geplant. Der Kosmonaut sagte darauf, das sei ihm noch zu lange hin, er werde deshalb schon im Februar oder März sein Diplom verteidigen. Auf die Frage, ob er dann sofort fliegen dürfe, entgegnete Kamanin entnervt: „Ja, Sie dürfen."

Gagarin geriet überhaupt in seinen letzten Lebensjahren immer stärker in Konflikt mit dem in Stagnation versinkenden Breshnew-System und der herrschenden Nomenklatura, zu der eigentlich auch er gehörte. Zwar stimmt das damals kolportierte Gerücht nicht, er habe Breshnew auf einem Empfang gar im Streit ein Glas Champagner ins Gesicht geschüttet, doch irgendwie war es symptomatisch für den großen Widerspruch, der sich für Gagarin zwischen dem „ausschweifenden Leben der Oberen und dem schwierigen Dasein des Volkes“ auftat, wie sein Diplom-Betreuer Professor Bjelozerkowski schrieb, dem sich der Kosmonaut in seiner Not immer wieder anvertraute.

Hunderte Menschen wandten sich mit Briefen an Gagarin als Person und Parlamentsabgeordneten und baten ihn um Hilfe bei der Lösung ihrer zumeist alltäglichen Probleme. Gagarin nahm sich der Sorgen dieser Menschen mit der ihm eigenen Sorgfalt an. Doch wo immer er auch um Unterstützung für seine Anliegen nachsuchte, stieß er auf taube Ohren. Zwar konnte er hier und da bei kleineren Natschalniks dank seiner Reputation und seines Heldensterns an der Brust kleinere Sachen erledigen. Doch in den Fragen, die ihm am meisten auf der Seele brannten, etwa der Verbesserung der allgemeinen Lebensbedingungen, scheiterte er regelmäßig.

Den Hauptgrund dafür sieht Professor Bjelozerkowski darin, dass das streng hierarchisch aufgebaute kommunistische System für Gagarin keinen Platz hatte. Niemand, vor allem seine unmittelbaren Vorgesetzten in der Armee nicht, wollte diese fest gefügte Ordnung sprengen. Die nicht zuletzt mit dem fortschreitenden Studium gewachsene professionelle und menschliche Kompetenz des Kosmonauten und sein Einfluss waren ihnen deshalb ein Dorn im Auge. Bei ihnen war Gagarin gern gesehen, wenn sie sich mit seinem Ruhm schmücken und an ihm die Überlegenheit des Systems demonstrieren konnten. Diese Rolle billigten sie ihm gern zu. Doch dann zeigte sich, dass die Persönlichkeit Gagarin schon lange aus diesem Rahmen herausgewachsen war. Darüber waren die Oberen nun gar nicht mehr erbaut.

Gagarin machte aus seinem Herzen keine Mördergrube. Er meldete sich immer häufiger zu Wort, wo er es für angebracht hielt. Dass er damit regelmäßig aneckte, nahm er bewusst in Kauf.

Deshalb erscheint es manchem heute auch gar nicht so abwegig, wenn Kamanin andeutet, der Tod Gagarins sei diesem oder jenem gar nicht ungelegen gekommen.

BURAN 68

Am 8. Februar 1968 konnte Gagarin General Kamanin erleichtert mitteilen, dass er seine Diplomarbeit fertig gestellt habe. Kamanin „revanchierte" sich für diese gute Nachricht auf seine Weise: Er erteilte Gagarin mit Wirkung vom 1. März die lange versprochene Flugerlaubnis. Derart moralisch und psychologisch gestärkt, verteidigte Gagarin seine Arbeit am 17. Februar im „Sternenstädtchen" mit Bravour. Er erhielt wie sein Mitprüfling Titow das Prädikat „Mit Auszeichnung" und konnte fortan den umständlichen Titel eines Flieger-Ingenieur-Kosmonauten führen.

Das Thema der Diplomarbeit Gagarins war lange Zeit streng geheim, denn es ging um einen völlig neuen sogenannten Kosmischen Flugapparat (KLA) mit Gitterflügeln am Bug. Noch 1986 sprach Gagarins Mentor Professor Bjelozerkowski in einem Buch über das Diplom nur vage von einer „Komplexarbeit" zu einem Überschallflugzeug.

Da das Projekt des Raumgleiters, an dem auch die Amerikaner arbeiteten, wie man in Moskau wusste, für einen Diplomanden viel zu umfangreich war, teilte man es auf 15 Studenten auf. Zehn von ihnen, nämlich Gagarin, Titow, Popowitsch, Bykowski, Tereschkowa, Leonow, Wolynow, Chrunow, Schonin und Gorbatko, waren vor oder nach dem Diplom im Kosmos. Im Oktober/November 1967 „stand" Gagarins Raumgleiter, der später die Bezeichnung *Buran 68* erhielt. Doch wie sich zeigte, waren seine Landeeigenschaften alles andere als befriedigend, obwohl Gagarin als guter Aerodynamiker galt. Das Projekt musste also noch mithilfe von Spezialisten aus der Praxis überarbeitet werden. Gagarin selbst überprüfte die Veränderungen bei rund 200 Landungen am Simulator, bis schließlich alle Probleme gelöst waren.

Mit ihrer Arbeit haben die 15 „Shukowski"-Absolventen die Grundlagen für den sowjetischen Raumpendler *Buran* (Schneesturm) gelegt, der 20 Jahre später als Pendant zum *Space Shuttle* der Amerikaner seinen ersten und letzten unbemannten Fug erleben sollte, bevor er aus Mangel an Geld und Nutzlasten eingemottet wurde. Dem *Shuttle* war indes zwischen 1981 und 2011 eine glanzvolle Karriere beschieden, die allerdings auch von zwei Abstürzen mit 14 toten Astronauten überschattet wurde.

Während sich Kamanin und Bjelozerkowski über die gelungene Diplomarbeit Gagarins freuten, kam von der ignoranten Militärführung harsche Kritik. Verteidigungsminister Gretschko bezeichnete den kosmischen Flugapparat, der ihm nicht ohne Stolz vorgestellt worden war, als „Phantasterei“. Die Kosmonauten sollten sich lieber mit ihren ureigensten Dingen als mit solchem Quatsch befassen, wetterte er. Viele Kosmonauten schrieben übrigens nach dem Studium noch ihre Dissertationen, bei denen es nicht selten um militärische Themen ging, etwa die Orbitalstation *Almas*, das Mikojan-Projekt *Spiral* oder die Militärversionen von *Wostok* und *Sojus*.

Titow beispielsweise hatte sich beim Orbitalflugzeug *Spiral* so stark engagiert, dass er offiziell den Antrag stellte, ihn aus dem Kader für den bemannten Mondflug zu nehmen, zumal man ihm die verbindliche Zusage verweigerte, wenigstens hier die Nummer Eins zu sein.

Nach Abschluss des Studiums wurde im ZK der KPdSU überlegt, wie weiter mit Gagarin zu verfahren werden soll. Letztendlich wurde entschieden, ihn zum Chef des Kosmonautenausbildungszentrums zu befördern. Die Papiere dafür waren schon vorbereitet. Zudem sollte er zum General ernannt werden. Eigentlich hätte sich dafür der 23. Februar, der Tag der Sowjetarmee, angeboten. Doch die Angelegenheit zog sich hin. Deshalb wurde der 12. April, der 7. Jahrestag seines Fluges, anvisiert. Aber das war dann schon zu spät. Und so starb Gagarin als Oberst, denn nach den russischen Gepflogenheiten gibt es keine posthume Beförderung.

Für Gagarins großen Bruder Walentin war das kein Zufall. „Ich glaube, dass die Katastrophe sorgfältig geplant war“, sagte er 2004 den „Smolensker Nachrichten“, „weil zu viel Ruhm auf einen einzelnen Menschen entfallen ist. Sie haben ihn als Oberst beerdigt, aber eigentlich hat über seiner Stuhllehne die Generalsjacke gehangen. Die gesamte Generalität hat ihn für einen Parvenü gehalten, obwohl sie ihn, wie ich glaube, einfach beneidet haben."

Am 12. März meldete sich der frischgebackene „Shukowski"-Absolvent bei der medizinischen Flugkontrolle, und schon einen Tag später war er für knapp zwei Stunden mit einem zweisitzigen strahlgetriebenen Schulflugzeug in der Luft. Für Gagarin begann ein neuer, vielversprechender Lebensabschnitt, an dessen Ende, wie er hoffte, eine neue Raumfahrtmission stehen würde.

Seine Freunde freuten sich mit ihm, dass sein langersehnter Traum nun doch in Erfüllung ging. Sie fertigten eigens für diesen „Erststart" ein Flugblatt mit der Aufschrift „Gagarin auf dem Weg zu den Sternen" an. Bei zahlreichen Übungsflügen gewöhnte sich der Kosmonaut in den nächsten Tagen langsam wieder an die Arbeit im Cockpit, die er acht Jahre lang so schmerzlich vermisst hatte.

Für den Morgen des 27. März hatte Kamanin einen letzten Übungsflug gemeinsam mit dem Instrukteur Wladimir Serjogin auf einer *MiG-15 UTI* angesetzt. Unmittelbar danach sollte Gagarin, soweit das Wetter mitspielte, noch zwei eigenständige Flüge mit einer *MiG-17* absolvieren.

Kamanin befahl zudem ausdrücklich dem Chef des Kosmonautenaubildungszentrums, Generalmajor Nikolai Kuszenow, persönlich die Vorbereitungen für Gagarins Flug zu kontrollieren und ihm über die Lage im Luftraum und die Wetterbedingungen zu berichten. Wenn das so geschehen wäre, würde Gagarin bestimmt heute noch leben, denn er wäre ja gerade erst einmal 81 Jahre alt.

DER LETZTE TAG IM LEBEN DES JURI GAGARIN

Der Tag begann für Gagarin wie jeder andere – mit Frühsport kurz nach 06:00 Uhr am offenen Fenster seiner Wohnung im 5. Stock eines Hochhauses im „Sternenstädtchen". Das Thermometer zeigte einige Grad unter Null, der wolkenlose Himmel versprach gutes Flugwetter.

Nach der Morgentoilette sah er in seinem Arbeitszimmer die Post vom Vortag durch, machte sich einige kurze Notizen und legte sich seinen Arbeitsplan zurecht. Da seine Frau Walentina mit einem Magenleiden im Krankenhaus lag und die Kinder von seiner Schwägerin Maria Kalaschnikowa versorgt wurden, frühstückte er in der Gemeinschaftskantine und fuhr dann mit dem Dienstbus zum nahen Militärflughafen Tschkalowski.

Dort zog sich Gagarin um und stellte sich dem Diensthabenden Arzt zur Flugkontrolle vor. Dann meldete er sich bei Geschwader-Kommandeur Serjogin, mit dem er den letzten Kontroll- und Überprüfungsflug im Doppelsitzer absolvieren sollte. Zu Gagarins Erstaunen war auch General Kusnezow in Serjogins Dienstzimmer.

Der General prüfte Gagarins Flugbuch sehr gründlich. Dann entließ er den Kosmonauten zur Flugvorbereitung. Gagarin hörte sich aufmerksam den Flugauftrag an und machte sich Notizen zum Kurs und zur Wetterlage.

Serjogin wusste zu diesem Zeitpunkt schon, dass sich das Wetter in etwa zwei Stunden erheblich verschlechtern würde. Er mahnte Gagarin deshalb zur Eile.

Um 10:19 Uhr erhielt „625", so Gagarins Rufzeichen, Starterlaubnis vom Flugleiter. Die *MiG-15 UTI* erhob sich in die Luft. Sechs Minuten später meldete Gagarin, der vorn im Cockpit saß, dass er die befohlene Flugzone Nr. 20 in 4.200 Metern Höhe erreicht habe.

Der Kosmonaut vollführte mit der Maschine, die bereits zwölf Jahre alt war, zuerst nach rechts und dann nach links einen horizontalen Kreis, sodass sich eine liegende Acht ergab. Nach dem

Manöver meldete er per Funk die Erfüllung seines Flugauftrages und bat um die Erlaubnis, auf Kurs 320 zu gehen, das heißt, zum Flughafen zurückkehren zu dürfen.
„625 – Erlaubnis ist erteilt“, lautete die knappe Antwort. „Verstanden, führe das Kommando aus“, waren Gagarins letzte Worte. Seine Stimme klang ruhig und sachlich. Dann riss der Funkverkehr ab. Es war 10.30 Uhr.
Niemandem fiel offenbar auf, dass die Aufgabe eigentlich 16 Minuten zu früh beendet war. Eine Minute später stürzte die Maschine rund 64 Kilometer vom Flughafen Tschkalowski entfernt in einem Waldstück nahe dem Dorf Nowosjolowo ab.
Doch das wusste zu diesem Zeitpunkt noch niemand. Um 10:32 Uhr klingelte bei Kamanin das Telefon. Der Diensthabende meldete, dass man die Funkverbindung zu Gagarin verloren habe und die *MiG* auch vom Radarschirm verschwunden sei. Der Fliegergeneral, der im Zweiten Weltkrieg solche Situationen mehr als einmal erlebt hatte, zeigte sich nicht sonderlich beunruhigt. Er befahl lediglich, weiter zu versuchen, wieder Kontakt zu der Maschine herzustellen, machte sich aber dennoch sofort auf den Weg zum Flugplatz.
Im Kommandopunkt eingetroffen, beriet sich Kamanin kurz mit General Kusnezow und schickte zwei Suchflugzeuge *Il-14* und vier *Mi-4*-Hubschrauber in die Gagarinsche Flugzone. Dann fragte er nach dem Wetter. Es habe genau der Vorhersage entsprochen: eine doppelte Wolkendecke. Die erste Sicht in 700 bis 900 Metern Höhe, die zweite in 4.800 Metern, antwortete der Diensthabende Meteorologe.
Als ahnte er das kommende Unheil, fragte sich Kusnezow, ob es nicht besser gewesen wäre, wenn er mit Gagarin geflogen wäre. Doch Kamanin wehrte ab: Serjogin sei in guter Form, habe viele Flugstunden auf seinem Konto und sei übrigens auch jünger als Kusnezow und er selbst.
Unterdessen rief der Flugleiter immer wieder ins Mikrofon: „625! Wie ist Ihre Höhe? Melden Sie sich! Kehren Sie zum Flughafen zurück! Melden Sie sich!“, doch „625“ meldete sich nicht.

Mit der Zeit zerrann auch die letzte Hoffnung, dass nur das Funkgerät an Gagarins Maschine ausgefallen sei. Jetzt wartete alles auf ein kleines Wunder, einen Telefonanruf etwa, dass das Flugzeug notgelandet und die Besatzung wohlauf sei. Doch die Hoffnungen wurden zutiefst enttäuscht.

Um 14:50 Uhr meldete die Besatzung eines Hubschraubers, dass sie das Wrack eines Flugzeuges gesichtet habe. Kamanin begab sich sofort im Hubschrauber an den Katastrophenort. Dort bot sich ein Bild des Grauens. Die Maschine hatte sich metertief in den Waldboden gebohrt, der Krater war zum Teil schon mit Wasser vollgelaufen. In der zerstörten Kabine des Flugzeuges fanden die Bergungsmannschaften die bis zur Unkenntlichkeit verstümmelten Überreste Serjogins. Von Gagarin gab es vorerst keine Spur. Das nährte natürlich die Hoffnung, dass er sich katapultiert haben könnte und irgendwo verletzt im Wald auf Hilfe wartete.

Doch auch diese Hoffnung trog. Bald entdeckte man die Kartenmappe des Kosmonauten, seine Brieftasche mit seinem Personalausweis, seinem Führerschein und einem Foto Koroljows, Fetzen seiner Fliegerjacke, die in einer Birke hingen, und schließlich Leichenteile, die zweifelsfrei bewiesen: Gagarin lebte nicht mehr. Der erste Kosmonaut der Welt war tot, sinnlos gestorben bei einem profanen Flugzeugunglück, nachdem er das ungleich gefährlichere Abenteuer seines Raumfluges unbeschadet überstanden hatte.

Mit einem Tag Verspätung verbreitete die offizielle Nachrichtenagentur TASS eine gemeinsame Mitteilung des ZK der KPdSU, des Präsidiums des Obersten Sowjets der UdSSR und des Ministerrates der UdSSR über den Tod Gagarins. Er sei während eines Trainingsfluges bei einer Katastrophe tragisch ums Leben gekommen, hieß es. Für die Trauerfeierlichkeiten sei eine Regierungskommission gebildet worden. Gagarin und Serjogin würden an der Kremlmauer auf dem Roten Platz beigesetzt.

Die Meldung vom Tod Gagarins wurde zuerst im Rundfunk verlesen. Sie ging wie ein Lauffeuer durch das ganze Land und löste überall lähmendes Entsetzen aus. Die Menschen liefen auf

die Straße, viele weinten bitterlich. Die Sowjetunion hatte ihren berühmtesten Sohn verloren. Auch das Ausland reagierte mit großer Bestürzung.
Am 29. März wurden die Urnen mit den sterblichen Überresten Gagarins und Serjogins im Moskauer Zentralhaus der Sowjetarmee aufgebahrt. Bis Mitternacht zog ein endloser Strom von Trauernden an ihnen vorbei. Indes versuchten General Kamanin und die Kosmonauten Bykowski, Popowitsch und Leonow in einer Fernsehsendung der Welt das Unerklärbare zu erklären. Die Frage, die immer wieder gestellt wurde, lautete: „Musste es unbedingt sein, dass Gagarin wieder flog?“ Die Antwort der vier Männer war einhellig: „Ja!“
Die Beisetzungsfeierlichkeiten begannen am nächsten Tag um 08:30 Uhr. Bei Kälte und eisigem Wind harrten Hunderttausende stundenlang an den Straßen aus, durch die sich der Trauerzug zum Roten Platz bewegte. Am Mittag nahmen die nächsten Angehörigen Abschied von den Toten: Walentina Gagarina mit den beiden Töchtern Galja und Lena, die Eltern und Geschwister Gagarins sowie die Familie Serjogins.
Auf dem Roten Platz, der Trauerschmuck trug, sprachen Akademie-Präsident Keldysch und Kosmonaut Nikolajew Worte des Gedenkens. Dann wurden die Urnen in der Kremlmauer versenkt und die Grabstellen mit Marmortafeln verschlossen. Das Land verharrte in einer Minute des Gedenkens. Ein Ehrensalut, die Nationalhymne und eine Ehrenparade beschlossen die Zeremonie. Titow sagte später, mit Gagarin habe er einen guten Freund verloren, „der das Leben, fröhliche Gesellschaften, den Sport und die Jagd“ liebte. Gagarin habe jenen ersten, allerschwersten Schritt auf dem Weg zu den Sternen gemacht, mit dem der lange und schwierige Weg der Forscher beginne. „Seine Heldentat ging über die nationalen Grenzen hinaus.“ Gagarin habe es wie kein anderer verstanden, schnell und unkompliziert Kontakt zu anderen Menschen herzustellen. „Die Völker aller Kontinente haben ihn wie einen der Ihren aufgenommen“, sagte Titow unter Hinweis auf die mehr als 40 Auslandsreisen, die sein Freund unternommen hatte.

„Er war in jedem Haus ein gern gesehener Gast. Die Leute haben gestrahlt, wenn sie ihn sahen, weil Juri dem ganzen Planeten gehörte, den er verlassen hatte."
Ironie der Geschichte: Gagarin war nicht der einzige berühmte sowjetische Flieger, der nur 34 Jahre alt wurde. Auch dem legendären Waleri Tschkalow, der als Erster 12.000 Kilometer nonstop über den Nordpol nach Amerika flog, und Grigori Bachtschiwandshi, der bei der Erprobung des ersten sowjetischen Düsenjägers tödlich verunglückte, war kein längeres Leben vergönnt. Es scheint, dass die 34 für jene, die eine „himmlische Barriere" durchbrochen haben, die Grenze war.

GAGARINS WITWE BRICHT IHR SCHWEIGEN

Viele Jahrzehnte hat Gagarins Witwe Walentina zum Tod ihres Mannes geschwiegen, weil der Schmerz einfach zu groß war. Doch einmal hat sie ihr Schweigen gebrochen. In ihrer Familie werde „sehr, sehr selten" über den Tod ihres Mannes gesprochen, vertraute sie Anfang 2001 ihrem Nachbarn, dem Kosmonauten Boris Wolynow, an, der sich rührend um sie sorgt. „Dafür denken wir viel an ihn, und manchmal scheint es uns sogar, dass er ganz nah bei uns ist – bereit, uns mit Rat und Tat zur Seite zu stehen", sagte sie in dem Gespräch, das auf zehn Seiten protokolliert und nur einem ganz kleinen Kreis von Vertrauten, darunter auch mir, zugänglich gemacht wurde. „Wir sprechen in Gedanken mit ihm und vergleichen das, was wir tun, mit dem, was er in dieser oder jener Lebenssituation getan hätte." Ihr Mann sei „einfach, bescheiden und offenherzig" bei der Bewertung seines Raumfluges vom 12. April 1961 gewesen, verriet Walentina Gagarina. Für ihn sei der Flug keine „persönliche Heldentat", sondern „die Heldentat, die Errungenschaft unseres ganzen Volkes" gewesen. Gagarin, der von der Natur „reich mit Talenten beschenkt" worden sei, habe „immer viel gefordert, vor allem von sich selbst". Wenn etwas schwierig gewesen sei, habe er nicht gesagt, das wäre leicht, und wenn er froh gewesen war, „konnte er von Herzen lachen".

„Er sagte offen, womit er nicht einverstanden war, und er sagte allen Bekannten und Freunden rundheraus ins Gesicht, was er von ihnen hielt", charakterisiert Frau Gagarina ihren Mann. „Er tat das nicht, um den Menschen zu beleidigen, sondern um ihm zu helfen, Fehler zu korrigieren."

Gagarin sei „so ganz anders" gewesen als sie sei, fügte die Witwe hinzu. „Das breite Spektrum seiner Gefühle und Handlungen zu erfassen und wiederzugeben, ist selbst für mich ein schwieriges Unterfangen." In den Jahren ihres Zusammenlebens habe sie ihren Mann aber „immer besser verstanden, obgleich er auch heute für mich in manchem noch ein Rätsel ist". Vielleicht habe sie aber auch gerade seine „Vielschichtigkeit" angezogen – „und

zwar als Kursant der Fliegerschule von Orenburg, der Stadt unserer Jugend, ebenso wie dann, als er weltbekannt wurde". Jeden Tag schaue sie auf die in Bronze gegossene Statue ihres Mannes vor ihrem Wohnblock im „Sternenstädtchen", sagte Frau Gagarina. Sie schaue lange auf sie und blättere in Gedanken die Seiten seines ganzen Lebens durch. Er stehe mit dem Rücken zu ihr, im Hemd mit offenem Kragen, ohne Kopfbedeckung. „Als wollte er sie vor den Augen Fremder verstecken, hat er Blumen in der linken Hand, die er auf dem Rücken hält." Ihr Mann habe ihr oft Blumen nach Hause mitgebracht – und mit ihnen Freude und Zuversicht. „Doch das Schicksal ist unbarmherzig", sagte die Frau, die von ihren Kindern Galina und Elena sowie den Enkeln Katja und Juri jun. liebevoll betreut wird. „Er kommt nicht mehr nach Hause und lacht über das ganze Gesicht, er erfüllt unser Haus nicht mehr mit Frische und
Optimismus, wie nur er es vermochte."

Alles, was ihm teuer war, „ist auch mir teuer", bekannte die Witwe. Deshalb könne sie auch das „Sternenstädtchen" nicht verlassen, das Gagarin so sehr geliebt habe.

Zuvor hatte Walentina Gagarina im engsten Kreis schon einmal gesagt, sie wäre lieber eine „einfache glückliche Frau als eine berühmte Witwe".

MAMMUT-UNTERSUCHUNG MIT VORGEGEBENEM ERGEBNIS

Zur Klärung der Ursachen des Absturzes von Gagarin und Serjogin wurde eine mit allen nur erdenklichen Vollmachten ausgestattete Regierungskommission gebildet. Ihr gehörten die besten Fachleute des ganzen Landes an: Wissenschaftler, Luftfahrtexperten, Kriminologen, Ärzte und sogar Ornithologen, da man auch die Kollision des Flugzeuges mit einem großen Vogel nicht ausschloss.

Die Kommission führte die umfangreichsten und aufwändigsten Untersuchungen durch, die es je in der Geschichte der sowjetischen Luftfahrt gegeben hat.

An der Unglücksstelle wurde jedes noch so kleine Teil der fünf Tonnen schweren Maschine geborgen, deren Trümmer auf einer Fläche von 810 Metern Länge und 50 Metern Breite verstreut lagen. In mühevoller Puzzlearbeit wurde die *MiG*, die mit einer Geschwindigkeit von rund 190 Metern pro Sekunde die Wipfel der Birken in einem Winkel von 30 bis 35 Grad abrasiert hatte, in einem streng abgeschirmten Hangar zu 95 Prozent wieder zusammengesetzt.

Die Untersuchungen konzentrierten sich vorrangig auf alles, was direkt oder indirekt mit dem Zustand der Flugtechnik zu tun hatte, sowie auf Fragen der Vorbereitung der Piloten, der Flugorganisation und der Einhaltung der Sicherheitsvorschriften. Die Ergebnisse der Untersuchung füllen 29 dicke Bände.

Um es vorwegzunehmen: Eine exakte Ursache für die Katastrophe konnte nicht ermittelt werden. Mehr noch: Es sollte auch keine ermittelt werden. Denn dann hätte man die Verantwortlichen benennen und bestrafen müssen. Und genau das wollte die Kremlführung nicht. So kamen die Schuldigen ungeschoren davon. Einige von ihnen leben heute noch.

In dem erst im März 1987, also mit rund 20 Jahren Verspätung, auszugsweise von Professor Bjelozerkowski und „Weltraumspaziergänger“ Leonow veröffentlichten Bericht kommt die Kommission zu der Schlussfolgerung, dass die Maschine genau nach den geltenden Bestimmungen der Betriebsanweisung auf den Flug vorbereitet gewesen sei und dass während des Fluges alle Systeme normal funktioniert hätten. Zudem habe man die wichtigsten Angaben der Bordgeräte rekonstruieren können. So sei es aufgrund der Zeigerspuren auf den Zifferblättern der Borduhr in der Kanzel Gagarins und auf seiner Armbanduhr gelungen, die genaue Absturzzeit zu ermitteln, die Angaben des künstlichen Horizonts zu rekonstruieren sowie die Umdrehungszahl des Motors, den Winkel der Höhenabweichung und andere Details zu ermitteln.

Die Kommission zog daraus den Schluss: „Am Flugzeug gab es keine Zerstörungen oder Ausfälle von Aggregaten und Geräten während des Fluges. Das Flugzeug wurde durch den Aufprall auf die Erde zerstört. Alle Brüche und Deformationen sind charakteristisch für Zerstörungen infolge einer einmaligen übermäßigen Beanspruchung. Spuren von Materialmüdigkeit an Einzelteilen und Elementen der Konstruktion konnten nicht entdeckt werden." Auch habe es weder Feuer noch Explosionen während des Fluges an Bord gegeben. Der Motor sei im Moment des Aufpralls auf der Erde gelaufen.

Der Vermutung, dass es vielleicht zu einem Zusammenstoß mit einem anderen Flugzeug, einer Ballonsonde oder Vögeln gekommen sei, sei ebenfalls gründlich nachgegangen worden, heißt es weiter in dem Bericht. Soldaten hätten mehrfach das Absturzgebiet durchkämmt, ohne Überreste einer Sonde oder von Vögeln zu entdecken. Überprüft worden sei ferner der Funkverkehr der Flugzeuge, die sich in der fraglichen Zeit in dem betreffenden Luftraum aufgehalten hatten – ergebnislos. Mit Sicherheit habe dagegen festgestellt werden können, dass das Befinden Gagarins eine Minute vor dem Tod normal gewesen sei. Er habe ruhig und zusammenhängend gesprochen. Die Besatzung habe normal gehandelt. Spuren einer Intoxikation der Piloten etwa durch Gas oder Gift seien nicht gefunden worden. Auch Alkohol sei nicht im Spiel gewesen. Ebenso habe es keinen erhöhten Adrenalinspiegel gegeben, der auf eine Stresssituation hätte hinweisen können.

Also war alles in der Norm. Dennoch war die Maschine abgestürzt. Blieb also weiter die Frage, was dazu geführt hatte. Nachdem zwei voneinander unabhängige Expertengruppen auf dem Computer alle Flugphasen simuliert hatten, ging die Kommission von einer Verkettung mehrerer unglücklicher Umstände aus. So habe der Flug unter komplizierten meteorologischen Bedingungen stattgefunden.

Der natürliche Horizont sei nicht zu sehen gewesen. Zwei dichte Wolkenschichten – die untere im Bereich von 500 bis 1.500 Metern, die obere von 4.500 bis 5.500 Metern – hätten den Flug erschwert. Nachdem Gagarin die Erlaubnis erhalten hatte, zum Stützpunkt zurückzukehren, habe er im Sinkflug den Kurs von 70 auf 320 Grad ändern müssen. In der Folge sei es offenbar zu einem unvorgesehenen Ereignis gekommen, das dazu geführt habe, dass die Maschine außer Kontrolle geriet und sich fast im Senkrechtflug der Erde näherte.

Drei Ursachen sind nach Ansicht der Kommission dafür die wahrscheinlichsten: Beim Anflug auf die Obergrenze der unteren Wolkenschicht mit ihren zahlreichen Wolkenzungen hätten die Piloten eine solche Zunge für ein unerwartetes Hindernis halten können, ein Flugzeug etwa oder eine Ballonsonde. Es sei nicht einmal auszuschließen, dass es dort wirklich ein Hindernis gegeben habe, zum Beispiel einen Vogelschwarm. Das hätte die Besatzung zu einem jähen Manöver zwingen können, in dessen Folge der kritische Anstellwinkel der Maschine überschritten worden und das Flugzeug abgekippt sei.

Möglicherweise sei Gagarins Maschine auch in den Sog eines anderen Flugzeuges und dadurch außer Kontrolle geraten. Als Ursache für das Überschreiten des kritischen Anstellwinkels käme ferner ein vertikaler Aufwind in Frage. An jenem Tag habe sich eine Kaltfront genähert, sodass eine solche Erscheinung nicht auszuschließen sei.

Die Kommission hält es auch für möglich, dass zwei oder sogar alle drei Ursachen gleichzeitig gewirkt hätten, denn wenn der natürliche Horizont nicht sichtbar sei, orientiere sich der Pilot am künstlichen. Ein ruckartiges Manöver, bei dem sich beson-

ders der Neigungswinkel stark vergrößerte, könne erhebliche Abweichungen des Kreiselkompasses bewirken.
Das habe natürlich die Situation erschwert. Die Piloten hätten sich nur dann räumlich orientieren können, wenn sie die wolkenreiche Zone verließen, die, wie bereits erwähnt, in 500 bis 600 Metern Höhe begann. Doch diese Höhe habe nicht mehr ausgereicht, um das Flugzeug abzufangen.
In der Rekonstruktion der Kommission hat die letzte Minute des Unglücksfluges etwa wie folgt ausgesehen:
Nachdem er die Erlaubnis zur Umkehr erhalten hatte, begann Gagarin, nach einer Abwärtsspirale sofort die Wende auszuführen. Normalerweise nehmen bei einem solchen Manöver allmählich Beanspruchung, Anstell- und Schräglagewinkel zu. In der Nähe der Obergrenze der unteren Wolkenschicht geriet das Flugzeug in die bereits geschilderte Situation. Aller Wahrscheinlichkeit nach führte das zu einem Abkippen über die Tragflächen, worauf das Flugzeug in eine Vollkurve beziehungsweise ins Trudeln geriet. Die Zusatztanks unter den Tragflächen konnten dies noch verstärken.
In dieser extremen Situation unternahmen beide Piloten alles nur Mögliche zur Rettung. In den wenigen Sekunden, die ihnen blieben, handelten Gagarin und Serjogin exakt und abgestimmt und kämpften entschlossen um ihr Leben, obwohl die Belastung auf das 10- bis 11-fache angestiegen war. Eine solche Belastung halten nur kerngesunde Menschen und ausgezeichnet trainierte Flieger aus. Zulässig ist nur eine achtfache Belastung, bei einer 12-fachen bricht das Flugzeug auseinander. Gagarin und Serjogin taten in dieser Lage das Menschenmögliche. Ihnen fehlen nur 200 bis 300 Meter an Höhe, um sich zu retten – das sind zwei Sekunden, konstatiert der offizielle Bericht.
Professor Bjelozerkowski, der für seine Publikation den ersten Rückenwind von Gorbatschows Glasnost und Perestroika nutzte, wurde damals von nicht wenigen als Nestbeschmutzer beschimpft.
Die Hauptvorwürfe lauteten: „Was gibt es 20 Jahre nach dem Absturz noch an Neuem zu entdecken?“ und „Wofür soll es gut sein, so in der Vergangenheit herumzuwühlen?“

Der Wissenschaftler, der schon in der Kommission zur Untersuchung der Katastrophe mitgearbeitet hatte, ließ sich aber nicht beirren. Gagarin sei für immer als erster Kosmonaut der Welt in die Geschichte eingegangen, erwiderte der Wissenschaftler seinen Kritikern. Deshalb müssten auch seine Biographie und die Umstände seines Todes für künftige Generationen festgehalten werden.

In zwei Büchern veröffentlichte er 1992 und 1997 zahlreiche Dokumente sowie weitere Details, die er in mühevoller Kleinarbeit aus dem offiziellen Untersuchungsbericht herausgefiltert hatte. Dadurch konnte zwar noch so manche Lücke im Mosaik geschlossen werden, eine schlüssige Antwort auf den exakten Grund für die Katastrophe musste freilich Bjelozerkowski auch danach noch schuldig bleiben.

Für den Wissenschaftler ist nur eines klar: Gagarin und Serjogin sind nicht schuld an dem Absturz, wie es der offizielle Bericht der Untersuchungskommission suggeriert. Der Vorwurf, die beiden Männer hätten durch ein „jähes Manöver“ die Maschine ins Trudeln gebracht und dann nicht mehr abfangen können, sei falsch. Schuld seien vielmehr die „unglaubliche Organisation“ des Fluges und „technische Unzulänglichkeiten“, wie der Professor die unvorstellbare Schlamperei akademisch-vorsichtig umschrieb.

So sei die *MiG-15 UTI* völlig überaltert gewesen. Überhaupt sei der Typ damals schon seit 12 Jahren nicht mehr gebaut worden. Die Maschine sei zudem mit zwei Zusatztanks überholter Konstruktion ausgestattet gewesen, was sich negativ auf die Flugeigenschaften ausgewirkt habe.

Außerdem habe die *MiG* unverständlicherweise über ein Katapultsystem verfügt, bei dem sich im Notfall der Instrukteur vor dem Flugschüler hätte katapultieren müssen.

Doch damit nicht genug: Gagarin und Serjogin waren mit völlig falschen meteorologischen Daten losgeschickt worden, weil der Wetteraufklärer nicht rechtzeitig gestartet war. Außerdem war das Flughafenradar defekt, sodass die Höhe der Maschine nicht von der Flugleitung kontrolliert werden konnte. Hinzu kam, dass Gagarins Maschine von einem Pärchen wesentlich schnellerer

MiG-21 gefährlich nahe überholt wurde sowie zu allem Unglück auch noch eine weitere *MiG-15 UTI* und eine *Su-11* unangemeldet im späteren Absturzgebiet operierten.
Wäre das alles publik geworden, so Professor Bjelozerkowski, hätte das ernsthafte Konsequenzen für die Nomenklatura nach sich gezogen – angefangen bei ZK-Sekretär Dmitri Ustinow, dem Zuständigen für die Raumfahrt, über die Generäle im Verteidigungsministerium bis hin zu den Direktoren der Flugzeugindustrie und den Verantwortlichen auf dem Flughafen Tschkalowski.
Deshalb habe man diese Schlampereien vertuscht, den Untersuchungsbericht als geheim eingestuft und einfach Gagarin und Serjogin, die sich ja nicht mehr wehren konnten, indirekt die Schuld zugeschoben.
Gagarins Bruder Walentin und seine Schwester Soja haben übrigens Professor Bjelozerkowski ausdrücklich für dessen Bemühungen gedankt, dem ersten Kosmonauten der Welt und seinem Fluglehrer Gerechtigkeit widerfahren zu lassen. In einem Brief, der am 18. Mai 1987 in der Parteizeitung „Prawda" veröffentlicht wurde, schrieben sie, dass das Verschweigen der Gründe für den Tod Gagarins und Serjogins bei ihnen Bitterkeit und Schmerz ausgelöst habe. Zudem habe diese „Grabesstille" Anlass zu den wildesten Gerüchten gegeben. Die Geschwister äußerten die Hoffnung, dass schließlich alle Einzelheiten des Unglücks dokumentarisch belegt würden.

ZWEIFEL AN DER OFFIZIELLEN ABSTURZVERSION

Die offizielle Absturzversion stieß auch bei vielen anderen Experten auf Zweifel. Für sie ist der Bericht der Versuch, mit Sicht auf die enorme internationale Resonanz niemanden oder nichts konkret für den tragischen Tod Gagarins verantwortlich zu machen. Dem komme entgegen, dass es in der *MiG-15* keine Black Box gegeben habe. Dass beispielsweise die Maschine wegen des schlechten Wetters eigentlich gar nicht hätte starten dürfen, Gagarin und Serjogin dennoch mit zudem falschen Daten über die Wolkenhöhe losgeschickt wurden, das Flughafenradar defekt war und andere Schlampereien auftraten, sei deshalb weitgehend unbeachtet geblieben.

Einer der berühmtesten russischen Testpiloten, der 1998 verstorbene Mark Gallai, warf der Kommission vor, angesichts fehlender gesicherter Daten einfach etwas „Ausgedachtes" präsentiert zu haben. Er bezog sich dabei vor allem auf die Version, Gagarins Flugzeug sei durch den Abgasstrahl einer anderen Maschine ins Trudeln geraten. Es sei allgemein bekannt, dass ein derartiger Abgasstrahl nur „unbedeutend und kurzzeitig" wirke, betonte Gallai, der Gagarin mit auf den Raumflug vorbereitet hatte.

Luftwaffengeneral Katuchow äußerte 1991 in der Armeezeitung „Krasnaja Swesda" (Roter Stern) den Verdacht, dass die Tragflächen der *MiG-15* vereist gewesen seien. Deshalb habe sich Gagarin entschlossen, sie im Sturzflug „aerodynamisch abzutauen". Dabei habe die Maschine die zulässige Höchstgeschwindigkeit von 1.100 Stundenkilometern überschritten, sodass sie manövrierunfähig geworden sei. Die Vereisungs-Variante sei von Anfang bewusst nicht in die Untersuchungen einbezogen worden, da dadurch die unzureichende Flugvorbereitung und -leittung ruchbar geworden wäre.

Eine andere These geht von einer Herzattacke Serjogins während des Fluges aus. Serjogin, der auf dem hinteren Pilotensitz saß, sei vornüber auf den Steuerknüppel gesunken und habe so die Steuerung blockiert.

Die vorerst letzte Version besagte, dass Gagarins Flugzeug wahrscheinlich mit der Instrumentengondel eines Wetterballons kollidiert sei, der auf dem benachbarten Flugplatz Kirshatsch aufgelassen wurde. Autor ist ebenfalls ein hochrangiger Militär: Generalleutnant Stephan Anastasowitsch Mikojan, Held der Sowjetunion, Verdienter Testpilot, Dr. rer. nat., einer der Männer, die die Raumfähre *Buran* (Schneesturm) erprobt haben, und der nicht zuletzt Mitglied einer der vielen Unterkommissionen zur Untersuchung der Katastrophe war.

Der Sohn des ehemaligen KP-Politbüromitglieds Anastas Mikojan machte 1994/95 eine These öffentlich, die er intern bereits 1968 vertreten haben will, die damals aber von den Oberen seiner Meinung nach bewusst verworfen worden sei. Denn wäre man seiner Version gefolgt, hätte man jene zur Rechenschaft ziehen müssen, die trotz des regen Flugverkehrs im besagten Sektor willkürlich Ballons aufließen, betont der General.

General Mikojan untermauert seine These mit dem Hinweis, dass der Kabinendruckmesser in Gagarins *MiG*, die sich rund zweieinhalb Meter in den Waldboden gebohrt hatte, im Minusbereich stand. Das belege, dass die Kabine schon vor dem Aufprall auf den Boden enthermetisiert gewesen sei. Wäre die Pilotenkanzel erst beim Aufprall selbst zerstört worden, hätte der Druckmesser nicht unter null sinken können, da am Unglücksort Innen- und Außendruck identisch seien.

Quasi posthum hat sich auch General Kamanin in dieser Sache zu Wort gemeldet. Im 1999 veröffentlichten dritten Band seines Tagebuches „Verdeckter Kosmos“ behauptet er, der Absturz Gagarins sei entweder auf eine Kollision oder eine Explosion an Bord der *MiG-15 UTI* zurückzuführen. Auch „Diversion“ sei möglich, schreibt er kryptisch, ohne das weiter zu erläutern.

Ausdrücklich widerspricht Kamanin der im Dezember 1968 vom ZK der KPdSU abgesegneten offiziellen Version, „der wahrscheinlichste Grund“ für den Absturz sei ein „jähes Manöver“ des Jets, durch das ein Zusammenstoß vermieden werden sollte. In die „Normalsprache“ übersetzt, besage diese Formulierung nichts anderes, als dass die beiden Piloten sich selbst in den Sturzflug hineinmanövriert und es dann nicht vermocht hätten, die Maschine abzufangen. Das sei eine „schwerwiegende und völlig unbegründete Anschuldigung" an die Adresse Serjogins und Gagarins, die „im Gegensatz zu allen ermittelten Umständen des Vorfalls" stehe, notiert Kamanin erbost. Schließlich sei Gagarin mit gut 340 Gesamtflugstunden kein heuriger Hase gewesen, ganz zu schweigen vom Weltkrieg-II-Piloten Serjogin, der 4.000 Stunden in seinem Flugbuch stehen hatte.

Hier sei ein klärender Einschub erlaubt: Denn dieses Argument, das sicher auf persönlicher Rücksichtnahme beruht, kann heute nicht mehr so stehen bleiben. Ich habe viele Piloten, Astronauten und auch Kosmonauten gefragt, was es generell bedeute, 340 Flugstunden auf dem Konto zu haben. Die Antwort lautete nahezu übereinstimmend: Nicht viel oder nichts! Dieses Urteil änderte sich auch nicht, als ich dann erklärte, dass es um niemand anderen als um Gagarin gehe. Mehr noch: Vor allem jüngere Kosmonauten betonten, ohne Gagarin zu nahe treten zu wollen, müsse man der Wahrheit halber sagen, dass „erfahrenere Piloten" die Maschine sicherlich abgefangen hätten.

Diese Offenheit hat mich dann doch überrascht. Ich bin deshalb der Sache nachgegangen. In Gagarins offizieller Biografie, die vom Organisationskomitee zum 50. Jahrestag seines Raumfluges herausgegeben wurde, heißt es, Gagarin habe 265 Flugstunden auf der *Jak-18* und der *MiG-15 BIS* nachgewiesen, als er sich im Dezember 1959 um Aufnahme als Kosmonautenanwärter bewarb. Und damit war er sogar noch Spitzenreiter. Alexej Leonow hatte nur 250 Stunden und German Titow gar nur 240 Stunden aufzuweisen.

Zum Vergleich: In den USA können nur Testpiloten mit Hochschulabschluss und mindestens 1.000 Flugstunden Astronaut werden.

Dass es mit Gagarins Flugkünsten nicht besonders weit her war, bestätigt auch sein Patenkind Tamara Filatowa. Die Tochter seiner älteren Schwester Soja kennt jedes Detail seiner Biografie, denn sie hat über 40 Jahre im Gagarin-Gedenkmuseum der Stadt Gagarin gearbeitet. So habe es weder ihrer Familie noch ihrem Onkel Juri selbst gefallen, wenn er immer als „Superman ohne jeden Makel“ hingestellt wurde, sagte sie in einem Interview. „Denn ihm ist nicht alles im Leben gelungen. Beispielsweise gelang es ihm anfangs nicht, ein Flugzeug selbstständig zu landen.“ Man habe Gagarin deshalb sogar fast aus dem Fliegerklub „entfernt“, in dem er dann doch noch bei 196 Starts mit der einmotorigen *Jak-18* auf 42:23 Flugstunden kam. Doch davon war ja schon weiter vorn in diesem Buch ausführlich die Rede.

Die Frage, wer statt Gagarin in den Weltraum geflogen wäre, hätte er die Fliegerschule nicht geschafft, ist eigentlich müßig. Angesichts der damaligen Auswahlkriterien lohnt sich aber ein Blick auf die anderen fünf Anwärter des Sextetts, das in die „Endrunde“ kam. Gagarins Double, German Titow, schied aus „kaderpolitischen Gründen“ aus. Sein Vater war Lehrer und Opernnarr, weshalb er auch seinem Sohn den Namen des deutschen Helden Hermann aus der Tschaikowski-Oper „Pique Dame“ nach Puschkins gleichnamiger Novelle gab.

Für den Kreml war aber klar, dass der erste Sowjetbürger im All seiner sozialen Herkunft nach Repräsentant der „Arbeiter-und Bauern-Macht“ und natürlich Russe sein müsse. Da traf es sich gut, dass Gagarins Eltern Kolchosbauern waren.

Der Vater von Grigori Neljubow war dagegen Hauptmann der Grenztruppen, der von Waleri Bykowski KGB-Mitarbeiter. Pawel Popowitsch und Andrijan Nikolajew mit einem Heizer beziehungsweise Kolchosbauern als Vater entsprachen dagegen den Anforderungen. Allerdings war Nikolajew Tschuwasche und kein Russe. Theoretisch wäre also Popowitsch übrig geblieben – oder ein bislang großer Unbekannter.

Doch weiter im Text: Auch fünf Kosmonauten, darunter Titow, haben damals in einem Brief an ZK-Sekretär Ustinow dagegen protestiert, dass die beiden Piloten nachträglich zu Sündenböcken gestempelt würden. Die Behauptung vom „jähen Manöver“, das schon aus flugdynamischen Gründen „durch bewusstes Handeln der Besatzung unmöglich ist“, sei aus den Fingern gesogen.

Für Kamanin ist klar, dass Gagarins Flugzeug mit einer Ballonsonde kollidiert oder dass etwas an Bord explodiert ist, etwa der so genannte Hydraulikakkumulator, ein Druckbehälter. Ähnliche Vorfälle hatte es damals mehrfach gegeben. Dadurch sei die Kanzel zerstört worden, und die Piloten hätten ihre „Arbeitsfähigkeit“ verloren, wie sich der General vorsichtig ausdrückt.
Als Beweis führt er an, dass die Kosmonauten Leonow, Bykowski und Popowitsch, die in der Nähe des Katastrophenortes ein Fallschirmtraining absolvierten, zur besagten Zeit einen Knall gehört haben. Zudem hätten die Untersuchungen gezeigt, dass die Pilotenkabine schon vor dem Aufprall auf die Erde enthermetisiert war.
Trotz gründlichster Suche habe man an der Absturzstelle, in deren näherer Umgebung 16 Ballonsonden aufgestiegen seien, nur 38 Prozent der Kabinenverglasung gefunden. Des Weiteren verweist Kamanin darauf, dass der Funkverkehr mit Gagarins Maschine abrupt unterbrochen worden sei und die Piloten auch keine Anstalten gemacht hätten, sich zu katapultieren, notiert Kamanin unter dem 18. Juni 1968.
Gagarins Witwe Walentina indes schien anfangs ihren Frieden mit dem Bericht geschlossen zu haben. Sie ging davon aus, dass ihr Mann das Geheimnis des Absturzes mit ins Grab genommen hat. Auf meine briefliche Frage, wann wir endlich die ganze Wahrheit über die Gründe seines Todes erfahren, schrieb sie mir Anfang 1998: „Niemals.“
Inzwischen hat Frau Gagarina offenbar ihre Meinung geändert. Bei einer Begegnung mit Präsident Wladimir Putin zum 40. Jahrestag des Fluges am 12. April 2001 im „Sternenstädtchen“ stellte sie ihm die Frage: „Wie ist mein Mann umgekommen?“ Die exakte Antwort steht bis heute aus.

KGB NENNT ROSS UND REITER

2011 wurde überraschend bekannt, dass es noch eine 4. Untersuchungskommission gab, und zwar vom KGB. Ihre Aufgabe habe darin bestanden, „auf der Linie“ des Geheimdienstes zu eruieren, ob die Katastrophe nicht doch das Ergebnis einer Verschwörung, eines Terroraktes oder aber eines anderen „böswilligen Vorhabens“ war.

Was die Kommission unter Leitung eines der Chefs der Abteilung Aufklärung des KGB, Nikolai Duschin, herausgefunden hat, kann man auszugsweise beim Ex-KGB-Chef des „Sternenstädtchens“, Nikolai Rybkin, nachlesen. Der durfte 1991 für seine Dissertation die Archive der Spionageabwehr nutzen und stieß dabei mehr oder weniger zufällig auch auf vereinzelte Dokumente zum Absturz Gagarins und Serjogins. Was er dabei erfahren hat, schilderte er erst 2011 in seinem Buch „Aufzeichnungen eines kosmischen Spionageabwehrmannes“. Sein nüchternes, aber dennoch erschütterndes Fazit: „Gagarin ist nicht umgekommen, sondern man hat Gagarin nicht beschützt.“

Die Untersuchungen der „Tschekisten“ seien im Gegensatz zu den behördlichem „unvoreingenommen“ gewesen, schreibt Rybkin, der 2009 nach der Umwandlung des „Sternenstädtchens“ in eine zivile Einrichtung zu dessen erstem Bürgermeister gewählt wurde. Deshalb nennt der KGB auch Ross und Reiter und versucht nicht, die Verantwortlichen zu schonen und die Schuld indirekt auf die Piloten abzuwälzen.

Die Kommission interessierten anfangs vor allem vier Fragen. Das waren:

> Wurde die Technik vorsätzlich aus feindlichen oder niedrigen Beweggründen außer Gefecht gesetzt? War die Technik nicht ordnungsgemäß auf den Flug vorbereitet?
> Waren die Flieger nicht ausreichend auf den Flug vorbereitet?
> Funktionierte die Flugleitung?

Jede der Versionen wurde bis ins kleinste Detail untersucht, wobei man „verdächtigen Personen“, die mit der Vorbereitung und Wartung des Flugzeuges befasst waren, besondere Aufmerksamkeit schenkte. Dabei stellte sich schnell heraus, dass die Brigade, die den Flug der *MiG-15 UTI* leitete, „nicht auf der Höhe der Aufgaben“ war, wie Rybkin feststellt. Der Flugleiter auf dem Flugplatz Tschkalowski, Oberstleutnant Ja., sei in schwierigen Situationen nervös und zerstreut, begreife wegen seines schlechten Gedächtnisses die Flugaufgaben schwer und treffe übereilte und falsche Entscheidungen, hießt es in dem Bericht von KGB-Major Simakow. Der Diensthabende Pilot Sch. mache Fehler bei der Berechnung der Aufenthaltszeiten der Maschinen auf dem Flugplatz und kenne sich unter anderem schlecht in der Funkortungstechnik aus. Der Stellvertreter des Flugleiters, Major D., wiederum trinke zu viel und vernachlässige seine dienstlichen Aufgaben.

Doch damit noch nicht genug der Schlamperei. Bereits eine Woche vor dem letzten Trainingsflug mit Gagarin sei Serjogin nur Sekunden an einer ähnlichen Katastrophe vorbeigeschrammt, geht aus den Dokumenten weiter hervor. So sei am 20. März unter Flugleiter Ja. die Wetterlage nicht analysiert worden. Deshalb sei ein nahender Schneesturm nicht bemerkt worden. Bei begrenzter Sicht habe Ja. Serjogin die Landung auf dem Flugplatz Tschkalowski erlaubt. Dieser sei dann über den eigentlichen Landepunkt hinweggeflogen. Lediglich eine „spezielle Bremsvorrichtung“ habe eine mögliche Havarie verhindert.

Und nun habe Ja. erneut einen Fehler begangen. Der Flugleiter habe die Intervalle der Flugbewegungen nicht beachtet. Bereits eine Minute nach dem Abheben Gagarins habe er eine schnellere Maschine starten lassen. Wegen dieses Fehlers sei die *MiG-15 UTI* gezwungen gewesen, die Flugzone zu wechseln. Ja. habe dabei nicht im erforderlichen Maße beobachtet, wie Gagarin seine Aufgabe erfüllt hat. Er habe zum Beispiel nicht gefragt, warum dieser die Aufgabe früher als vorgesehen abgeschlossen hat. Nach dem Abbruch des Funkkontaktes mit der Maschine

Gagarins habe Oberstleutnant Ja. auch nicht andere vorhandene Mittel zur Bestimmung des Kurses des Flugzeuges genutzt.
Daraus folge, dass die „aufgezeigten Unzulänglichkeiten die Durchführung des Fluges der Maschine erschwert haben", schrieb der Leiter der Sonderabteilung, Oberstleutnant Obeltschak. „Doch sie konnten nach Ansicht von Spezialisten nicht die Ursache für die Katastrophe sein."
Hinzu kämen noch andere „gröbste Fehler und Verletzungen der Dienstanweisungen", so bei der Wetteraufklärung, wird weiter betont. Diese hätte weisungsgemäß 30 bis 50 Minuten vor Flugbeginn erfolgen und deren Ergebnisse dem gesamten fliegenden Personal mitgeteilt werden müssen. Das Wetterflugzeug sei aber erst eine Minute vor dem Start Gagarins gelandet, der Bericht sei dann nach der Katastrophe noch schnell ins Journal eingetragen worden.
Gagarin und Serjogin wurden also von Oberstleutnant Ja. wissentlich mit falschen Wetterdaten losgeschickt, was letztlich dazu führte, dass die Wolkenhöhen nicht stimmten. Zudem hatte ihre Maschine noch Zusatztanks, was auch gegen die Regeln verstieß. Als die Männer dann offenbar durch ein Flugmanöver, dessen genaue Ursache immer noch nicht bekannt ist, ins Trudeln gerieten, fehlten ihnen letztlich nur maximal 300 Meter, um die Maschine abzufangen.
Das wussten wir zwar schon seit den 1990er Jahren aus dem offiziellen Bericht, aus dem Gagarins Freund und Lehrer Professor Belozerkowski erstmals zitierte, doch in dem Rapport der KGB-Kommission werden die Schuldigen erstmals beim Namen genannt (die Abkürzung der Nachnamen hat offenbar Rybkin vorgenommen – der Autor).

LEONOWS NEUESTE „ENTHÜLLUNG“

Während sich also alle Experten nach wie vor den Kopf darüber zerbrechen, was denn schlussendlich und nachweisbar für den Absturz Gagarins verantwortlich ist, wartet einer schon mit der Lösung des Rätsels auf: Alexej Leonow.

Der „Sonnyboy“ der russischen Kosmonautengilde, der immer für einen flotten Spruch gut ist, macht wieder einmal mit einer „Enthüllung“ von sich reden. Er habe von Putin persönlich Zugang zu geheimen Materialien der offiziellen Untersuchungskommission von 1968 erhalten, verkündete der heute 80-Jährige 2013 im „Sternenstädtchen“. Daraus gehe hervor, dass die *MiG-15 UTI* von Gagarin und Wladimir Serjogin durch ein „unvorsichtiges Manöver“ einer anderen Maschine abgestürzt sei. Die Beweise für diese kühne Behauptung bleibt er indes wie so oft schuldig.

Die *Su-15*, die sich „unerlaubterweise“ in der Flugzone Gagarins befunden habe, sei in einer Wolkenbank mit hoher Geschwindigkeit in nur 10 bis 15 Metern Entfernung an der *MiG* vorbeigeflogen, sagte Leonow. Daraufhin habe sich diese eineinhalb Mal um die eigene Achse gedreht und sei ins Trudeln geraten, fügte er unter Berufung auf nicht näher bezeichnete „Zeugen“ hinzu. Er kenne sogar den Namen des *Suchoj*-Piloten, der heute über 80 Jahre alt und schwer krank sei. Er habe aber seinem Informanten versprechen müssen, diesen nicht preiszugeben. Wohl wissend, dass er in der Vergangenheit schon öfter mit ähnlichen Botschaften überrascht hatte, betonte der zweifache Held der Sowjetunion ausdrücklich, diesmal handele es sich aber nicht nur um eine „Version“, sondern um den „wahren Grund“ für den Absturz Gagarins. „Ich möchte, dass auch die Familie (Gagarins) die Wahrheit über den Tod kennt.“

Der Inhalt des Kuverts mit den bislang geheimen Schlussfolgerungen der Untersuchungskommission habe seine früheren Einschätzungen „bestätigt“, sagte Leonow. Im offiziellen Bericht der Untersuchungskommission habe es nämlich noch geheißen, das Flugzeug Gagarins habe ein jähes Manöver vollzogen, sei ins Trudeln geraten und auf der Erde aufgeschlagen, wobei die Besatzung ums Leben gekommen sei. „Das sind Fieberfantasien“, wetterte Leonow.

Ich habe daraufhin Galina Gagarina um eine Stellungnahme zu diesen Aussagen gebeten. „Die ‚neue’ Version Leonows ist nicht neu. Dass sich ein fremdes Flugzeug in der Flugzone Serjogins/Gagarins befand, ist seit ihrem Tod bekannt, und selbst der Typ der Maschine ist bekannt“, schrieb mir daraufhin die Ökonomie-Professorin und Familiensprecherin. „Leonow verkündet diese Version schon seit einigen Jahren und gibt sie dabei als Sensation aus. Zugleich weist er keine Dokumente dafür vor.“

In der Tat hat Leonow schon vor rund 20 Jahren davon gesprochen, dass sich auch noch andere Jagdflugzeuge unberechtigt in der Flugzone Gagarins befunden hätten, darunter speziell eine *Sucho*j, die vom Flugplatz Shukowski aufgestiegen sei. Allerdings ging es damals nicht um eine *Su-15*, von der jetzt die Rede ist, sondern um eine *Su-11*. Der Pilot, der den Absturz der *MiG* des Kosmonauten verursacht haben soll, sei damals nicht benannt worden und zudem auf wundersame Weise unauffindbar von der Bildfläche verschwunden. Er soll als Testpilot den Helden-Stern bekommen haben.

Wenn es jetzt Leonow wirklich um eine ehrliche Aufklärung geht, muss er nur Klartext reden und das ominöse geheime Papier veröffentlichen. Damit könnte er für sich in Anspruch nehmen, endlich ein Geheimnis gelüftet zu haben, das die Öffentlichkeit seit nunmehr 47 Jahren beschäftigt.

Warum Leonow das nicht tut, bleibt sein Geheimnis. Man geht aber sicher nicht fehl in der Annahme, dass er sich damit großen Ärger ersparen will, denn noch sind ja einige der für den Unfall Verantwortlichen am Leben.

Die jüngsten Spekulationen Leonows haben das einst sehr freundschaftliche Verhältnis der Familie Gagarins zu ihm weiter erheblich getrübt. Schon mehrfach hat sie Äußerungen des begnadeten Kosmonauten, Künstlers und Geschäftsmanns richtigstellen müssen, der mühelos den Sprung zurück vom Kommunismus in den einst so gehassten und verabscheuten Kapitalis-

mus geschafft hat. Er war der erste sowjetische Kosmonaut, der mit seinem Namen und in vollem Uniform- und Ordensschmuck für einen US-Fonds warb – und das ausgerechnet auf der Titelseite der damaligen Regierungszeitung „Iswestija“.
Wie gespannt das Verhältnis zwischen den Gagarins und ihm ist, habe ich selbst schon 2001 ungewollt zu spüren bekommen. Ich habe am Vorabend des 40. Jahrestages des Fluges von Gagarin in Moskau ein langes Gespräch mit seiner Tochter Jelena geführt. Als ich sie am Ende bat, sich in mein erstes Gagarin-Buch einzutragen, weigerte sie sich brüsk. Der Grund: Hier hatte sich auch schon Leonow mit seinem typischen grünen Filzstift verewigt.

WIEDERHOLTER RUF NACH NEUER UNTERSUCHUNG

Eigentlich wäre die „Enthüllung" Leonows ein guter Anlass, um eine neuen Anlauf zur endgültigen Klärung der Absturzursache Gagarins zu nehmen. Immerhin ist es in der Luftfahrt Gesetz und auch eine Frage der Ehre, die Ursachen von Katastrophen bis in alle Einzelheiten zu ermitteln. Dabei bietet sich eine neue, offizielle und auch internationale Untersuchung als erfolgversprechende Methode an.

Doch leider hat Präsident Putin, von dem ja Leonows „Enthüllung" ausgegangen sein soll, das Thema nicht aufgegriffen. Lediglich die First Lady im All, Walentina Tereschkowa, erweist sich in diesem Fall als einsame Ruferin in der Wüste. Am Rande der Auszeichnung durch Putin mit dem Alexander-Newski-Orden zum 50. Jahrestag ihres historischen Fluges vom 16. Juni 1963 befürwortete sie ausdrücklich die Einleitung einer neuen Untersuchung. Ob sie das Putin, für dessen Partei sie in der Staatsduma sitzt, auch persönlich gesagt hat, ist nicht bekannt.

Damit ist auch die heutige Kreml-Führung offenbar nicht an der Wahrheit interessiert, denn schon 2005 hatte Putin den Vorschlag des Luftfahrtexperten Igor Kusnezow abgeschmettert, eine neue unabhängige und möglichst internationale Untersuchung des Gagarin-Absturzes einzuleiten.

Die Putin-Administration hatte seinerzeit mitgeteilt, es gebe keinen Grund, die Untersuchungsergebnisse von 1968 in Zweifel zu ziehen. Deshalb sei eine zusätzliche Untersuchung „nicht zielführend".

Kusnezow, der selbst an der ersten Untersuchung teilgenommen hatte, begründete seine Initiative mit neuen Ergebnissen von Analysen, die er in den Jahren 2002-2003 durchgeführt hatte. Diese berechtigten zu der Hoffnung, dass man diesmal der wahren Ursache der Katastrophe „wesentlich näher kommt", schrieb er an die Administration des Präsidenten. Voraussetzung sei allerdings, dass man den Experten die Möglichkeit gebe, so zu

arbeiten „wie das bei der Untersuchung von Katastrophen üblich ist“.
Weshalb Putin und die russische Führung eine neue Untersuchung nicht wollen, bleibt ihr Geheimnis. Vielleicht sollten die Feierlichkeiten zum 50. Jahrestag des Gagarin-Fluges, die 2011 anstanden, damit nicht belasten werden. Dass die Klärung der Absturzursache der beste Beitrag zum Jubiläum sein könnte, kam offenbar keinem Verantwortlichen in den Sinn. Es bleibt also zu hoffen, dass diese naheliegende Forderung irgendwann doch noch einmal erfüllt wird. Die materiellen Zeugen der Gagarin-Katastrophe – die Trümmer der *MiG-15 UTI* – stehen weiter zur Verfügung. Sie werden dem Vernehmen nach, in schwarzen Fässern verlötet, im Zentralen Militärarchiv in Podolsk bei Moskau aufbewahrt.

WENN GAGARIN NOCH LEBTE

Die Frage, was aus Gagarin geworden wäre, hätte er nicht diesen sinnlosen Tod gefunden, ist natürlich rein hypothetisch. Doch wie wir heute wissen, gab es zwei reale Optionen. So zeigte er sich interessiert, an der „Shukowski"-Akademie zu bleiben und eine wissenschaftliche Laufbahn einzuschlagen.

Zum anderen war der Kosmonaut kurz vor seinem Tod zu einem Gespräch ins Zentralkomitee der KP eingeladen worden. Wie er seinem Freund German Titow und seiner Familie unter dem Siegel der Verschwiegenheit anvertraute, hat man ihm dort angeboten, Chef des Kosmonautenausbildungszentrums zu werden. Er hätte dabei Titow sogar zu seinem Stellvertreter machen können.

In beiden Fällen bat sich Gagarin Bedenkzeit aus. Eine mögliche politische Karriere als dritte Option indes haben fast alle seine Freunde und auch seine Familie ausgeschlossen.

Bei entsprechender Ausbildung würde aus Gagarin ein herausragender Wissenschaftler und einer der hellsten Köpfe seiner Zeit, hatte Koroljow einmal prophezeit. Die erste Hürde dazu hatte der Kosmonaut mit seinem blendenden Diplom an der „Shukowski"-Akademie genommen. Mehr noch. Seine Professoren, allen voran Bjelozerkowski, hätten es gern gesehen, wenn er an der Akademie eine Aspirantur aufgenommen hätte.

Mit Sicherheit wäre Gagarin auch die militärische Rangleiter unaufhaltsam weiter nach oben geklettert. Wenn man bedenkt, dass es Titow zum Generalleutnant und andere Kosmonauten gar bis zum Generaloberst gebracht haben, wäre Gagarin bestimmt zum Armeegeneral, wenn nicht zum Marschall der Sowjetunion gekommen. Die nationalen Orden für diesen Rang hatte er schon vorher. Und mit den höchsten Auszeichnungen von vielen der über 40 Länder, die er besucht hatte, gehörte er zweifellos zu den meistdekorierten Menschen dieser Welt.

Schon schwerer vorstellbar ist, dass Gagarin nach dem Zusammenbruch des Systems, das ihn zu seiner Ikone erhoben hatte,

Businessman geworden wäre, wie etwa der umtriebige Alexej Leonow.

Doch hören wir, was mit Titow, Bykowski und Popowitsch drei der besten Freunde Gagarins dazu zu sagen haben. Für Titow steht außer Zweifel, dass Gagarin bei der Luftwaffe Karriere gemacht hätte. „Ich glaube, er wäre Stellvertreter des Oberkommandierenden geworden. Dort hätte er eine Menge für die Raumfahrt tun können. Ich bin überzeugt, dass unsere Kosmonautik dann einen anderen Weg genommen hätte. Mit seiner Autorität, seinem Wissen und seinem Durchsetzungsvermögen hätte er dafür gesorgt, dass wir heute anders dastehen als es derzeit der Fall ist."

Waleri Bykowski sagte mir: „Ich bin überzeugt, dass er es bis zum Regierungsmitglied gebracht hätte. Ich denke nicht, dass er eine militärische Karriere gemacht hätte. Er wäre wohl eher in die Wissenschaft gegangen, denn er war ein Mensch mit ausgezeichneter Bildung. Er hätte auch auf keinen Fall seine Bindung zur Raumfahrt verloren."

Auch Pawel Popowitsch ist überzeugt, dass die russische Raumfahrt heute „viel besser" aussähe, wenn Gagarin und auch Koroljow noch länger gelebt hätten. „Denn diese beiden Autoritäten haben viele Fragen entschieden und sich nicht gefürchtet, dabei etwas zu riskieren", schrieb mir Popowitsch als Direktor des Russischen Instituts für die Beobachtung der Erde und der Ökosysteme in Moskau zur Jahreswende 1999/2000. Denn die Persönlichkeit spiele bei solchen Dingen eine große Rolle. Hier gelte das Sprichwort: „Im Kosmos ist der Soldat allein."

Einen sehr interessanten Standpunkt vertritt Sigmund Jähn. Er sagte zum 50. Jahrestag des ersten Raumfluges: „Hinsichtlich der Richtung für die sowjetische Raumfahrtentwicklung glaube ich nicht, dass sie mit Gagarin anders verlaufen wäre. Als Gagarin am 27. März 1968 verunglückte, war noch nicht klar, dass die Sowjetunion den Wettlauf um eine Landung auf dem Mond verlieren würde. Alle Kräfte waren darauf gerichtet. Aber das dazu erforderliche Raumschiff *Sojus* war mit Komarow Ende April 1967 abgestürzt, und es dauerte bis Oktober 1968, ehe *Sojus 2* gestartet werden konnte. Daneben hatte Koroljow schon die Weichen für den Bau langlebiger Orbitalstationen gestellt. Bis heute trägt diese Konzeption." Über *Sojus* und die Raumstation *MIR* hinaus habe damals wohl niemand konstruktionsreife Pläne gemacht.

„Aber ich sehe einen anderen Aspekt", betonte Jähn. „Die strategischen Aspekte der Entwicklung, auch der bemannten Raumfahrt, wurden nicht im Ausbildungszentrum, sondern von der Industrie vorgegeben. Das heißt nicht, dass die Chefs aus dem ‚Sternenstädtchen' keinerlei Einfluss gehabt hätten, und Gagarin wäre sicher dort Chef geworden. Aber die technischen Möglichkeiten und solche Leute wie Koroljow und Gluschko gaben den Ausschlag."

Der erste Deutsche im All, der wie kein anderer die sowjetische Raumfahrt von innen kennt, fuhr fort: „Interessant ist dagegen der Gedanke, ob die Amerikaner ohne den Paukenschlag mit Juri Gagarin bereits gut acht Jahre später, nämlich am 20. Juli 1969, auf dem Mond gelandet wären. Das darf man bezweifeln." Aber auch hier gelte: „Gagarin wäre auswechselbar gewesen. Die Voraussetzungen für seinen Start vor den Amerikanern waren wissenschaftlich-technischer Natur."

Die politische Wende in der ehemaligen UdSSR hat Gagarins Ansehen auf jeden Fall völlig unbeschadet überstanden. Sein Mythos lebt wie eh und je. Das Volk wollte sich seinen Helden nicht nehmen lassen. Nach wie vor sind nach ihm Städte, Straßen, Plätze, Parks, Schulen, Schiffe, Betriebe und Einrichtungen benannt. Auch seine Denkmäler stehen noch und werden liebevoll gepflegt, während die von Chruschtschow und Breshnew schon demontiert sind. Das Kosmonautenausbildungszentrum im „Sternenstädtchen" – wie die Weltraumhündin „Swjosdotschka" eine Wortschöpfung Gagarins – trägt weiter seinen Namen.

Natürlich hat es hier und da nicht an Versuchen gefehlt, auch das Denkmal Gagarin anzukratzen. Die neu entstandene Boulevardpresse und Sensationsjournalisten erfanden Horrorgeschichten, die in der Behauptung gipfelten, Gagarin habe den Absturz überlebt und werde in einer psychiatrischen Klinik versteckt, doch ernst genommen wurden diese Storys nicht. Dafür hat nicht zuletzt die Tatsache gesorgt, dass die Wirklichkeit, die mit der schrittweisen Öffnung der Geheimarchive über die Raumfahrt und auch über Gagarin zutage trat, viel spannender war als alle Hirngespinste.

In unserem Briefwechsel ist Gagarins Witwe auch auf diese Fragen eingegangen. Leider gebe es gegenwärtig um den Flug und das Leben ihres Mannes „nicht wenige Erfindungen“, schrieb sie mir in den 1990er Jahren. „Das ist eine vorsätzliche und abscheuliche Diskreditierung unserer nationalen Raumfahrt.“ Daran seien auch einige russische Journalisten beteiligt, bedauerte Walentina Iwanowna weiter und schloss dann mit den Worten: „Mögen sie das mit ihrem Gewissen abmachen.“

Natürlich habe ich auch meiner treuen Kontaktpartnerin Galina Gagarina noch einmal die Frage gestellt. Am 14. November 2014 hat sie mir darauf geantwortet: „Verzeihen Sie mir, aber ich möchte nicht gerne in die Erörterung darüber hineingezogen werden, was und wie es wäre, wenn mein Papa noch lebte, oder mir gar irgendetwas dazu ausdenken müssen. Darüber ist zu schwer zu urteilen, zumal ich sehe, wie sich die Gedanken und Urteile der Altersgenossen meines Vaters wandeln: sie bemühen sich, ihre alten Freunde aus den 1960er bis 1980er Jahren zu vergessen, und wollen nicht an sie erinnern, als hätte es sie nicht gegeben. Ich sage das nicht, weil Papa genau so wäre, sondern darum, weil die Zeit die Menschen verändert.“

Wenn man bedenkt, dass Galina Gagarina die Frage eigentlich gar nicht beantworten wollte, ist das natürlich eine sehr deutliche Antwort.

GAGARIN KANN STOLZ AUF SEINE KINDER SEIN

Wenn Gagarin heute noch einmal zurück ins Leben kommen könnte, wäre er sicher sehr stolz auf seine Familie. Seine beiden Töchter Jelena und Galina, die ihm wie aus dem Gesicht geschnitten sind, haben trotz mancher Widrigkeiten ihren Weg gemacht und sind heute namhafte Wissenschaftlerinnen. Seine Witwe Walentina lebt, hoch geachtet von allen Kosmonauten und Mitarbeitern, gesundheitlich angeschlagen sehr zurückgezogen in der alten gemeinsamen Wohnung im „Sternenstädtchen".

Jelena ist promovierte Kunstwissenschaftlerin und arbeitete nach dem Studium als stellvertretende Abteilungsleiterin für englische Grafik im „Puschkin"-Museum. Seit 2001 leitet sie als Generaldirektorin das Staatliche Kulturhistorische Museum „Moskauer Kreml", wie es offiziell heißt. Der damalige Präsident Wladimir Putin hatte ihr zum 40. Jahrestag des Fluges ihres Vaters überraschend diesen Posten angeboten. Er musste dazu aber am 12. April ins „Sternenstädtchen" fahren, wo er mit der Familie bei Tee und Kuchen zusammentraf. Walentina Gagarina hatte sich geweigert, an der Festveranstaltung in Moskau teilzunehmen, und ließ sich durch Jelena vertreten.

Jelena Gagarina, die jetzt zur neuen „Nomenklatura" mit allen dazugehörenden Privilegien gehört, hat als Museumschefin durch zahlreiche spektakuläre Ausstellungen in vielen Orten außerhalb Moskaus und auch im Ausland auf sich aufmerksam gemacht. In Deutschland ist unter anderem die Ausstellung „Der Kreml – Gottesruhm und Zarenpracht" mit 300 prunkvollen Exponaten im Berliner Martin-Gropius-Bau von 2004 in bester Erinnerung.

Jelena Gagarina wurde inzwischen mit Ehrungen geradezu überschüttet. So kürte man sie 2004 neben dem russischen Patriarchen sowie berühmten Wissenschaftlern, Politikern und anderen Persönlichkeiten zum „Menschen des Jahres". Im selben Jahr verlieh ihr Putin, der sich als erster russischer Staatschef wieder des guten Namens Gagarins erinnerte, den Ehrentitel „Verdienter Mitarbeiter der Kultur“. Inzwischen arbeitet auch ihre Tochter Katarina, die an der Staatlichen Moskauer Universität (MGU) mittelalterliche Geschichte studiert hat, im Kreml-Museum. Katarinas Mann ist Diplomat.

Gagarins jüngste Tochter Galina, die im Gegensatz zu ihrer eher zurückhaltenden Schwester wie ihr Vater gern auf Menschen zugeht, hat Volkswirtschaft studiert. Ihre Doktorarbeit befasste sich nicht von ungefähr mit der Nutzung der Bodenressourcen des Gebiets Smolensk, denn das ist jener Landstrich, in dem Gagarin 1934 zur Welt kam und seine Kindheit verbrachte.

Heute ist sie Professorin am Lehrstuhl für Regionalökonomie und Naturnutzung der Russischen „Plechachow“-Wirtschaftsakademie in Moskau. Ihre Spezialfächer sind unter anderem die Ökonomie der Europäischen Union (EU), die ökonomische Geografie Russlands und die Verteilung der Produktivkräfte.

Galinas Mann Konstantin Kondratschik ist Kinderarzt, Hämatologe und Chefonkologe von Moskau. Ihr gemeinsamer Sohn Juri, der den Nachnamen des Vaters und nicht der Mutter trägt, hat auch an der MGU studiert und arbeitet in einer Privatfirma als Spezialist für strategische Planung.

Gagarins Witwe, die als Biochemikerin gearbeitet hat, lebt heute nach ihrer Pensionierung mit einer Staatsrente halbwegs auskömmlich. Sie hatte unmittelbar nach dem Tod ihres Mannes eine einmalige Zahlung von 5.000 Rubel erhalten. Das war damals sehr viel Geld. Zum Vergleich: Ein Brot kostete 25 Kopeken, ein Liter Benzin zehn Kopeken und eine Fahrt mit öffentlichen Verkehrsmitteln fünf Kopeken. Zudem wurde ihr eine lebenslange monatliche Rente zugesprochen. Die Töchter erhielten nach Erreichen der Volljährigkeit eine eigene Wohnung in Moskau.

Walentina Gagarina hat den Verlust ihres Mannes nie richtig verwunden, obwohl sie sich ihre Trauer in zwei Büchern von der Seele schrieb. Einst war Walja, wie sie ihre Freunde nennen, eine lebenslustige Frau. Sie liebte die Geselligkeit und begleitete ihren Mann gern auf seinen vielen Auslandsreisen. Doch beiden war nur ein kurzes gemeinsames Leben beschieden. Der Absturz ihres Mannes machte sie mit 33 Jahren zur Witwe. Eine neue Partnerschaft kam für sie wohl auch aus Staatsräson nicht infrage.

Heute scheint Walentina Gagarina die Abgeschiedenheit des „Sternenstädtchens", wo das Andenken an ihren Mann allgegenwärtig ist, gerade recht zu sein. Es bietet ihr offenbar jene Ruhe, die sie braucht, um ihr Schicksal zu meistern. Jedes Jahr am 9. März, dem Geburtstag Gagarins, versammelt sich die Familie an seinem Grab an der Kreml-Mauer in Moskau, um es mit Blumen zu schmücken. Danach trifft sie sich mit Freunden.

DIE BEREINIGTE KADERAKTE

Natürlich habe ich mich gleich zu Beginn der Perestroika intensiv darum bemüht, an die Kaderakte von Juri Gagarin zu kommen. Nach vielen Fehlschlägen hatte ich das Dokument mit der persönlichen Nummer B-879760 aus dem Verteidigungsministerium im Herbst 2005 endlich in der Hand.

Zu meiner großen Überraschung findet sich darin kein einziges kritisches Wort. In der Rubrik „Parteistrafen" steht zum Beispiel ein „Njet" (Nein). Dabei hatte ihm doch der versuchte Seitensprung mit seinen fatalen Folgen vom Oktober 1961 eine saftige Parteistrafe eingebracht.

Auch sonst hat sich Gagarin so manche Disziplinlosigkeit geleistet, und auch ein folgenschwerer Autounfall ist nicht erwähnt. Möglicherweise hat ihn sein Helden-Status, der per Hand auf dem Deckblatt vermerkt ist, unantastbar gemacht. Es könnte aber auch sein, dass es noch eine Akte gibt, die nicht so reingewaschen ist. Nachdem sich inzwischen auch noch ein KGB-Bericht über den Absturz angefunden hat, lagert sicher irgendwo in den Geheimdienstarchiven die komplettere Akte. Der Vorfall, bei dem Gagarin an der Fliegerschule krankenhausreif geschlagen worden war, ist noch von der Schule selbst gelöscht worden.

Glaubt man der Kaderabteilung des Verteidigungsministeriums, dann war Gagarin charakterlich perfekt. Er wird nämlich durchweg in den höchsten Tönen gelobt. So heißt es beispielsweise in einem Zeugnis vom 20. Oktober 1965, bei seinen rund 40 Auslandsreisen habe sich der Kosmonaut als „wunderbarer Agitator und Propagandist" erwiesen. Vor „Hunderttausenden Menschen" habe er „die Wahrheit über unsere große Heimat und die Errungenschaften des sowjetischen Volkes bei der Erschließung des Weltraums" verkündet. Zudem sei Gagarin ein „charakterlich ausgeglichener und disziplinierter Offizier" mit einer „gesunden Beziehung zur Familie".

Die Akte dokumentiert lückenlos den militärischen Werdegang Gagarins von der Ernennung zum Leutnant am 5. November 1957 bei einem Jagdfliegergeschwader im Hohen Norden Russlands bis zu seinem tragischen Tod am 27. März 1968 im Range eines Oberst beim Absturz seines Übungsflugzeuges nahe Moskau. So steht zu lesen, dass er während seines Raumfluges vom Oberleutnant gleich zum Major befördert wurde. 1962 und 1963 ist er jeweils vorfristig zum Oberstleutnant und Oberst aufgestiegen.

In der langen Liste der höchsten staatlichen Auszeichnungen, die Gagarin bei seinen Reisen rund um den Erdball erhalten hat, ist unter dem 21. Oktober 1963 auch der Karl-Marx-Orden verzeichnet, den er bei einem DDR-Besuch in Berlin gemeinsam mit der ersten Kosmonautin der Welt, Walentina Tereschkowa, aus den Händen von Partei- und Staatschef Walter Ulbricht entgegengenommen hat.

Interessanterweise vermerkt der Kosmonaut hier in einem handschriftlichen Lebenslauf, dass seine Schwester Soja und sein Bruder Walentin beim Rückzug der deutschen Wehrmacht aus Russland vorübergehend in Gefangenschaft geraten, dann aber geflohen sind.

Die Akte schließt mit dem Hinweis, dass Gagarin am 15. April 1968 „in Verbindung mit seinem Tod aus der Offiziersliste der Streitkräfte der UdSSR gestrichen“ wurde.

AUFRUHR IM „STERNENSTÄDTCHEN“

Das hat es in der Geschichte der sowjetischen und nunmehr russischen Raumfahrt noch nicht gegeben: Der Kosmonaut und Oberst d. R. Sergej Wolkow zog im Oktober 2013 vor Gericht, um für sich und seine Kollegen jene Zulagen einzuklagen, die sie bis zu ihrer Zwangsverrentung bekommen haben. Dabei ging es um viel Geld. Die Zulagenhöhe schwankte je nach Qualifikation zwischen 55 und 120 Prozent des Grundsoldes.

Die Sachlage war wie folgt: 2009 war das „Sternenstädtchen“ bei Moskau, das das Kosmonautenausbildungszentrum (ZPK) „Juri Gagarin“ und eine Wohnstadt beherbergt, von einer militärischen in eine zivile Verwaltungseinheit umgewandelt worden. Das einstige geheime „Militärstädtchen Nr. 1“ untersteht seither nicht mehr dem Verteidigungsministerium, sondern der Raumfahrtagentur Roskosmos. Mit Sechsfachkosmonaut Sergej Krikaljow übernahm damals erstmals ein Zivilist das Kommando im ZPK, und die eigenständige Wohnstadt mit rund 6.600 Bürgern wählt sich seither ihren Bürgermeister selbst. Vor kurzem erhielt übrigens Ex-Kosmonaut Waleri Tokarew das Vertrauen von gut zwei Dritteln der Bewohner.

Mit der Umstellung wurden auch alle Kosmonauten, die aus dem Militär stammen – und das ist das Gros – „abgerüstet“. Sie wurden vorzeitig mit einer entsprechenden Pension der Armee in den militärischen Ruhestand geschickt und arbeiten jetzt als Zivilkosmonauten weiter. Doch nach der Entlassung aus der Truppe betrugen ihre Gehälter umgerechnet nur noch zwischen 1.200 und 1.900 Euro im Monat. Sie waren damit auf dem Niveau eines Fahrers der Moskauer Metro, wie sich Kosmonauten-Gattin Julija Nowizkaja öffentlich beklagte. Die Zuschläge wurden auf 20 Prozent begrenzt – zu Unrecht, wie Wolkow meinte. Deshalb klagte er vor dem Moskauer Gebietsgericht gegen seinen Kosmonauten-Kollegen und Dienstherrn Krikaljow – und bekam Recht.

Bei dem Streit ging es im Grunde genommen um die Auslegung einer Regierungsverordnung vom 15. Dezember 2012, auf die

die Militärkosmonauten lange gewartet hatten. Diese besagt, dass die materielle Sicherstellung der nicht gerade üppig bezahlten Kosmonauten verbessert werden soll. So wurde das Grundgehalt eines Kosmonauten, der schon einmal im All war, auf umgerechnet 2.200 Euro erhöht, und die Zuschläge liegen je nach Qualifikation sogar noch darüber. Damit hätten die Kosmonauten gehaltlich etwa mit den US-Astronauten gleichgezogen, wie mir Zweifachflieger Sergej Saljotin kürzlich verriet. Deren Gehalt liegt zwischen 65.724 und 141.715 Dollar pro Jahr. Die ESA-Astronauten verdienen monatlich 4.904 Euro, teilte mir die Europäische Weltraumorganisation offiziell mit.

Mehr oder minder heftige Auseinandersetzungen hat es auch früher schon im „Sternenstädtchen“ und unter den hochambitionierten Kosmonauten gegeben. Allerdings wurden sie zu Sowjetzeiten unter dem Deckel gehalten. So wissen wir erst seit der Öffnung der Geheimarchive, dass Gagarin und Co. schon mal die Absetzung von Chefs betrieben haben oder auch nicht davor zurückscheuten, sich in einem Brief an das KP-Zentralkomitee darüber zu beschweren, dass Kosmonauten-Besuche oft von Provinzfürsten dazu missbraucht wurden, „Saufgelage“ zu rechtfertigen. Auch „patriotische“ Klagen über die mangelhafte Nutzung bemannter Raumschiffe für militärische Zwecke hat es gegeben.

Nach dem Ende der Sowjetunion haben vor allem Wassili Ziblijew und Maxim Surajew mit viel Zivilcourage von sich reden gemacht. Ersterer widersprach Präsident Boris Jelzin, der ihm nach der Kollision eines *Progress*-Frachters mit der Raumstation *MIR* unprofessionelles Handeln vorwarf, obwohl er die Station gerettet hat. Nach seiner Rückkehr auf die Erde verteidigte Ziblijew seine Entscheidungen noch einmal auf einer Pressekonferenz und wurde dennoch bald zum General und Chef des ZPK befördert.

Surajew beging quasi Befehlsverweigerung, als er sich in der *ISS* weigerte, von ihm „illegal“ gezüchtete Weizenhalme abzuschneiden. Das Ergebnis: Zum ersten Mal in der Geschichte der Raumfahrt entwickelte sich eine Getreideähre voll und ganz in der Schwerelosigkeit. Zudem beklagte sich der umtriebige Kosmonaut nach seinem ersten Flug, dass er noch immer keine eigene Wohnung habe und ihm zudem der Goldene Stern eines Helden der Russischen Föderation vorenthalten werde. Die Wohnung, die ihm der damalige Ministerpräsident Wladimir Putin versprach, hat Surajew noch immer nicht. Aber den Helden-Stern, den ihm das Verteidigungsministerium offenbar wegen Disziplinlosigkeit versagen wollte, hat ihm damals Präsident Dmitri Medwedjew dann ohne Antrag mit einem heftigen verbalen Seitenhieb gegen die Militärs verliehen.

GAGARINS NACHFOLGER STARTEN NOCH IMMER VON SEINER RAMPE

54 Jahre nach Gagarin steigen noch immer Raumschiffe von „seiner“ Rampe auf. Der rund 50 Meter hohe Betontisch über dem riesigen Abgaskanal hat schon rund 500 Starts von *Wostok-*, *Woßchod-*, *Sojus-* und *Progress*-Raumschiffen erlebt. Jedes Jahr kommen neue dazu, denn die Internationale Raumstation ISS will mit Menschen und Material versorgt werden.

Eingeweiht wurde die Rampe am 15. Mai 1957 mit dem Start einer Atomrakete *R-7* („Semjorka“). Am 4. Oktober 1957 trug eine „zivilisierte“ Rakete dieses Typs *Sputnik 1* auf seine Umlaufbahn. Es folgten unbemannte Mond-, Venus- und Marssonden.

Nicht einmal ganze vier Jahre nach dem ersten *Sputni*k, am 12. April 1961, nahm hier der erste bemannte Raumflug seinen Anfang. Es folgten mehr als 100 bemannte Raumschiffe.

Drei Viertel der 119 sowjetischen und russischen Kosmonauten (Stand 31. 12. 2014) haben vom „Gagarinschen Start“, wie die Russen ihn nennen, ihre Reise in das All angetreten. Nur 30 starteten von der Double-Rampe Nr. 31. Einige ganz wenige sind nur mit einem US-*Shuttle* geflogen, darunter der Arzt Boris Morukow (im Jahr 2000), oder mit einem *Shuttle* gestartet und mit einer *Sojus*-Kapsel gelandet, beziehungsweise umgekehrt. Morukow, der in der Neujahrsnacht 2015 starb, hat das teuer bezahlt: Er ist bislang der einzige russische Raumfahrer, der nicht mit dem Helden-Orden ausgezeichnet wurde. Eine offizielle Begründung dafür gibt es bis heute nicht. Inoffiziell heißt es, er sei ja nicht mit einem russischen Raumschiff unterwegs gewesen.

Hinzu kommt eine stattliche Zahl ausländischer Raumfahrer – unter anderem aus Frankreich, den USA, Großbritannien, Japan, Vietnam, Syrien, Afghanistan, der Mongolei, Kuba, Polen, Tschechien, der Slowakei, Rumänien, Bulgarien, Ungarn, Malaysia, Japan, Italien und Südafrika.

Auch sechs der elf deutschen Raumfahrer sind von hier aufgestiegen. Den Anfang hatte 1978 Sigmund Jähn gemacht. Er flog noch unter DDR-Flagge als erster Deutscher überhaupt in den Weltraum. Ihm folgten, nach der Wiedervereinigung, Klaus-Dietrich Flade, Ulf Merbold, der zuvor schon zweimal mit einem *Shuttle* im All unterwegs war, Thomas Reiter, Reinhold Ewald und Alexander Gerst. Sie alle absolvierten ihre Missionen im Rahmen der bilateralen deutsch-russischen Zusammenarbeit oder als Vertreter der Europäischen Weltraumorganisation ESA im Orbitallabor *MIR* oder in der *ISS*, während Jähn noch in der Raumstation *Salut 6* geforscht hatte. Reiter stellte mit einem halben Jahr sogar einen westeuropäischen Langzeitflugrekord auf. Er war auch der erste westliche Astronaut, der einen „Führerschein“ für die Rückführung einer *Sojus*-Kapsel erhielt.

Ich selbst habe drei der deutschen Raumfahrer journalistisch in Baikonur zur Startrampe begleiten dürfen: Jähn (1978), Flade (1992) und Ewald (1997).

Zum 50. Jahrestag des Fluges von Gagarin 2011 ist die Rampe von Grund auf erneuert worden, denn sie muss noch viele Jahre halten. Schließlich ist sie nach Einstellung des *Shuttle*-Programms der einzige Startplatz für Flüge zur *ISS*. Da darf sie keine Schwächen zeigen. Das gilt ebenso für die *Sojus*-Raumschiffe, deren neueste Version jetzt voll digitalisiert ist. Mindestens vier davon steigen pro Jahr auf.

Nur wenn noch ein kleines Wunder geschieht, steht der *Sojus*-Nachfolger wie geplant 2018 zur Verfügung. Der soll aber dann schon vom neuen russischen Kosmodrom Wostotschny im Amur-Gebiet aufsteigen, mit dem sich Moskau von Kasachstan unabhängig machen will. Auch beim Bau des Kosmodroms sind die Russen in Verzug.

Gagarin ist zwar schon fast 47 Jahre tot, doch für mich lebt er weiter, und zwar in seiner einzigartigen Heldentat, von der niemand vorhersagen konnte, ob sie nicht tödlich enden würde, und

in all jenen, die nach ihm die irdische Schwerkraft überwunden haben.
Es war ausgerechnet ein Amerikaner, der Gagarin das schönste Kompliment gemacht hat. Neidlos, fair und über alle ideologischen Grenzen hinweg sagte Neil Armstrong, der am 20. Juli 1969 als erster Mensch den Mond betreten hatte, zum epochalen Flug des russischen Bauernsohnes: „Er hat uns alle in den Weltraum gerufen!“

535 Frauen und Männer aus 36 Ländern (Stand 31. 12. 2014) sind seit April 1961 dem Ruf Gagarins gefolgt und in den Weltraum geflogen. Das Gros stellen dabei die Amerikaner, mit weitem Abstand gefolgt von den Russen. Mit elf Astronauten, darunter leider keine einzige Frau, rangiert Deutschland vor Kanada und Frankreich auf dem dritten Platz.

GAGARINS FAMILIE VERTEIDIGT IHREN GUTEN NAMEN

Das Gagarin-Jubiläum 2011 hat im neuen Russland, wo weitgehend noch Boris Jelzins Raubtierkapitalismus herrscht, auch dunkle Kräfte auf den Plan gerufen. Nicht wenige „businesmeny", wie hier die Geschäftsleute genannt werden, versuchten, mit dem guten Namen des Kosmonauten das schnelle Geld zu machen. Dabei ist es ihnen einerlei, ob sie damit geltendes Recht oder auch nur die Grenzen des guten Geschmacks bewusst verletzen. Hauptsache, der Rubel rollt.

Gagarins Familie widersetzt sich dem Missbrauch bisher mit beachtlichem Erfolg. So gewann sie mehrere Prozesse gegen Filmemacher, bei denen Gagarin für die abstrusesten Storys herhalten sollte. Mit Hilfe Wladimir Putins ging sie beispielsweise um die Jahrtausendwende gegen ein Filmprojekt des Regisseurs Anthony Waller vor, der den Lebensweg Gagarins vor dem Hintergrund des kosmischen Wettlaufs der beiden Supermächte Sowjetunion und USA nachzeichnen wollte.

Jelena Gagarina war schlichtweg entsetzt, als sie das Drehbuch las. Ihr Vater sei als „Säufer" hingestellt worden, „der nicht von der Flasche lassen konnte", sagte sie mir damals. Das ganze Drehbuch sei „schwachsinnig" gewesen und sollte offenbar „die westlichen Stereotypen über die Russen" bedienen, um dem Publikumsgeschmack zu entsprechen.

2007 konnten Jelena und ihre Schwester Galina erneut vor Gericht verhindern, dass der Name ihres Vaters für den Film „Gagarins Enkel" missbraucht wurde.

Schon vor zehn Jahren habe die Familie ihren Namen beim Staatlichen Patentamt in Moskau rechtlich schützen lassen, teilte Galina Gagarina Anfang März 2011 in einem Interview mit. Sie reagierte damit auf die Frage, warum sie erneut dort vorstellig geworden sei. Diesmal habe es sich nur um eine „Umregistrierung" gehandelt, sagte sie, ohne weitere Einzelheiten zu nennen.

Auch meine Bitte, mir den Vorgang näher zu erläutern, lehnte sie ab. Sie wolle das „nicht weiter kommentieren", schrieb sie mir und bat um Verständnis.
Die „Umregistrierung" hat zwar unter der Bevölkerung für einigen Wirbel gesorgt, ist aber von den Medien eigentümlicherweise weitgehend ignoriert worden. Galina Gagarina hatte darüber lediglich mit dem Wirtschaftsblatt „Marker" gesprochen. Von vielen wurde das Vorgehen dahingehend interpretiert, dass die Gagarins plötzlich vor dem großen Jubiläum die Marktwirtschaft für sich entdeckt hätten. Doch das traf so nicht zu, weil der Patentschutz ja schon seit zehn Jahren bestand. Somit könnte es sein, dass die Familie möglicherweise angesichts der neuen Lage bei der Schutzfunktion vor Missbrauch nachgebessert hat. Genaues wissen wir aber nicht.
Wir können aber davon ausgehen, dass die Familie genau wusste, was sie tat. Schließlich wurde die Sache im Patentamt immerhin von Dr. rer. oec. Galina Gagarina vertreten, während normalerweise ihre große Schwester Jelena die Familiensprecherin war Aber vielleicht wollte man sie auch wegen ihrer hohen Funktion in den Kreml-Museen aus der Schusslinie nehmen. Befürchtungen, die Familie könnte eine Reihe Verbote oder Restriktionen im Umgang mit dem Namen Gagarins am Vorabend des Jubiläums durchsetzen oder gar „groß abkassieren" wollen, haben sich nicht bewahrheitet. Bis dato war Gagarin sozusagen Eigentum des Staates. Die Familie erhielt keinen Rubel aus den Einnahmen, die zuerst die Sowjetunion und dann Russland mit dem Namen erzielten.
Patentrechtler bezifferten den Wert der Marke „Gagarin" 2011 auf mindestens eine Milliarde Rubel. Allerdings hänge der Erlös in hohem Maße vom Geschick des Patentanwalts und der Marketing-Experten ab, sagte der Chef des Moskauer Patentamtes, Viktor Tschernyschow. „Wichtig ist, von wem und wie das bestehende kommerzielle Potenzial genutzt wird", fügte er hinzu. Es sei „äußerst wichtig, klug zu handeln, sonst geht der ganze Dampf fürs Pfeifen weg".
Olga Daschewskaja von der Agentur PR-Inc sagte, der Wert der Marke werde dadurch bestimmt, in welchem Segment sie agiere.

Bei den Luxus-Produkten könne der Anteil durchaus 80 Prozent des Preises ausmachen.

GAGARINS ZWEITER FLUG

Gagarin hat ja, wie wir wissen, zu seinen Lebzeiten mit aller Kraft, aber vergeblich für einen zweiten Flug gekämpft und sich dafür auch furchtlos mit der Obrigkeit angelegt. 2011, zu seinem 50. Jahrestag, ist er aber doch noch einmal ins All gestartet, wenn auch nur posthum und virtuell.

Russland hat am Vorabend des Jubiläums das Raumschiff *Sojus TMA-21* zur *ISS* geschickt, an dem neben dem Schriftzug „GAGARIN" auch das Porträt des ersten Kosmonauten, die Jahreszahl 50 und Gagarins berühmter Ausspruch „Pojechali!" prangten.

Die Mission war *das* Highlight zum „Jahr der russischen Raumfahrt", zu dem der damalige Präsident Dmitri Medwedjew das Jahr 2011 erklärt hat. Landauf, landab fanden dazu ungezählte Ausstellungen, Konferenzen, Fest- und Auszeichnungsveranstaltungen, Lesungen, Veteranentreffen, Wettbewerbe, Kino- und Buchpremieren sowie Grundsteinlegungen und andere Ehrungen statt.

Sojus TMA-21 hob am 5. April um 00.18 Uhr deutscher Zeit mit den Russen Alexander Samokutjajew und Andrej Borissenko sowie dem Amerikaner Ronald Garan an Bord von Baikonur ab. Nach zweitägigem Flug koppelte die Kapsel am Morgen des 7. April problemlos an der Station an. Als Geschenk des Patriarchen von Moskau und ganz Russland, Kirill, brachte das Trio eine Ikone mit auf die Umlaufbahn, die neben dem Porträt Gagarins in der Station einen Ehrenplatz erhielt.

Die *Sojus*-Crew war sich des besonderen Charakters ihrer Halbjahresmission durchaus bewusst. Es sei eine „unglaubliche Ehre" für ihn, Teil dieses Jahrestages zu sein, sagte Garan in einem NASA-Interview. Er sei fest überzeugt, dass die Menschheit am 12. April 1961 eine andere geworden ist, weil sie seither nicht mehr an die Erde gebunden sei. Er erinnerte zugleich daran, dass der 12. April 2011 auch der 30. Jahrestag des Beginns des *Shuttle*-Programms war, das nun zu Ende ging.

Borissenko betonte, er habe nicht geglaubt, dass er einmal die Chance bekomme, seinen Kindheitstraum, Kosmonaut zu werden, zu erfüllen. Nun spüre er eine große Verantwortung, denn er wisse, dass seine Mannschaft ein „Symbol“ des menschlichen Erfolgs im Weltraum sei und von allen sehr genau beobachtet werde.
Kommandant Samokutjajew berichtete von seinem ganz persönlichen Bezug zum Raumfahrtpionier. Er sei nämlich von seinen Freunden im Kindergarten „Sascha Gagarin“ (Sascha ist die Verkleinerungsform von Alexander) gerufen worden, weil er eine zweieinhalb Meter große Spielzeug-Rakete immer für sich allein beanspruchen wollte.

Hätte Gagarin, der damals 77 Jahre alt gewesen wäre, den Start „seines“ Raumschiffes noch miterleben können, hätte es für ihn ein Wiedersehen mit einer alten Bekannten gegeben. Denn Russland fliegt immer noch mit den *Sojus*-Kapseln, für deren Jungfernstart 1967 er zusammen mit Wladimir Komarow trainiert hatte.

RUSSLANDS WEG AUS DER KRISE: EIN STAATSKONZERN SOLL ES RICHTEN

Eigentlich wollte der Kreml den 50. Jahrestag des historischen Raumfluges seines großen Sohnes mit einem kosmischen Brillantfeuerwerk feiern und der Welt die „Schlüsselrolle Russlands bei der Erschließung des Weltraums und die Bedeutung der nationalen Forschungsprogramme für die ganze Menschheit" vor Augen führen, wie es Putin als Chef des Organisationskomitees formulierte.

Doch dann kam alles ganz anders. Zwar konnte Roskosmos auf zwanzig erfolgreiche Starts, darunter vier bemannte, verweisen. Doch die wurden von einer beispiellosen Pannenserie überschattet. Generaldirektor Wladimir Popowkin sah sich deshalb zum Jahresende zu dem bitteren Eingeständnis gezwungen, dass sich die einstige Vorzeigebranche in einer „Krise" befinde.

Als Grundübel nannte er die veraltete Technik und den „menschlichen Faktor". Der ganze Zweig bedürfe der grundlegenden Modernisierung. Außerdem fehle es an jungen und qualifizierten Fachkräften, sagte er. So sei die komplette mittlere Generation der Facharbeiter in den 1990er Jahren dorthin gegangen, „wo das Geld ist". Die Branche sei nur zu 43 Prozent ausgelastet.

Diese Situation hielt auch in den Folgejahren an und verschärfte sich teilweise sogar noch. Nach den ebenfalls eher durchwachsenen Jahresbilanzen 2012 und 2013 wurde Popowkin durch den Ex-Vize-Verteidigungsminister Oleg Ostapenko ersetzt. Dieser sollte nun unter der strengen Führung des stellvertretenden Ministerpräsidenten Dmitri Rogosin für die nötigen Reformen in der Raumfahrtbranche sorgen.

Als Hauptaufgaben nannte Ostapenko die Sicherung des effektiven Funktionierens der Trägerraketen und der Satellitenflotte, die bedingungslose Erfüllung der staatlichen Rüstungsaufträge, die Erhöhung der Qualität in der Raumfahrtindustrie und die Ausweitung des russischen Anteils am Weltmarkt für kosmische

Dienstleistungen, der derzeit nur sehr magere drei Prozent ausmacht.
Zur Umsetzung dieser Ziele wurde die Vereinigte Raketen- und Weltraumkorporation (ORKK) gegründet. Sie sollte die Kapazitäten bündeln, Parallelentwicklungen ausschließen und einheitliche Qualitätsstandards durchsetzen. Bis Mitte 2015 sollten dazu alle namhaften Firmen der Branche unter einem Dach zusammengeführt werden. Derzeit arbeiten bereits 190.000 Menschen in den bislang zehn integrierten und 14 selbstständigen Strukturen der Korproration, Ende 2016 sollten es 6.000 mehr sein. Zudem braucht die Branche jedes Jahr 10.000 speziell ausgebildete Hochschulabsolventen, die aber nicht zur Verfügung stehen, weil es die erforderlichen Studiengänge oft noch gar nicht gibt.
Doch auch das alles ist inzwischen mehr oder weniger Makulatur. Ende Januar 2015 überraschte der Kreml die Fachwelt mit dem Plan, die Krise mit der Gründung eines Staatskonzerns zu überwinden. Dazu werden die noch im Aufbau befindliche ORKK und die Raumfahrtagentur zur Staatlichen Korporation „Roskosmos“ (Gossudarstwennaja korporazija (GK) „Roskosmos“) verschmolzen. Chef ist der bisherige ORKK-Generaldirektor Igor Komarow, Ostapenko dagegen wurde entlassen und kehrt nun wohl der Branche den Rücken. Der neue Konzern soll Mitte 2015 organisatorisch „stehen“. Inzwischen hat Komarow eine hochrangige Arbeitsgruppe berufen, die noch im Frühjahr alle bisherigen Zukunftsentscheidungen Ostapenkos kritisch bewerten und neue, vor allem billigere Lösungen für das Föderale Raumfahrtprogramm (FKP) für die Jahre 2016-24 unterbreiten soll. Strategischer Schwerpunkt dabei ist und bleibt der bemannte Mondflug. Er soll aber ohne ein neues bemanntes Raumschiff und ohne eine neue superschwere Trägerrakete stattfinden. Damit haben die heute schon fast 50 Jahre alte *Sojus*-Kapsel und die *Angara*-Rakete eine große Zukunft vor sich.
Wie immer auch das neue Raumfahrtprogramm aussehen wird, es muss unter den Bedingungen der eigenen tiefen Wirtschaftskrise und der Sanktionen umgesetzt werden, die von den USA und der EU wegen der Ukraine-Krise gegen Russland verhängt

wurden. So muss Moskau jetzt mühselig eine eigene Mikroelektronikindustrie aufbauen, nachdem es bisher rund 90 Prozent dieser Bauteile für ihre Raumfahrt aus dem Westen bezogen hat.

Ersatz sucht Rogosin inzwischen auch in der verstärkten Kooperation mit den Chinesen. Hier bahnt sich eine Allianz an, die auch unangenehme Folgen für den Westen haben könnte. Denn noch hat Moskau nicht entschieden, ob es sich nach 2020 weiter an der ISS beteiligt, die man sich schwerlich ohne die Russen vorstellen kann. Inzwischen liebäugelt Russland mit dem Bau einer eigenen nationalen Raumstation als Vorposten für die bemannten Flüge zum Mond und später zum Mars. Rogosin hat den Chinesen auch hier ein umfassendes Kooperationsangebot gemacht, das in diesem Jahr verhandelt werden soll.

GAGARINS MAHNUNG IST UVERÄNDERT GÜLTIG

Als Juri Gagerin in der Hoch-Zeit des Kalten Krieges in den Weltraum flog, hat er sofort erkannt, wie schön, aber auch wie zerbrechlich unser Blauer Planet ist. Er hat aus dieser Erkenntnis den eindringlichen Appell an die gesamte Menschheit abgeleitet, diese unsere Erde zu schützen und zu bewahren.

Angesichts der derzeitigen brisanten Weltlage mit ihren politischen Krisen, Kriegen, Flüchtlingsströmen, Epidemien und Naturkatastrophen ist Gagarins Mahnung aktueller denn je. Schließlich ist die Erde nichts anderes als ein großes Raumschiff in den unendlichen Weiten des Universums – und das bislang einzige bemannte zudem. Was liegt also näher, als sich dessen stets bewusst zu sein und danach zu handeln. Doch wenn man sich die gegenwärtige Situation ansieht, kann man an der Vernunft der Menschheit zweifeln.

Eine rühmliche Ausnahme gibt es allerdings noch: die *ISS*. Als der Russe Maxim Surajew, der US-Amerikaner Reid Wiseman und der deutsche ESA-Astronaut Alexander Gerst Ende Mai 2014 in Baikonur kurz vor ihrem Start gefragt wurden, wie sie denn ihre Mission vor dem Hintergrund der politischen Spannungen in der Ukraine-Krise sähen, standen sie auf und umarmten einander wortlos.

Besser hätten die drei Männer den Geist der exklusivsten Berufsgruppe der Welt nicht demonstrieren können, denn selbst in der Zeit des Kalten Krieges ging die Zusammenarbeit im All weiter, wie das *Sojus-Apollo-Test-Projekt (SATP)* von 1975 beweist. Nirgendwo anders ist man so auf engste Kooperation und bedingungsloses Vertrauen angewiesen wie bei der Arbeit im lebensfeindlichen Weltraum.

Mit der Aufkündigung der Raumfahrtzusammenarbeit mit den Russen durch die USA Anfang April 2014 – freilich bei wohlbedachter Ausklammerung der *ISS* – und der darauf folgenden Drohung Moskaus, 2020 vorzeitig aus dem einzigartigen

Menschheitsprojekt auszusteigen, hatte die Ukraine-Krise zwar die Raumfahrt, aber eben nicht die Raumfahrer erreicht. Diese bauen auf die Vernunft der Politik, denn sie wissen am besten, wie viel für die gesamte Menschheit auf dem Spiel steht.

Diese Meinung vertritt auch Gerst. Nach seiner Rückkehr von der *ISS* Anfang November 2014 sagte der deutsche Astronaut, er habe das Glück gehabt, die Erde aus einer besonderen Perspektive zu erleben. Dabei habe er gesehen, wie fragil und zerbrechlich unser Planet ist. Deshalb sei es für ihn grotesk, nicht logisch und fatal, dass sich die Menschen auf ihm bekriegen und die Umwelt zerstören. Diese Perspektive wolle er jetzt „transportieren". Er würde es jedem Menschen wünschen, auch einmal in den Weltraum zu fliegen, um ebenfalls diese Erfahrung zu machen.

INTERNATIONALES RAUMFAHRERKORPS UNTER UNO-ÄGIDE VORGESCHLAGEN

Wie es friedlich im All weitergehen könnte, zeigt die weltweit erste wissenschaftliche Analyse unter dem Titel „Die Gemeinschaft der Kosmonauten: Die Geschichte ihrer Entstehung und Entwicklung im vergangenen halben Jahrhundert. Probleme. Perspektiven". Dr. Lidija Iwanowa und Prof. Dr. Sergej Kritschewski vom S. I. Wawilow-Institut der Russischen Akademie der Wissenschaften (RAN) haben in ihrem Werk, das noch vor der Ukraine-Krise entstand, eine Fülle statistischen Materials über die inzwischen 535 Frauen und Männer zusammengetragen, die bisher unsere Erde aus der Distanz betrachten durften.
Sie beschreiben die Gemeinschaft der Kosmonauten (wobei das russische Wort für alle Raumfahrer steht – der Autor) als „neue, einmalige, wichtige soziale Institution", die große Anerkennung in der Gesellschaft genieße und mit Blick auf künftige bemannte Flüge zum Mond, zum Mars und zu anderen Himmelskörpern immer mehr an Bedeutung gewinnen werde. Um den steigenden Anforderungen gerecht zu werden, müsse sie deshalb ihre 1985 gegründete private internationale Berufsorganisation Association of Space Explorers (ASE), in der etwa 350 der „geflogenen" Raumfahrer organisiert sind, auch ihren nicht geflogenen Kollegen und Weltraumtouristen sowie anderen nicht professionellen Raumfahrern öffnen.
Darüber hinaus regen die beiden Wissenschaftler die Gründung eines erweiterten Verbands der Berufskosmonauten mit einem speziellen Ethik-Kodex und eines internationalen Raumfahrerkorps unter der Ägide der Vereinten Nationen an.
Besonderes Augenmerk soll dabei dem Aspekt „Frauen im All" geschenkt werden, wurden doch zwischen 1960 und 2012 lediglich 90 Frauen aus 12 Ländern als Raumfahrerinnen ausgebildet, von denen nur 62 Prozent wirklich zum Einsatz kamen. Mit 80 Prozent stellten die USA das Gros bei den Raumfahrerinnen.

Dass es bisher nur vier Russinnen darunter gibt, wird als großes Manko gewertet.
Der Frauenaspekt ist insofern von besonderer Bedeutung, als Iwanowa und Kritschewski das künftige UNO-Raumfahrerkorps auch als „Kern“ eines prophetisch anmutenden Zukunftsprojekts sehen, das sie „kosmische Freiwillige“ nennen. Diese eine die Überzeugung, dass die Menschheit unausweichlich einmal die Erde verlassen muss, weil diese entweder zerstört wird oder nicht mehr allen Platz bietet. Das sei die „Superaufgabe“ der Menschheit und das strategische Ziel der bemannten Raumfahrt.
Nicht von ungefähr wird ja heute schon davon gesprochen, dass die *ISS* mit ihren 15 Teilnehmerländern quasi eine kleine UNO im Weltraum sei. Diese Idee auszubauen, statt sich in sinnlose politische Querelen hineinziehen zu lassen, ist auch der Wunsch der Frauen und Männer, die dort oben schon 15 Jahre lang wichtige Arbeit leisten. Denn in der UNO-Sprache sind sie nicht Kosmonauten, Astronauten, Taikonauten, Spationauten oder wie auch immer, sondern schlicht „Abgesandte“ unserer Erde.

WICHTIGE DATEN IM LEBEN GAGARINS

09. März 1934: Juri Gagarin wird in Kluschino (Smolensker Gebiet) in einer Bauernfamilie geboren
24. Mai 1945: Gagarins Familie zieht in die Rayonstadt Gshatsk (heute Gagarin)
Mai 1949: Gagarin beendet nach kriegsbedingter Unterbrechung die 6. Klasse an der Mittelschule
30. September 1949 bis Juni 1951: Besuch der Berufsschule Ljuberzy mit Abschluss einer Ausbildung als Gießer und der 7. Klasse, die Voraussetzung für ein Studium ist
August 1951 bis Juni 1955: Besuch des Industrietechnikums Saratow
05. Oktober 1954: Eintritt in den Saratower Fliegerklub Juli 1955: Erster selbstständiger Flug mit einer *Jak-18*
27. Oktober 1955: Einberufung zur Sowjetarmee. Studium an der „Woroschilow"-Fliegerschule in Orenburg
25. Oktober 1957: Abschluss der Fliegerschule
27. Oktober 1957: Gagarin heiratet Walentina Iwanowna Gorjatschewa
05. November 1957: Gagarin wird Leutnant
Januar 1958: Gagarin tritt seinen Dienst bei einem Fliegerregiment der Nordmeerflotte an
10. April 1959: Die erste Tochter der Gagarins, Lena, wird geboren
06. November 1959: Gagarin wird Oberleutnant
09. Dezember 1959: Gagarin bewirbt sich um Aufnahme in das Kosmonautenkorps
11. März 1960: Gagarin zieht mit seiner Familie nach Moskau um
25. März 1960: Gagarin nimmt sein Kosmonauten-Training auf
16.]uni 1960: Aufnahme Gagarins in die KPdSU
03. März 1961: Gagarin legt seine Kosmonautenprüfung ab
07. März 1961: Die zweite Tochter der Gagarins, Galja, wird geboren

12. April 1961: Gagarin fliegt als erster Mensch in den Weltraum und wird während des Fluges vorzeitig zum Major befördert
13. April 1961: Gagarin erstattet in Kuibyschew (heute Samara) vor der Staatlichen Kommission Bericht über seinen Flug. Das Dokument wird als „Streng geheim" eingestuft und erst 1987 unter Präsident Michail Gorbatschow auszugsweise veröffentlicht
14. April 1961: Gagarin wird in Moskau offiziell begrüßt. Leonid Breschnew verleiht ihm im Kreml den Goldenen Stern eines „Helden der Sowjetunion" und den Lenin-Orden
15. April 1961: Gagarin gibt in Moskau seine erste internationale Pressekonferenz
28. April 1961: Gagarin tritt seine erste Auslandsreise an. Sie führt ihn in die Tschechoslowakei. Weitere Reisen u. a. nach Bulgarien, Großbritannien, Polen; Brasilien, Kanada, Ungarn, Indien, Sri Lanka und Afghanistan folgen noch im selben Jahr
Mai 1961: Gagarin erholt sich in Sotschi am Schwarzen Meer von den Strapazen seines Raumfluges
23. Mai 1961: Gagarin wird Kommandeur der damals 20-köpfigen Kosmonauten-Abteilung
07. August 1961: Gagarin trifft sich nach seiner Rückkehr aus Kanada mit German Titow, der am Tag zuvor als zweiter Mensch mit *Wostok 2* die Erde umkreist hatte
03. Oktober 1961: Gagarin zieht sich in Foros auf der Krim eine schwere Verletzung an der Stirn zu. Er muss wochenlang das Bett hüten. Dadurch kann er nicht am 17. Oktober an der Eröffnung des XXII. Parteitags teilnehmen Er erscheint erst am 5. Kongresstag mit einer großen Narbe über der linken Augenbraue
Dezember 1961: Gagarin beginnt die Vorbereitungen auf sein Studium an der „Shukowski"-Ingenieurakademie der Luftstreitkräfte
20. Januar 1962: Beginn der Aufnahmeprüfungen an der Akademie
29. Januar 1962: Gagarin besucht Ägypten. Der Reise folgen im Laufe des Jahres eine ganze Reihe weiterer offizieller Besuche

in vielen Staaten der Welt, darunter in Ghana, Liberia, Griechenland, Zypern, Österreich, Japan, Finnland und Dänemark
März 1962: Gagarin stellt sich in seiner Heimatstadt Gshatsk als Kandidat für die Wahlen zum Obersten Sowjet der UdSSR vor
09. April 1962: Auf Beschluss des Präsidiums des Obersten Sowjets der UdSSR wird der 12. April zum Tag der Raumfahrt erklärt
12. Juni 1962: Gagarin wird Oberstleutnant
10./11. August 1962: Gagarin schaltet sich in Baikonur persönlich in die letzten Vorbereitungen für den ersten Gruppenflug zweier Raumschiffe – *Wostok 3* und *Wostok 4* – mit Andrijan Nikolajew und Pawel Popowitsch ein
Januar 1963: Gagarin bedrängt Chefkonstrukteur Sergej Koroljow, ihm wieder zu erlauben, Flugzeuge zu fliegen
05. Januar 1963: Der Oberkommandierende der Luftstreitkräfte, Marschall Werschinin, genehmigt den Antrag Gagarins
16. Juni 1963: Gagarin verfolgt den Flug der ersten Kosmonautin der Welt, Walentina Tereschkowa, mit *Wostok 6* vom Kommandopunkt aus. Sein Kommentar: „Damit endet das Monopol der Männer bei Raumflügen. Im All gibt es aber genug Platz für alle."
17. Oktober 1963: Gagarin und Walentina Tereschkowa treffen zu einem mehrtägigen Besuch der DDR in Berlin ein. Sie werden auf dem Ostbahnhof von Parteichef Ulbricht und seiner Frau Lotte sowie Zehntausenden Berlinern stürmisch begrüßt. Ulbricht überschüttet die Kosmonauten förmlich mit Ehrungen. Auf ihrer Reise durch mehrere Städte schlägt Juri und Walja eine Welle der Begeisterung entgegen
08. Dezember 1963: Gagarin wird Oberst
20. Dezember 1963: Gagarin wird zum Stellvertreter des Chefs des Kosmonautenausbildungszentrums ernannt
13. Oktober 1964: Gagarin spricht zur Einweihung des Kosmos-Denkmals vor dem Eingang zur Volkswirtschaftsausstellung in Moskau-Ostankino
18./19. März 1965: Gagarin wohnt dem Start von *Woßchod 2* bei und hält die Funkverbindung zu der Besatzung. Als Pawel Beljajew und Alexej Leonow den Ausfall des Bremstriebwerkes mel-

den, erteilt ihnen Gagarin nach Absprache mit Chefkonstrukteur Koroljow die Weisung, das Raumschiff per Hand zu landen

Mai 1965: Gagarin besucht als Mitglied einer Delegation des neuen sowjetischen Ministerpräsidenten Kossygin ein zweites Mal die DDR

Juni 1965: Auf dem 26. Pariser Luft- und Raumfahrtsalon trifft Gagarin mit US-Astronaut James Alton McDivitt, dem Kommandanten von *Gemini 4*, und dessen Copiloten Edward Higgins White zusammen

04. Januar 1966: Gagarin besucht Chefkonstrukteur Koroljow im Krankenhaus. Vier Tage später stirbt Koroljow nach einer Operation

18. Januar 1966: Gagarin nimmt an der Trauerfeier für Koroljow auf dem Roten Platz teil. In seiner Gedenkrede würdigt er das Talent, den eisernen Willen und die menschlichen Qualitäten des Chefkonstrukteurs

Juni 1966: Gagarin nimmt das Training für das neue Raumschiff *Sojus* auf

03. Januar 1967: Gagarin wird zum Double von Wladimir Komarow, dem Kommandanten von *Sojus 1,* ernannt

27. Januar 1967: Gagarin kondoliert zum Tod der US-Astronauten Grissom, White und Chaffee, die beim Brand ihrer *Apollo*-Kapsel ums Leben kamen

30. März 1967: Gagarin legt die Prüfung für *Sojus* ab und erhält in allen Fächern die Höchstnote

24. April 1967: Komarow verunglückt bei der Landung seines Raumschiffes tödlich, weil das Fallschirmsystem versagt. Gagarin gedenkt an der Unfallstelle seines toten Freundes. In einem Pressebeitrag schreibt er zusammen mit anderen Kosmonauten: „Solange das Herz in der Brust schlägt, wird ein Kosmonaut stets das All erstürmen. Wladimir Komarow war einer der Ersten auf diesem dornigen Weg."

31. Juli 1967: Gagarin besucht seine alte Fliegerschule in Orenburg. Niemand ahnt damals, dass das der letzte Besuch des Kosmonauten sein wird

Januar 1968: Gagarin erhält nach längerem Verbot die Erlaubnis, wieder Flugzeuge zu fliegen. Gleichzeitig bereitet er sich

auf seine Abschlussprüfung an der „Shukowski“-Akademie vor
17. Februar 1968: Gagarin verteidigt seine Diplomarbeit mit Auszeichnung und erhält den akademischen Grad eines Flieger-Ingenieur-Kosmonauten
27. März 1968: Gagarin verunglückt bei einem Übungsflug mit seinem Instrukteur Serjogin tödlich. Die genaue Ursache des Absturzes ist bis heute nicht eindeutig geklärt. Erst mit eintägiger Verspätung wird der Tod des ersten Kosmonauten der Welt offiziell mitgeteilt
29. März 1968: Unter großer Anteilnahme der Bevölkerung wird Gagarin mit allen militärischen Ehren an der Kremlmauer beigesetzt

PERSONENREGISTER

LITERATURVERZEICHNIS

Alexandrow, Anatoli: Putj k swjosdam, Moskau Wetsche 2011
Alexandrow, W. A., Wladimirow, W. W., Dmitrijew, R. D., Artjomow, W. W.: Juri Gagarin – tschelowek, OLMA Media group 2011
Ossipow, S. O. (Hrsg.): „Rakety nossiteli", Moskau 1981
Afanasjew, I., Lawrjonow, A.: Bolschoj kosmitscheskij klub, Nowosti kosmonawtiki RTSoft, Moskau 2006
Afanasjew, I. B., Woswraschtschenije is kosmosa. Fond Russkije witjasi. Moskau 2012
Afanasjew, I., Woronzow, D.: My – perwyje! Verlag RTSoft, Moskau 2011
Babijtschuk, A. N.: „Tschelowek, nebo, kosmos", Moskau 1979
Baturin, J. M. (Hrsg.): „Sowjetskaja kosmitscheskaja iniziatiwa w gosudarstwennych dokumentach 1946-1964", RTSoft Verlag, Moskau 2008
Baturin, J. M: „Sowjetskije i rossijskije kosmonawty 1960-2000", Verlag Nowosti kosmonawtiki, Moskau 2001
Baturin, J. M.: Powsednjewnaja shisn rossijskich kosmonawtow, Molodaja gwardija 2011
Belkowski, Stanislaw: Wladimir – Die ganze Wahrheit über Putin. REDLINE Verlag 2013
Bjelozerkowski, S. M.: „Diplom Gagarina", Moskau 1986
Bjelozerkowski, S. M.: „Perwoprochodzy Wselennoj", Moskau 1997
Blagonrawow, A. A. (Chefr.): „Uspechi sowjetskowo sojusa w issledowanii kosmitscheskowo prostranstwa – Wtoroje kosmitscheskoje desjatiletije 1967-1977, Moskau 1978
Boischakow, L. N., Dubrowkina, W. I. (Hrsg.): „Gagarin i Gagarinzy", Tscheljabinsk 1980
Burdakow, W. P.: Akademiki S. P. Koroljow i B. S. Stetschkin Moskau DROFA 2011
Chairjusow, Waleri: Juri Gagarin – kolumb wselennoj, Wetsche Moskau 2011

Danilkin, Lew: Juri Gagarin, Molodaja gwardija Moskau 2011
Deljagin, M., Schejanow, Wj., Russkij kosmos – Pobedy i porashenija,Verlag Eksmo, Mosk 2011
Borissenko, I. G.: "W otkrytom kosmose", Moskau 1980
Chosin, G. S.: Welikoje protiwostojanie w kosmose, Wetsche Moskau 2001
Denissow, N. (Hrsg.): „Wstretscha nad planetoj", Moskau 1969
Dichtjar, A. B.: „Preshdje tschem proswutschalo: Pojechali!", Moskau 1987
Faworski, W.V., Meschtscherjakow, I. W. (Hrsg.): „Wojennokosmitscheskije sily", Moskau 1997
Feoktistow, Konstantin: Sato my delali rakety, Wremja, Moskau 2005
Gallai, Mark: „Mit einem Menschen an Bord", Berlin 1990
Gagarin – „Iswestnyj i newiswestnyj", RTSoft 2009
Gagarin, J. A.: „Mein Flug ins All", Berlin 1962
Gagarin, J. A., Lebedew, W. I.: „Der Sprung ins Weltall", Berlin 1970
Gagarin, J. A., Melnikow, M., Kotysch, N.: „Unser Flug in den Kosmos", Leipzig/Jena/ Berlin 1963
Gagarin, J. A.: „Doroga w kosmos", Moskau 1981
Gagarin, W. A.: „Moj brat Juri", Moskau 1984
Gagarin, J. A., Lebedew, W. I.: „Psychologija i kosmos", Moskau 1981
Gagarina, A. T.: „Pamjatj serdza", Moskau 1985
Gagarina, A. T., Kopylowa, T. A.: Juri Gagarin: glasami materi, Kulturnaja rewoljuzija, 2011
Gagarina, W. I.: „108 minut i wsja shisn", Moskau 1982
Gagarina, W. I.: „Kashdy god 12 aprelja", Moskau 1984
„Gagarinskije nautschnyje tschtenija", Jahrgänge 1980 bis 1988, Moskau
Gerassimowa, M. I., Iwanow A. G. Hrsg.): „Swjosdny putj", Moskau 1986
Gertschik, K. W. (Redaktion): „Nesabywajemy Baikonur", Moskau 1998
Gertschik, K. W.: „Wsgljad skwos gody", IPO Profisdat, Moskau 2001

Getman, M., Raskin, A. Wojennyj kosmos: Bes grifa „sekretno“, Fond Russkije witjasi, Moskau 2008
Gilbert, L. A., Jeremenko, A. A. (Hrsg.): „Kosmonawtika SSSR“, Moskau 1986
Gilbert, L. A., Rjabtschikow, E. I.: „Sowjetskaja kosmonawtika“, Moskau 1981
Gluschko, W. P.: „Raswitije raketostrojenia i kosmonawtiki w SSSR“, Moskau 1981
Gluschko, W. P. (Chefr.): „Kosmonawtika Enziklopedija“, Moskau 1985
Golowanow, J. „Doroga na kosmodrom“, Moskau 1982
Golowanow, J.(Hrsg.): „Unser Gagarin“, Moskau 1979
Golowanow, J.: „Koroljow: fakty i mify“, Verlag „Nauka“, Moskau 1994
Golowanow, J.: „Koroljow: fakty i mify“, 2 Bd., Dond „Moskowskije witjasi“, Moskau 2007
Gorschkow, W. S.: „My – djeti semli“, Leningrad (St. Petersburg) 1986
Gretschko, Georgi,: Ot lutschiny do prischelzew, OLMA Media Group, Moskau 2013
Gubarew, W.: Pojechali! Moskau 1981
Gubarew, W.: Utro kosmosa, Moskau 1984
Gubarew, W.: Wyletajem na Baikonur, Moskau 1979
Gubarew, W.: Wek kosmosa, Moskau 1985
Gubarew, W. Tainy Gagarina, JAUSA EKSMO 2011
Gubarew, W.: Raketnyj schtschit imperii, Algoritm Moskau 2006
Gubarew, W.: Russkij kosmos, Algoritm 2006
Gulewskaja, Lidija: 1961 – kosmos nasch, EKSMO Moskau 2011
Gurowski, N. N., Kosmolinski, F. P., Melnikow, L. N.: „Kosmitscheskije puteschestwija“, Moskau 1989
Iwachnow, A. (Hrsg.): „On nas wsech poswal w kosmos“, Moskau 1986
Iwanow, A.: „Wperwyje“, Moskau 1982
Iwanowa, L. W., Kritschewski S. W.: Soobschtschestwo kosmonawtow, URSS Moskau 2013

Iwanowski, O. G.: „Naperekor zemnomy pritjashenju“, Moskau 1988
Iwanowski, O. G.: „Rakety i kosmos w SSSR“, Verlag „Molodaja gwardija“, Moskau 2005
Kamanin, N. P.: ”Skrytyj kosmos“, Moskau 1995/1999
Kamanin, N. P.: „Flieger und Kosmonauten“, Berlin 1974
Kamanin, N. P.: „Kosmitscheskij dnewnik“, Prawda v. 8. April 1991
Keldysch, M. W., Marow, M. J.: „Kosmitscheskije issledowanija“, Moskau 1981
Keldysch, M. W. (Hrsg.): „Twortscheskoje nasledie akademika Sergeja Pawlowitscha Koroljowa – Isbrannyje trudy i dokumenty“, Moskau 1980
Konowalow, Boris: „Tajna sowjetskowo raketnowo orushija“, Moskau 1992
Kolossow, I. A., Pionery komitscheskoj pilotirujemoj kosmonawtiki, Serebrannyj wek, St. Petersburg 2011
Koroljowa, N. S.: „Otez“, 3 Bd., Verlag „Nauka“, Moskau 2007
Kosmonaut Nr. 1 Juri Gagarin, Dokumentensammlung, Moskau 1961
Kosmonawtika, Astronomia (Populärwissenschaftl. Serie Ausgabe 85/ (6): „Sergej Pawlowitsch Koroljow“, Moskau 1985
Kosmos. Wremja moskowskoje.Moskau 2011
Kowalski, Gerhard: „Die Gagarin-Story“, 2. Auflage, Schwarzkopf & Schwarzkopf Verlag, Berlin 2000
Kowalski, Gerhard: Heute 6:08 UT: Vor 50 Jahren: Juri Gagarin als erster Mensch im Weltraum, Projekte-Verlag, Halle 2011
Koweschnikow, J. M. (Hrsg.): „Uroki Jurija Gagarina“, Leningrad (St. Petersburg) 1984
Krasowski, W W. (Hrsg.): „Krutyje dorogi kosmosa“, Moskau 1988
Kusnezki, M. I., Strashewa I. W: „Baikonur – Tschudo XX. Weka“, Moskau 1995
Kusnezki, M. I.: Gagarin na kosmodrome Baikonur, Krasnosnamensk 2001

Kusnezow, I. I., Rassledowanieje … 40 let spustja, 2007 Lebedjew, L., Lukjanow, B., Romanow, A.: „Syny goluboj planety“, Moskau 1973
Maschkjewitsch, T. W: „Ispytano na sebje“, Moskau 1978
Menschikow, W. L.: „Baikonur: Moja bolj und ljubow“, Moskau 1994
Mielke, Heinz: „Raumfahrt heute“, Berlin 1984
Mitroschenkow, W. A.: „Semlja pod nebom“, Moskau 1987
Mitroschenkow, W. A. (Hrsg.): „Pokorenije beskonetschnosti“, Moskau 1981
Mitroschenkow, W. A., Tsymbal, N. A.: „Perwy kosmonawt planety semlja“, Moskau 1981
Miroschnikow, Iwan: „Tjulpany Baikonura“, Charkow 1978
Mosshorin, J. A. (Hrsg.): „Dorogi w kosmos“ Bd. 1 u. 2, Moskau 1992
Nesterowa, W. F., Kusmitschew, N. A., Michailow, O. A. (Hrsg.) „Juri Gagarin“, Moskau 1986
Netschajuk, L. W. (Hrsg.), „Djenj Gagarina“, Moskau 1986
Nowikow, N. F.: „Gotownostj odna minuta“, Moskau 1984
Perminow, A. N.: „Moskwa – rodina kosmonawtiki“, Verlag AWIARUS-XXI, Moskau 2006
Perwuschin, Anton: 108 minut, EKSMO Moskau 2010
Perwuschin, Anton: Krasnyj kosmos, JAUSA EKSMO Moskau 2007
Perwyj pilotirujemyj poljot, Verlag Rodina MEDIA 2011
Phelan, Dominic: Cold war space sleuths, Springer Science+Business Media New York 2013
Popowitsch, P. R.: „Ispytania kosmosom i semljoj“, Kiew 1982
Porochnja, Wiktor: Schest semnych i kosmitscheskich desjatiletii, Moskau 2011
Pressebulletins des Org.-Komitees für die Feierlichkeiten zum 50. Jahrestag Gagarins
Proskurin, A. (Hrsg.): „Die sowjetische Raumfahrt: Fragen und Antworten“, Moskau 1988
Protassow, Gelij: Putjowki w kosmos,Moskau 2012 Rauschenbach, B. W. (Leiter d. Redaktionskoll.) „S. P. Koroljow i jego delo – swet i teni w istorii kosmonawtiki“, Moskau 1998

Rebrow, M. F.: „Sowjetskije kosmonawty“, Moskau 1983
Rebrow, M. F.: „Kosmonawty“, Moskau 1977
Rebrow, M. F.,Tkatschew, A. W: „Moskwa-Kosmos“, Moskau 1983
Rebrow, M. F.: „Kosmitscheskije katastrofy“, Moskau 1999
Romanow, A. P.: »Konstruktor kosmitscheskich korabljej«, Moskau 1981
Romanow, A. P., Gubarew, W S.: „Konstruktory“, Moskau 1989
Rjabtschikow, E. I.: „Swjosdny putj“, Moskau 1986
Rudnyj, N., Judin, I. : „... a serdze letit s toboj“, Moskau 1984
Rybkin, N. N.: Sapiski kosmitscheskowo kontrraswedtschika, Verlag Kutschkowo polje, Moskau 2011
Sadatscha osoboj gossudarstwennoj washnosti!, Moskau ROSSPEN 2010
Sawinych, Wiktor: Wsjatka Baikonur kosmos, Verlag MAKD Moskau 2010
Schatalow, W. A.: „Trudnyje dorogi kosmosa“, Moskau 1978
Schatalow, W. A., Rebrow, M. F., Waskjewitsch, E. A.: „K swjosdam – To the stars“, Moskau 1982
Schatalow, W A.: „Kosmitscheskije budni“, Verlag „Maschinostrojenie“, Moskau 2008
Scherscher, E. A.: „Tajna gibeli Gagarina“, Minsk Charwest 2006
Shelesnjakow, Alexander: Perwyje w kosmose, JAUSA EKSMO Moskau 2011
Shelesnjakow; Alexander: Tajny raketnych katastrof, JAUSA EKSMO Moskau 2011
Shelesnjakow, Alexander: Sekretnyj kosmos, JAUSA EKSMO Moskau 2006
Simirjew, S.: Proryw k swjosdam – S. P. Koroljow, Verlag Knishnaja palata Moskau 2010
Skatschkow, I. W. (Hrsg.): „Doroga k swjosdam“, Moskau 1986
Skuridin, G. A. (Verantw. Redakteur): »Oswojenie kosmitscheskowo prostranstwa w SSSR – Ofizialnyje dokumenty TASS i materialy zentralnoj petschati, 1957 – 1967“, Moskau 1971

Slawin, S. N.: „Tainy wojennoj kosmonawtiki“, Verlag „Wetsche“, Moskau 2005
Slawin, S. N.: Kosmitscheskaja bitwa imperii, Verlag Wetsche, Moskau 2006
Stache, Peter: „Raumfahrt-Trägerraketen“, Berlin 1973
Sigunenko, S. N.: 100 welikich rekordow awiazii i kosmonawtiki, Moskau Verlag Wetsche 2008
Taran, W. P., Verlag RTSoft, 2009
Titow, G.: „Na swjosdnych i semnych orbitach“, Moskau 1987
Titow, G.: „Mein Blauer Planet“, Berlin 1980
Tomski, Wladimir: Neistwestnij Koroljow, JAUSA EKSMO 2011
Tschelowek. Korabl. Kosmos. Verlag Nowy Chronograf, Moskau 2011
Tschertok, B. J.: „Rakety i ljudi“, RTSoft Verlag, Moskau 1995-1999
Tschertok. B. J. (Hrsg.), „Kosmonawtika XXI. Weka“, Moskau 2000.
Tsymbal, N. (Hrsg.): „First man in space“, Moskau 1984
Wolk, Igor, Tomski, Wladimir: Sdelano v Rossii, Verlag Mittelpress, Moskau 2009
Wsemirnaja enziklopedia kosmonawtiki, Verlag Wojennyj parad 2011

(Auswahl)
Zeitschriften „Rossijskij kosmos“ und „Nowosti kosmonawtiki“
Roskosmos,
Webseite: federalspace.ru
ZPK, Webseite: www.gctc.ru
ZUP, Webseite: mcc.rsa